南天山西缘造山过程与伊犁盆地大规模铀资源聚集

侯明才 时志强 黄 虎 等著

科学出版社

北京

内 容 简 介

本书主要研究了伊犁盆地南缘中新元古代基底属性、盆地晚古生代—中生代演化、南天山西缘造山带的形成演化和动力学机制、赋铀岩系沉积环境和物源，以及铀富集成矿条件和规律。本书通过系统的岩石学、沉积学、地球化学和矿床学研究等，以沉积盆地为单元，深入探讨伊犁盆地砂岩型铀矿的沉积环境和成矿条件，以期为理解大规模砂岩型铀矿富集规律研究提供新的思路。

本书可供沉积地质学、前寒武纪地质学、构造地质学、铀矿床地质学及其相关专业的院校师生和生产、科研人员阅读参考。

图书在版编目(CIP)数据

南天山西缘造山过程与伊犁盆地大规模铀资源聚集 / 侯明才等著.
—北京：科学出版社， 2023.5
ISBN 978-7-03-075438-7

Ⅰ. ①南… Ⅱ. ①侯… Ⅲ. ①造山运动-研究-新疆 ②铀-矿产资源-研究-新疆 Ⅳ. ①P542.2 ②P619.140.8

中国国家版本馆 CIP 数据核字(2023)第 071416 号

责任编辑：黄 桥 / 责任校对：彭 映
责任印制：罗 科 / 封面设计：墨创文化

科 学 出 版 社 出版
北京东黄城根北街16号
邮政编码：100717
http://www.sciencep.com
成都锦瑞印刷有限责任公司 印刷
科学出版社发行 各地新华书店经销

*

2023 年 5 月第 一 版 开本：787×1092 1/16
2023 年 5 月第一次印刷 印张：12 1/4
字数：300 000
定价：268.00 元
(如有印装质量问题，我社负责调换)

本书作者

侯明才　时志强　黄　虎　宋　昊

江文剑　熊富浩　晁　晖

序　一

　　铀作为关键性战略资源，支撑和保障着国家社会经济发展和国防安全。砂岩型铀矿是目前世界最主要的铀矿类型之一，加强对砂岩型铀矿成矿规律的系统研究，助力可地浸砂岩铀资源的精细勘查与开发利用，是保障我国能源安全，实现"双碳"目标的有效途径之一。伊犁盆地是我国首个特大型可地浸砂岩型铀矿的发现地，也是研究砂岩型铀矿成矿机制与成矿规律的天然实验室，其理论研究对于指导未来砂岩型铀矿的进一步勘探具有重要科学意义。

　　伊犁盆地位于我国新疆西部边陲，是中亚造山-成盆的典型代表，在大地构造上隶属于伊犁-中天山微陆块。现今伊犁盆地的物质组成在垂向上，自下而上包括中新元古代变质-结晶基底、古生代火山-沉积序列及三叠纪以来的沉积岩系，而伊犁盆地砂岩型铀矿则主要赋存于侏罗系水西沟群地层中。2015 年以来，在国家重点基础研究发展计划（973计划）项目课题"中国北方陆相盆地含铀岩系成矿环境研究"（课题编号：2015CB453001）资助下，侯明才教授带领团队深入开展了伊犁盆地成盆成山过程与铀成矿关系研究，以期推动中国北方中新生代沉积盆地可地浸砂岩型铀矿成矿机制与成矿规律等基础理论研究，促进和指导进一步的铀矿勘探开发工作。相较于前人集中对砂岩型铀矿成矿机理的单一研究，该团队从盆地基底属性、盆地演化及其与成山作用的耦合关系、沉积环境和成矿规律等方面入手，在伊犁盆地砂岩型铀矿的沉积环境和成矿条件等理论研究方面取得了重要成果。

　　该专著系统论证了伊犁含铀盆地的基底属性，查明了伊犁盆地基底与周围地块之间的亲缘关系，首次系统研究了伊犁盆地的形成演化过程及其与造山带演化的动力学联系，并提出塔里木和伊犁-中天山地块在晚石炭世末期的碰撞是造成南天山洋闭合的控制因素，进而制约了伊犁盆地的演化过程和类型。同时，该专著系统开展了侏罗系赋铀岩系的物源、沉积环境和气候条件研究，并首次提出南天山洋俯冲-碰撞后形成的中酸性岩浆岩是盆地内含铀岩系的主要物质来源，而砂岩型铀矿主要形成于温暖潮湿的气候背景下，且主要赋存在辫状河三角洲砂体中。该专著提出伊犁盆地铀成矿作用受物源、层序、构造和流体的联合控制，可移动"水头"控制的振荡往复的水界面在砂岩型铀矿成矿过程中扮演了重要的角色，而煤层自燃及烧变岩的形成进一步促进了铀矿的富集。在此基础上，该团队系统总结了中国北方陆相盆地含铀岩系成矿环境和成矿规律，并指导了对伊犁盆地北缘砂岩型铀矿勘探潜力的预测，取得了良好效果。

上述研究成果从基底属性、盆地类型、沉积环境、物源分析和成矿机理等多方面论证了盆山演化与铀成矿的关系，涉及沉积学、岩石学、矿物学、地球化学和矿床学等多个学科，同时从盆地尺度阐明了砂岩型铀矿大规模聚集的规律，这对于研究典型砂岩铀成矿理论和总结中亚造山带中新生代沉积盆地铀成矿规律具有重要的意义，有助于指导我国北方砂岩型铀矿资源的勘查实现重大突破。

刘宝珺

中国科学院院士

2021 年 11 月 16 日

序　二

作为一种重要的清洁能源矿产和战略资源，铀矿已成为保障"双碳"目标实现和国家战略安全的重要基石。而砂岩型铀矿床是我国具工业意义的四大铀矿床类型之一，因其储量规模大、埋藏较浅、可地浸、开采成本低、污染小，一直受到核工业部门的高度重视。自 20 世纪 90 年代初，我国铀矿找矿战略方向调整为以寻找"北方中新生代沉积盆地可地浸砂岩型铀矿"为主，经过近 30 年的发展，我国相继在伊犁、二连、吐哈、巴音戈壁、鄂尔多斯和松辽等盆地实现了找矿重大突破。目前，在我国已探明铀资源储量中，砂岩型铀矿占铀矿资源总量的 45%左右，占据四大类型铀矿床中第一位，其在保障我国战略性核能矿产资源供应能力、建设核工业强国方面具有越来越重要的地位。

砂岩型铀矿的形成从实质上讲是一种将造山带中的铀迁移，然后搬运到沉积盆地中沉淀下来的地质现象，它需要造山带作为铀源供给区提供丰富的铀源，沉积盆地作为铀汇聚区发育特定的储存体系，因此盆山耦合作用过程中构造活动、古气候、沉积及沉积后的成岩作用制约着铀元素的迁移和富集。盆山演化过程中重大构造作用事件控制着铀成矿作用的进行或中断，是形成大型成矿流体系统的根本驱动力；含铀岩系沉积时古气候条件不仅影响着蚀源区的铀供给速率，同时也影响了含铀层系中还原介质的类型、丰度和分布；沉积作用作为连接造山带与沉积盆地之间的纽带，制约着铀的迁移和输送，决定着含铀砂体结构、非均质性和规模；成岩作用过程中，富含铀的表生氧化流体的渗入是形成层间氧化带砂岩型铀矿的必要条件，后期生成的油气有利于铀元素还原、沉淀，并对早期形成的铀矿体具有保护作用，而热液活动则有利于铀的活化。因此，研究盆山耦合作用过程中这些控制要素与砂岩型铀矿成矿之间密切而复杂的关系，对于预测成矿远景区和精准寻找有利目标层位具有非常重要的意义。

伊犁盆地是我国 6 个大型铀矿资源基地之一，其铀成矿过程中的构造、沉积和成岩作用具有我国北方砂岩型铀矿床的典型特征。侯明才教授带领团队通过对南天山西缘造山过程的研究，查明了伊犁盆地演化过程中铀元素的物质来源，明确了砂岩型铀矿形成的沉积环境，探讨了其形成时的古气候特征，剖析了成岩作用过程中铀成矿作用的特征，并据此预测了成矿远景区域。该专著全面而系统地分析了造山带与盆地演化过程中多个要素对铀成矿的控制作用，这对于深入认识我国北方沉积盆地砂岩型铀成矿规律，指导我国北方中新生代沉积盆地下一步铀矿勘查工作，以及创新发展铀矿形成机理具有重要的理论和现实意义。

中国工程院院士

2021 年 11 月 19 日

前　言

自 20 世纪 80 年代 "盆山耦合" 和 "盆山系统" 的概念由中国学者提出来以后，沉积盆地与造山带之间在时空上的相互作用关系及演化一直是地质学研究的热点和前沿。沉积盆地和毗邻造山带作为大陆构造的两个基本单元，形成于统一的地球动力学系统之中，具有在空间上相互依存、在物质上相互补偿、在演化上相互转化等特征。造山作用过程控制着盆地的沉积充填演化和有用物质的差异化聚集。因此，开展对造山作用过程与毗邻沉积盆地耦合关系的研究，探讨其地球深部动力学机制和流体作用过程，将有利于从根本上和整体上了解沉积盆地内有用物质的来源和聚集过程，这对于拓宽找矿思路、探索矿产富集规律和预测矿产潜力区具有重要的理论和现实意义。

伊犁盆地作为我国北方四大砂岩型铀矿勘查基地之一，其南缘已被建设成为我国探明储量最大、工艺成本最低和生产规模最大的可地浸砂岩型铀矿生产基地。虽然前人在构造环境、地层层序和沉积充填演化、砂岩型铀矿成矿地质条件、成矿流体类型和特征等方面做了大量研究工作，并取得了重要成果，有效地指导了可地浸砂岩型铀矿的勘查生产，但是伊犁盆地南缘巨量铀物质来源不明，铀资源超常富集机理不清，这严重制约了铀矿基地资源规模的扩大和找矿模式的推广应用，而这些现实问题涉及伊犁地块基底物质组成、地块形成演化、古亚洲洋的关闭、南天山的造山过程与盆地充填物质来源、盆地盖层结构特征等诸多重大基础地质问题。因此，有必要针对伊犁盆地和南天山造山带开展系统而深入的盆山演化过程与铀成矿关系研究，以推动中国北方中新生代沉积盆地可地浸砂岩型铀矿的高效及高质量勘查。

笔者团队依托国家重点基础研究发展计划(973 计划)项目课题 "中国北方陆相盆地含铀岩系成矿环境研究"（课题编号：2015CB453001）的研究成果，并充分融入国内外有关伊犁盆地的最新研究进展和吸收前人的研究成果，著成《南天山西缘造山过程与伊犁盆地大规模铀资源聚集》一书。本书系统论述了伊犁地块基底属性、地块形成演化、南天山造山过程和伊犁盆地沉积充填演化规律与巨量铀资源聚集机理。全书共分为 6 章：第 1 章区域地质背景，由黄虎、宋昊撰写；第 2 章伊犁盆地南缘中新元古代基底属性，由熊富浩、黄虎、侯明才撰写；第 3 章伊犁盆地南缘晚古生代沉积岩物源分析，由黄虎、侯明才撰写；第 4 章伊犁盆地南缘侏罗系物源分析及中新生代盆地演化，由侯明才、江文剑撰写；第 5 章伊犁盆地南缘含铀岩系形成过程，由侯明才、江文剑、晁晖撰写；第 6 章伊犁盆地砂岩型铀矿大规模聚集作用，由时志强、宋昊撰写；结语部分，由时志强、侯明才、黄虎撰写。全书由侯明才统稿。

本书初稿写作完成后，承蒙中国科学院刘宝珺院士和中国工程院多吉院士审阅并提出宝贵建议，以及为本书作序。在本书写作和出版过程中，笔者得到了成都理工大学和科学出版社的大力支持，在此一并致以衷心感谢！

由于编著时间较仓促，且笔者水平有限，书中难免有疏漏之处，敬请广大读者批评指正。

目　　录

第1章 区域地质背景

1.1 区域构造背景

天山造山带位于中亚造山带的南部,其南、北两侧分别为塔里木克拉通和准噶尔地块。该造山带东西展布至少 2500km,包括中国西北部的新疆及吉尔吉斯斯坦和哈萨克斯坦(图 1-1)。在中国,天山造山带在构造上由北至南被分为北天山造山带(NTS)、伊犁地块(YB)、中天山地块(CT)和南天山造山带(STS)。其中,南天山造山带和北天山造山带主要由古生代海相火山-沉积岩及蛇绿混杂岩组成(Charvet et al.,2011;Han et al.,2010,2016a)。北天山造山带主要由位于准噶尔地块与伊犁地块之间的北天山洋盆的俯冲作用形成(Han et al.,2010,2011),而南天山造山带被认为是位于塔里木克拉通和中天山地块之间的南天山洋的闭合作用的产物(Han et al.,2011,2016a;Huang et al.,2018)。

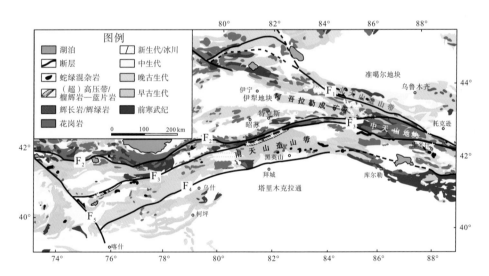

图 1-1 西天山地区地质简图(Gao et al.,2009;Xiao et al.,2013;Han et al.,2016a)

F$_1$-伊犁(中天山)北缘断裂;F$_2$-尼古拉耶夫—那拉提山北坡断裂;F$_3$-阿特巴什—伊内里切克—中天山南缘断裂;F$_4$-塔里木北缘断裂;F$_5$-塔拉斯—费尔干纳断裂

伊犁地块呈三角状展布,由东向西逐渐变宽并延伸到哈萨克斯坦境内,其位于准噶尔地块和中天山地块之间。伊犁地块以北天山断裂为界,以南以那拉提断裂为界。其中,那拉提断裂被认为是伊犁地块和中天山地块的分界(Gao et al.,2009)。传统上,伊犁地块被认为是哈萨克斯坦和吉尔吉斯斯坦前寒武纪微陆块的东延,但这些微陆块之间精确的边界位置及属性目前仍然不清楚(Windley et al.，2007；Alexeiev et al.，2011；Wang et al.，2014a；Kröner et al.，2017)。温泉变质杂岩是伊犁北缘出露的主要基底物质，其主要由花岗片麻岩、角闪岩、混合岩、石英岩、大理岩及各种片岩组成(Wang et al.，2014b)。中元古代—新元古代(变质)沉积岩广泛分布在温泉和特克斯地区(Wang et al.，2014b；Huang et al.，2016a)。这些前寒武纪岩石被寒武纪或晚古生代沉积岩不整合覆盖(Wang et al.，2014b；Huang et al.，2018)。年龄为1329Ma和987~845Ma的中元古代—新元古代早期花岗片麻岩和花岗质岩石出露在伊犁地块(Wang et al.，2014b；Huang et al.，2018)。此外，年龄为778~776Ma的辉长岩和闪长岩出现在伊犁地块北缘(Wang et al.，2014a)。阿吾拉勒山成矿带广泛发育铁-铜-金-钼多金属矿，其位于伊犁地块南缘和北缘过渡带(图1-1)。该金属矿带主要发育石炭纪—二叠纪沉积岩和火山岩，并被中生代和新生代沉积岩覆盖(Tang et al.，2010)。

伊犁盆地是在伊犁地块基底上发展演化而成的叠合盆地，其自下而上由中新元古代变质基底、晚泥盆世—石炭纪裂谷火山岩-沉积岩系变形基底和二叠纪以来的沉积岩系组成的三大构造层组成(张国伟等，1999)。伊犁盆地内部由于恰普恰勒山、阿吾拉勒山和赛里木湖-莫合尔断裂的分割，形成了现今的"二山三盆"体系(图1-2)。其中，伊犁盆地北部科-博带主构造线 NWW 方向的断裂系直接控制了盆地的北界，而哈尔克-那拉提山主构造线 NEE 方向的断裂系控制了盆地的南界。有关伊犁盆地详细的结构特征和构造单元划分详见张国伟等(1999)的研究。另外，伊犁盆地向西一直延伸到哈萨克斯坦境内，面积达 $18×10^4 km^2$，即广义上的伊犁盆地。

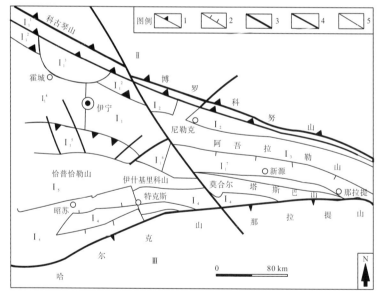

图1-2　伊犁盆地构造区划图(张国伟等，1999)

I-伊犁盆地；I_1-伊宁-巩乃斯叠合断拗陷；I_1^1-北缘断坡带；I_1^2-北缘同生断陷带；I_1^3-霍城断凸区；I_1^4-中央注陷带；I_1^5-南部斜坡带和南缘逆冲断阶带；I_1^6-雅马渡-白石墩凸起；I_1^7-巩乃斯凹陷；I_2-尼勒克断陷；I_3-阿吾拉勒断块隆起；I_4-昭苏断陷；I_5-恰普恰勒山逆冲推覆山地；II-科古琴-博罗科努早中古生代陆内造山带；III-哈尔克-那拉提早中古生代活动陆缘碰撞造山带；1-逆冲断层；2-正断层；3-一级断层；4-二级断层；5-三级断层

中天山地块呈狭长的带状东西向展布于天山造山带，其西部以那拉提断裂与伊犁地块相邻，以南为南天山造山带(Gao et al.，2009)。中天山地块最古老的地质体为星星峡群，主要分布在星星峡与小布鲁斯台之间。星星峡群整体为一套区域变质岩，岩性主要为片麻岩、混合岩、斜长角闪岩、石英岩、大理岩和片岩等。星星峡群上覆地层为卡瓦布拉克群，分布在卡瓦布拉克山—星星峡一带，主要为一套变质碎屑岩和碳酸盐岩。卡瓦布拉克群之上为天湖群，二者之间为断层接触。天湖群出露于尾亚天湖地区，其下部为片麻岩，上部为黑云斜长片麻岩、眼球状混合岩、斜长角闪岩及各类片岩和变质砂岩(龙晓平和黄宗莹，2017)。这些前寒武纪基底被古生代火山-沉积岩覆盖，并有大量奥陶纪—二叠纪岩浆岩侵入(Huang et al.，2017；Wang et al.，2017)。目前，已报道的中元古代—新元古代早期岩浆岩年龄包括 1438～1384Ma 和 969～894Ma(Yang et al.，2008；Gao et al.，2015a；He et al.，2015a，2018b；Huang et al.，2015a，2017)。新太古代—古元古代地层露头主要局限在巴伦台地区，代表岩石是乌瓦门变质杂岩(Wang et al.，2014c，2017)。该杂岩体主要由角闪岩相变质的中基性火山-沉积岩组成，包括黑云斜长片麻岩、黑云二长片麻岩及各种片岩等(Wang et al.，2017)。黑云斜长片麻岩、黑云二长片麻岩等正片麻岩的原岩年龄约为 2.5Ga，变质年龄约为 1.8Ga，并被年龄为 1724Ma 的变质基性岩墙侵入(Wang et al.，2014c，2017)。

南天山造山带位于中天山地块和塔里木克拉通之间，以北为阿特巴什-伊内里切克-南那拉提断裂带，以南为塔里木北缘断裂带(Gao et al.，2009；Han et al.，2011)。该造山带主要由晚奥陶世—石炭纪晚期海相火山-沉积岩、二叠纪陆相火山-沉积岩及三叠纪—侏罗纪陆相碎屑岩组成(Han et al.，2011，2016a)。阿克牙孜-科克苏河超高压变质岩带沿着阿特巴什—伊内里切克—南那拉提断裂带发育，并伴随着大量蛇绿混杂岩分散在南天山造山带(Han et al.，2011，2016a)。蛇绿混杂岩主要形成于晚志留世—石炭纪早期，其代表性年龄包括锆石 U-Pb 年龄(430～330Ma)(Jian et al.，2013；Jiang et al.，2014)和早泥盆世—石炭纪早期放射虫年龄证据(Wu and Li，2013)。

塔里木克拉通面积超过 $60 \times 10^4 km^2$，是我国三大克拉通之一。塔里木克拉通四周被造山带环绕，其前寒武纪地层主要发育在周缘隆起带，包括东北缘的库鲁克塔格地区、西北缘的阿克苏—乌什地区、东南缘的阿尔金地区和西南缘的西昆仑地区。其主要的前寒武纪基底岩石有以新太古代 TTG(英云闪长质-奥长花岗质-花岗闪长质)片麻岩为主的杂岩、古元古代中-深变质的表壳岩系及中-新元古界下部的绿片岩相岩石。塔里木克拉通结晶基底之上是由新元古代地层构成的沉积盖层。锆石年代学研究表明塔里木克拉通经历了 2.75～2.45Ga、2.0～1.8Ga、1.5～1.4Ga 和 850～600Ma 多期岩浆和变质事件(Shu et al.，2011；Zhang et al.，2012a；Ge et al.，2014b；Wu et al.，2014，2018；Ye et al.，2016；Cai et al.，2018)。在西北阿克苏地区，阿克苏群主要由最大沉积年为 730Ma 的变质杂砂岩、绿片岩和蓝片岩组成，代表了该地区的基底(Zhu et al.，2011；Wu et al.，2018；He et al.，2014a)。阿克苏群被新元古代晚期的沉积岩不整合覆盖。在塔里木东北缘的库鲁塔格地区中元古代—新元古代地层主要由海相地层组成，并被新元古代晚期火山-沉积岩不整合覆盖(Shu et al.，2011；He et al.，2014b)；寒武纪和奥陶纪地层主要由厚层碳酸盐岩序列组成，并被志留—泥盆纪碎屑岩不整合覆盖(Han et al.，2015；Li et al.，2015a)；石炭纪地层主要由海相碎屑岩和碳酸盐岩组成(Han et al.，2015；Li et al.，2015a)；早中二叠世地层主要由海相碎屑岩夹火山岩组成，而之上的晚二叠世地层主要由陆相沉积岩组成(Han et al.，2016a)。

1.2　区域地层特征

伊犁盆地主要出露晚古生代以来的地层，少量前寒武纪和早古生代地层在盆地南缘和北缘出露。这里主要介绍伊犁盆地前寒武纪和晚古生代—中生代的地层出露情况(表1-1)。

表 1-1　伊犁地块地层简表

界	系	统	群	组	代号	厚度(m)	主要岩性	接触关系
新生界						>700	砂、砾石、褐黄色砾岩、棕色含钙泥岩	
中生界	白垩系	上白垩统			K_2	10~268	棕红色、红色钙泥质砂砾岩、杂色泥岩	角度不整合
	侏罗系	中侏罗统	艾维尔沟群	头屯河组	J_2t	330	灰绿色、杂色泥岩、砂岩	
			水西沟群	西山窑组	J_2x	>102	上部主要为砂岩、粉砂岩、泥岩及煤层；下部为向上变粗的中粗粒砂岩、砂岩	
		下侏罗统		三工河组	J_1s	46~82	上部为具水平纹理的粉砂岩、泥岩夹薄煤层或煤线；下部具大型板状、楔状交错层理的细砾岩和含砾砂岩	
				八道湾组	J_1b	110~611	砂砾岩、砂岩、粉砂岩、泥岩及煤线，具下粗上细的韵律底部为厚层状砂岩	
	三叠系	中上三叠统	小泉沟群		$T_{2-3}xq$	443	上部为粉砂岩、泥岩互层夹细砂岩及碳质泥岩；下部为砂砾岩、砂岩夹粉砂岩、泥岩	
		下三叠统	上仓房沟群		T_1ch	758	褐红色砂岩、含砾粗砂岩夹细砂岩、泥岩	角度不整合
上古生界	二叠系	上二叠统	巴斯尔干组		P_3b	>80	紫红色含砾砂岩、砾岩、砂岩为主，夹泥岩，发育交错层理	
		中二叠统	塔姆其萨依组		P_2t	560	含砾砂岩、砾岩、砂岩为主，夹泥岩	
			哈米斯特组		P_2h	160~260	玄武岩和流纹岩为主，夹火山角砾岩	
			晓山萨依组		P_2x	240~1500	紫红色含砾砂岩、砾岩、砂岩为主，夹泥岩	
		下二叠统	乌郎组		P_1w	260	玄武岩和流纹岩为主，夹火山角砾岩	
	石炭系	上石炭统	科古琴山组		C_2k	660	砂岩为主，底部含砾岩，上部为灰岩	
			东图津河组		C_2d	780	底部为砾岩，中上部为砂岩夹泥岩	角度不整合
			伊什基里克组		C_2y	>600	紫红色安山岩为主，夹火山角砾岩、砾岩	
		下石炭统	阿克沙克组		C_1a	1100~1500	底部为含砾砂岩，中上部为灰岩夹泥岩	
	泥盆系	上泥盆统	大哈拉军山组		D_3—C_1d	3500	底部为砾岩、砂岩夹灰岩、流纹岩，中上部为玄武岩、安山岩	角度不整合
中新元古界			长城群、科克苏群和库什台群等				浅变质岩系等组成	

前寒武纪地层主要包括两类：①以长城系特克斯群、蓟县系科克苏群和库松木切克群、青白口系库什台群和开尔塔斯群等为代表的前寒武纪浅变质岩系，原岩为稳定的浅水相沉积，其主要分布在科克苏河下游大小哈拉军山及赛里木湖一带；②以中下元古界巴伦台群和温泉群为代表的火山-沉积岩系，其遭受了前寒武纪中深变质作用。本书重点介绍特克斯群、科克苏群和库什台群。其中，长城系特克斯群主要分布在小哈拉军山以北，特克斯河以南，出露面积较小。该群未见底，其上界与蓟县系科克苏群整合接触。特克斯群主要为一套变质的碎屑岩夹碳酸盐岩，自下而上又分为泊仑干布拉克组、莫合西萨依组和珠玛汗萨依组。其中，泊仑干布拉克组主要由石英岩、石英片岩夹灰岩组成；莫合西萨依组主要由石英片岩、石英岩夹千枚岩组成；珠玛汗萨依组主要由石英岩、石英片岩夹灰岩组成。蓟县系科克苏群主要分布在科克苏河下游，小哈拉军山南坡及库什台河两岸，在科克苏河下游出露较好。科克苏群与下伏特克斯群整合接触，与上覆青白口系库什台群不整合接触，主要由一套含叠层石的碳酸盐岩组成。青白口系库什台群为区内出露最多的地层，其分布范围较广，主要分布在科克苏河以东大哈拉军山一带。库什台群中上部主要为灰岩和白云岩，下部为石英砂岩、泥岩、石英质砾岩或含砾粗砂岩，以角度-平行不整合接触关系覆盖在科克苏群之上。在特克斯地区，库什台群常被上泥盆统—下石炭统大哈拉军山组不整合覆盖。

泥盆系和石炭系自下而上主要包括上泥盆统—下石炭统大哈拉军山组、下石炭统阿克沙克组以及上石炭统伊什基里克组、东图津河组和科古琴山组。其中，上泥盆统—下石炭统大哈拉军山组主要分布在恰普恰勒山、伊什基里克山、科克苏河下游及哈里克他乌北坡山麓一带。其岩性以中性、酸性火山岩和火山碎屑岩为主，含少量碎屑岩和灰岩。该组在伊犁盆地南部主要以角度不整合接触关系覆盖在前寒武系之上，且上界与下石炭统阿克沙克组不整合接触。下石炭统阿克沙克组分布范围与大哈拉军山组基本一致，主要为一套陆-浅海相碎屑岩和浅海相碳酸盐岩，是一套完整的海进式沉积岩，并以角度不整合接触关系覆盖在大哈拉军山组之上，与上石炭统伊什基里克组整合接触。上石炭统伊什基里克组仅在特克斯县城北伊什基里克山、科克苏河中游及阿登套南部出露，由一套中酸性火山岩和火山碎屑岩组成，局部出现灰岩和碎屑岩。该组由西向东表现出正常碎屑岩组合逐渐增多的趋势，且局部可见火山弹和相关火山机构，指示陆相火山喷发的特征(白建科等，2015)。上石炭统东图津河组主要分布在博罗霍洛山和特克斯以北地区。该组总体为一套碎屑岩和碳酸盐岩建造，下部常发育砾岩，向上砂岩和泥岩增多，并出现灰岩，含丰富的珊瑚、腕足、双壳及腹足类化石，地质时代为晚石炭世中期。上石炭统科古琴山组主要分布在科古琴山一带，在特克斯地区零星出露。该组为一套灰色、灰褐色、紫褐色砾岩，含砾砂岩等粗碎屑岩，局部夹少量灰岩。

二叠系自下而上包括下二叠统乌郎组，中二叠统晓山萨依组、哈米斯特组、塔姆其萨依组，以及上二叠统巴斯尔干组。其中，下二叠统乌郎组和中二叠统晓山萨依组主要分布在阿吾拉勒山和恰普恰勒山一带。前者主要为一套陆相喷发的火山岩和火山碎屑岩，后者主要由碎屑岩组成。哈米斯特组、塔姆其萨依和巴斯尔干组均主要分布在阿吾拉勒山一带。其中，哈米斯特组以火山岩为主，夹凝灰岩和少量碎屑岩；而塔姆其萨依和巴斯尔干组主要由砾岩和砂岩夹泥岩组成，局部可见植物化石。

三叠系主要包括上仓房沟群和小泉沟群。其中,下三叠统上仓房沟群主要由一套红色粗碎屑岩组成,而中上三叠统小泉沟群主要为一套灰色-深灰色滨浅湖相砂泥岩组合,且以泥岩沉积为主。

侏罗系在伊犁盆地中广泛分布,且地层出露较好,自下而上可以划分为八道湾组、三工河组、西山窑组和头屯河组,主要为一套含煤的碎屑岩组合。其中,下侏罗统八道湾组以底部一套厚层的灰白色砾岩为标志,与下伏的三叠系分界。其主要发育一套砾石,含砾粗砂岩、砂岩、粉砂岩的碎屑岩组合。下侏罗统三工河组主要发育深灰色粉砂岩和泥岩,夹煤线和浅黄色薄层细砂岩,粉砂岩与泥岩常呈互层状产出。中侏罗统西山窑组主要为一套浅灰色粗砂岩,含灰白色中细砂岩、深灰色泥岩、砂质泥岩夹煤层的碎屑岩组合。中侏罗统头屯河组在盆地内发育不全,且多被剥蚀,少见露头,其主要为一套浅色砂泥岩组合,不含煤层,局部夹有薄层红色泥岩。下白垩统在盆地内缺失,只有上白垩统在盆地内零星分布,主要为一套棕红色的砂泥质碎屑岩组合。

1.3　砂岩型铀矿研究进展

20 余年来,我国在砂岩型铀矿找矿方面取得较大突破,发现和探明了一批大中型乃至特大型砂岩型铀矿床(金若时等,2014;刘池洋和吴柏林,2016;彭云彪等,2019;李子颖等,2019)。目前已探明的砂岩型铀矿储量在我国所有铀矿类型中居第一位,这使砂岩型铀矿成为我国最重要的铀矿床类型。砂岩型铀矿的类型主要有层间氧化型、潜水氧化型、沉积成岩型等,其中,可地浸层间氧化带砂岩型铀矿床已成为世界铀矿找矿和开发的主攻类型之一,也是我国铀矿勘查的重点(朱西养,2005;侯惠群等,2010;薛春纪等,2010;Song et al.,2019)。

1.3.1　层间氧化带砂岩型铀矿床成矿理论研究现状

1. 成矿地质特征

从世界范围来看,美国和苏联勘探开发利用砂岩型铀矿较早,其成矿理论也较成熟。苏联的"水成铀矿理论"、"古河道砂岩型铀矿成因机制"和美国的"卷状铀矿成矿理论"曾一度是我国砂岩型铀矿找矿的重要理论支撑(Finch,1967;Rubin,1970;Harshman,1972;Crawley,1982;丹契夫和斯特列梁诺夫,1984;简晓飞和秦立峰,1996;赵子超等,2021;艾尔提肯·阿不都克玉木等,2021)。我国铀矿地质工作者通过不懈努力,已逐渐形成了一系列具有中国特色的砂岩型铀矿成矿理论,并探索出了一套关于铀储层-古层间氧化带-铀成矿空间定位预测的方法体系(Li et al.,2008a;焦养泉等,2015;张金带等,2015;李子颖等,2019)。

层间氧化型铀矿床被认为是典型的"外生后成成因铀矿床"(Min et al.,2005;朱西养,2005;吴柏林等,2007;Dai et al.,2015;李盛富,2019;Song et al.,2019),含矿层位一般有泥-砂-泥互层结构(图 1-3)，铀矿体上下多为隔水的泥质岩，铀矿体以卷状或舌状为主(Li et al.，2011；朱西养等，2005；Dai et al.，2015；李盛富，2019)，有的铀矿体复杂，被定义为多分枝卷状矿化(multi-limb rolled)(Yang et al.，2004)。依据蚀变程度，层间氧化带可划分为氧化带、氧化-还原过渡带及还原带，表现出明显的侧向分带性(秦明宽等，1998；朱西养，2005；Song et al.，2019)，铀矿体常赋存在氧化-还原前锋线(redox front)，即过渡带(黄净白和李胜祥，2007)，在层间氧化带不同岩石类型中可识别出不同矿物蚀变作用类型(荣辉等，2016；宋昊等，2016)。

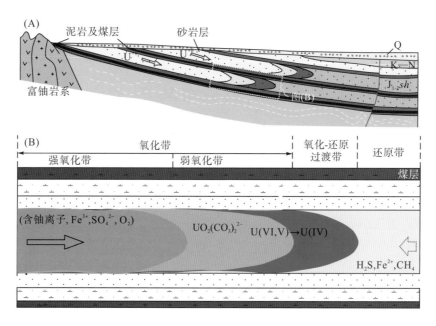

图 1-3　伊犁盆地砂岩型铀矿床产出控矿层序及蚀变带示意图[据 Song 等(2019)修改]

2. 层间氧化作用的发育过程

层间氧化带砂岩型铀矿床的形成一般被认为是因氧化带一侧的含氧含铀流体与盆地侧的还原性物质/流体发生相互作用而使得铀发生沉淀。层间氧化带理论上应该形成卷状或舌状的矿体(图 1-3)，但实际中却发现常有板状或透镜状的及过渡带之外的矿体存在，形成复杂和多变的矿体的原因可能有：①由于地下水位波动(Xue et al.，2010；Chi and Xue，2014)，盆地边缘隆起掀斜等引起层间氧化-还原界面向盆地一侧移动时，引起矿体所在空间局部氧化还原环境发生变化，持续氧化溶解已有的早期矿体，导致现今所见矿体的形貌常包含新生成的矿体和残留下来的部分早期矿体。②发生一期新的成矿事件(Brookins，1976)。层间氧化过程中，氧化前锋线(roll front)从发现之初即被指出具有移动性(Rosholt，1959)，而美国新墨西哥州格兰茨矿带(Grants mineral belt)地区的砂岩型铀矿床主要产出于氧化-还原过渡带，另外发现在氧化带中也存在铀矿化[如最为典型的安布罗西亚湖(Ambrosia Lake)地区]，甚至在未氧化一侧也发现了铀的迁出(Brookins，1976)，这进一步表明铀产出部位及成矿过程的复杂性，铀成矿过程是一个相对开放的、复杂的、渐进的过程(古抗衡，1997；王果等，2000；Min et al.，2005；古抗衡和陈祖伊，2010)。③与一般的金属矿床不同，由于氧化、还原条件及物质的相互消耗、强度变化，砂岩型铀矿常具有迁移性和不稳定性(Cumberland et al.，2016)，其成矿部位(氧化-还原过渡带或称氧化前锋线)可以随着成矿过程发生相应的迁移(Chi and Xue，2014)，即现今所看到的矿体形貌、位置及其对应的蚀变带边界只是流体作用一瞬间的状态(Song et al.，2019)，尤其是像伊犁盆地这样多期次成矿的，甚至至今尚未停止成矿(Shi et al.，2020；Zhang and Liu.，2019)的层间氧化带砂岩型铀矿床。

　　3. 层间氧化作用的蚀变产物

　　层间氧化带的形成过程本身是一个复杂体系的水-岩相互作用过程，其内部不同带的岩石矿物学和地球化学组成的差异反映了成矿过程中流体环境与物质组成的变化(黄世杰，1994；黄净白和李胜祥，2007；陈祖伊和郭庆银，2010)。如前人发现鄂尔多斯盆地北部砂岩型铀矿产出于绿色与灰色砂岩的接触界面附近(Jin et al.，2019)，针对这一现象，部分研究者对东胜砂岩型铀矿床的后生蚀变研究提出，早期形成铀矿化的古层间氧化带在强还原性环境下，经二次还原作用改造形成了绿色蚀变带，由此建立了"古层间氧化带型"和复合改造"叠合成矿"铀成矿模式(吴柏林等，2006；李子颖等，2019；彭云彪等，2019)。

　　前人通过大量的研究指出在砂岩型铀矿床层间氧化带前锋线附近铀矿化作用最为活跃(焦养泉等，2015)。氧化前锋线既是一种蚀变结果，也是成矿的关键，其中氧化-还原过渡带的氧化带一侧常为突变边界，而原生还原带一侧为模糊渐变边界(Dahlkamp，2009)。赤铁矿-黄铁矿交互的氧化-还原界面是铀矿成矿的主要部位(Rosholt，1959)，在未氧化蚀变的一侧，常有二价铁矿物(如黄铁矿、白铁矿)及一定数量的有机质，而蚀变一侧主要为赤铁矿、针铁矿、褐铁矿等铁氧化物(彭新建等，2003)。

1.3.2　伊犁盆地砂岩型铀矿床蚀变特征及成矿机制研究进展

　　伊犁盆地是我国较早投入生产的砂岩型铀矿勘探开发基地之一，其成矿条件十分优越，盆地南缘有我国第一个特大型层间氧化带砂岩型铀矿田，这也是我国第一个开展工业化地浸开发的可地浸砂岩型铀矿床(朱西养，2005；宋昊等，2016；Yan et al.，2019；Zhao et al.，2019)，被视为我国可地浸砂岩型铀矿床的经典范例，对我国的核工业事业有卓越的贡献。相比我国其他盆地，伊犁盆地中多个砂岩型铀矿床具有形成时间跨度较长、成矿期次多、蚀变矿物独具特色等特征(Song et al.，2019)，且无明显的油气参与，因此伊犁盆地是研究层间氧化带砂岩型铀矿床的形成机制，尤其是蚀变-成矿作用过程的最佳样本之一。

　　国内多位学者对伊犁盆地中层间氧化带砂岩型铀矿床开展了研究，并基于地质条件和成矿特征研究，提出"泥-砂-泥"地层结构利于层间氧化带铀成矿(陈戴生等，1996；古抗衡，1997)；将层间氧化带划分为强氧化带、弱氧化带、氧化-还原过渡带、还原带(图1-3)，认为层间氧化作用在该区较为发育，并指出了氧化前锋线的发育空间(图1-4)。

关于成矿机制方面，一些学者曾提出构造活动是伊犁盆地蒙其古尔铀矿床的成矿驱动力，振荡的构造抬升-沉降会导致多阶段铀成矿（古抗衡和陈祖伊，2010），多次反复的构造活动使铀成矿作用具多期次和多阶段叠加特征，从而形成富大矿体（Zhang and Liu，2019）。

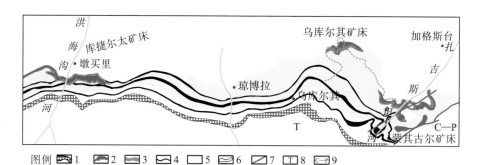

图1-4 伊犁盆地南缘主要矿床及层间氧化带平面分布简图［据宋昊等（2016）修改］

1-达拉地砾岩；2-铀矿体；3-铀矿化体；4-煤层；5-V_2亚旋回层间氧化带；6-V_1亚旋回层间氧化带前锋线；7-断层；8-三叠系；9-石炭-二叠系

前人的研究还揭露出明显和多样的蚀变现象（秦明宽等，1998），并且一些学者对蚀变特征及其与成矿的关系开展了一定的研究（宋昊等，2016；刘红旭等，2017）。层间氧化带发育酸性褪色（漂白）带、各种岩石蚀变（碳酸盐化、硅化、赤铁矿化、黄铁矿化、铀矿化、黏土蚀变等），氧化带中赤铁矿和褐铁矿无明显的分带界限，但层间氧化带中黏土矿物具有较明显的后生蚀变分带特征（秦明宽等，1999；Song et al.，2019）；黏土矿物至少分为两期，一期是成矿前在沉积成岩作用下形成的，另一期是成矿阶段伴随着成矿流体的蚀变作用而形成的（Min et al.，2005；刘章月等，2015；宋昊等，2016），尤其是含矿目的层中普遍发育的以高岭石化为主的黏土化蚀变（Song et al.，2019）。部分学者认为本区黏土矿物以自生成因为主，原生成因少见，矿物主要为高岭石、伊利石，绿泥石、伊蒙混层较少，来源主要为长石和岩屑（闵茂中等，2006）；层间氧化带各亚带黏土矿物种类及其质量分数存在较明显的差别，黏土矿物成分受蚀变时地球化学环境控制，但反过来又改变了成矿的地球化学环境，并对铀有一定的吸附作用（秦明宽等，1998；彭新建等，2003；Min et al.，2005；张晓等，2013；刘章月等，2015）；黏土矿物中伊利石含量变化不大，说明层间氧化带发育过程中温度没有明显升高且压力没有明显增大（刘章月等，2015；宋昊等，2016），而高岭石、伊蒙混层在过渡带含量的变化反映出过渡带中酸碱交替的特点与铀的沉淀富集关系密切（修晓茜等，2015）。

第2章 伊犁盆地南缘中新元古代基底属性

造山带作为大陆地壳生长和物质再循环的主要场所，是探究岩浆作用过程和构造耦合关系的天然实验室(Cawood et al.，2009；DeCelles et al.，2009)。中亚造山带是地球上最大、最复杂的增生造山带之一，前人对其进行了广泛的研究以约束其增生演化历史(Kröner et al.，2007；Glorie et al.，2011；Long et al.，2011；Wang et al.，2017；He et al.，2018b)。特别是，中亚造山带的诸多微陆块均保存了大量前寒武纪岩石，记录了中元古代晚期到新元古代早期罗迪尼亚超大陆的拼合到裂解演化过程，是重建微陆块古地理格局的重要探针(Zhang et al.，2012a；Gao et al.，2015a；Degtyarev et al.，2017；Huang et al.，2017)。

然而，有关中亚造山带前寒武纪构造演化的细节仍不清楚，特别是关于其新元古代构造演化与罗迪尼亚超大陆之间的联系仍存在争议(Lu et al.，2008；Zhang et al.，2009，2012b；Ge et al.，2014b；Wang et al.，2015；Tang et al.，2016；Chen et al.，2017；Wu et al.，2018)。前人对中亚造山带的伊犁地块新元古代变沉积岩和变质岩开展了部分研究工作，但其构造演化仍未得到较好的约束，存在如下不同认识：①伊犁地块前寒武纪演化过程类似于中天山地块(Huang et al.，2016a，2017；He et al.，2018c)，且它们均起源于塔里木克拉通(Qian et al.，2009；Liu et al.，2014a)；②伊犁地块是一个与塔里木等相邻地块没有构造亲缘关系的独立微陆块(Hu et al.，2000；Liu et al.，2004)。相较于沉积作用和变质作用，新元古代岩浆作用多发育于中亚造山带西南地区的天山、伊犁等微陆块及相邻的塔里木克拉通中(图2-1)。因此，了解该时代岩浆活动的时空分布规律及其地球化学亲缘关系，对于约束中亚造山带伊犁等微陆块的古地理位置及罗迪尼亚超大陆的演化过程至关重要。然而，相较于对中亚造山带天山等前寒武纪地块的广泛研究[例如，Cai 等(2018)及其引用的相关文献]，对伊犁地块[亦称为哈萨克斯坦-伊犁地块，Zhou 等(2018)]的新元古代岩浆作用鲜有研究，这严重制约了对伊犁地块前寒武纪演化的理解，也制约了对伊犁地块新元古代古地理格局的重建。

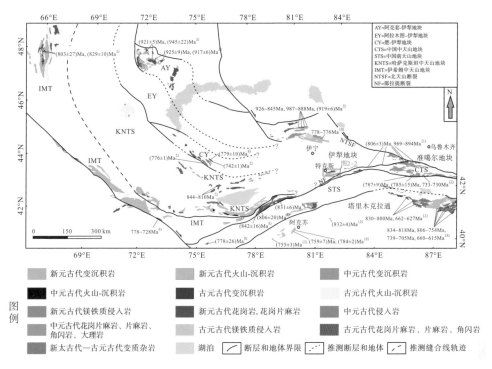

图 2-1　中亚造山带西南缘及其周缘主要地质单元的构造格架[据 Levashova 等(2011)修改]

数据来源: 1)-Tretyakov 等(2011, 2016); 2)-Tretyakov 等(2015); 3)-Degtyarev 等(2008); 4)-Pilitsyna 等(2019); 5)-Kröner 等(2007); 6)-Konopelko 等(2013); 7)-Kröner 等(2012); 8)-Glorie 等(2011); 9)-胡霭琴等(2010), Wang 等(2014a), Huang(2017); 10)-Wang 等(2014b); 11)-Yang 等(2008), Long 等(2011), Gao 等(2015a), Huang 等(2015b); 12)-Wang 等(2014c, 2017), Gao 等(2015a); 13)-Ge 等(2012, 2013), Zhang 等(2013); 14)-Chen 等(2017), Han 等(2018); 15)-Xu 等(2013); 16)-Zhang 等(2009, 2012a)

2.1　伊犁盆地南缘新元古代岩浆作用及其古地理意义

本书以伊犁盆地南缘特克斯县东缘的新元古代花岗岩为研究对象(图 2-2), 开展了系统的岩石学、岩相学、全岩地球化学、Sr-Nd-Hf 同位素及锆石 U-Pb 年代学研究, 揭示伊犁地块南部新元古代花岗岩的成因。在此基础上, 综合对比伊犁地块新元古代岩石的年代学和地球化学资料, 刻画伊犁地块的构造演化过程及其地壳生长演化方式, 并探讨其古地理位置, 揭示伊犁地块对罗迪尼亚超大陆演化的启示。

2.1.1　研究区构造背景及岩石学特征

中亚造山带经历了从中元古代晚期到晚古生代的复杂演化历史, 其西面紧邻东欧克拉通, 北接西伯利亚克拉通, 向南以塔里木—华北克拉通为界(图 2-1)。西南地区含有多个微陆块, 包括中天山地块、伊犁地块及其他位于哈萨克斯坦和吉尔吉斯斯坦的前寒武纪地体。

　　伊犁地块位于这些前寒武纪微陆块的最东端，与哈萨克斯坦的楚-伊犁地块和其他几个前寒武纪地块相邻(Tretyakov et al.，2015；Degtyarev et al.，2008)。该地块南临那拉提断裂，北接北天山断裂(图 2-1)。伊犁地块南北缘出露前寒武纪结晶和变质基底(图 2-1)，主要发育中元古代末期至新元古代的角闪岩、片麻岩、混合岩、云母片岩、大理岩、石英岩等岩石。被广泛研究的最典型基底岩石是伊犁地块北部的温泉杂岩，包括片麻状花岗岩和混合岩，年龄为 987~845Ma (Wang et al.，2014b；Huang，2017)，该杂岩被年龄为 778~776Ma 的基性岩脉及伴生花岗岩脉侵入(Wang et al.，2014a)。伊犁地块南部出露的最古老基底岩石为中-新元古代的特克斯群、科克苏群和库什台群。特克斯群由灰岩、白云岩与石英岩、千枚岩、石英片岩的互层组成，科克苏群以厚层灰色灰岩和白云岩为特征，而库什台群主要由基底砾岩向上递变为薄层泥岩和石英砂岩。这些基底单元被新元古代晚期至第四纪沉积序列所覆盖(Liu et al.，2014a)，并经历了古生代造山运动的改造及大量显生宙岩浆岩的侵入(Alexeiev et al.，2011；Cao et al.，2017；Huang et al.，2018)。

　　伊犁地块南部的新元古代花岗岩沿着特克斯地区附近的那拉提断裂发育(图 2-2)。这些花岗岩侵入了中元古代特克斯群的石英云母片岩、千枚岩、石英岩、变质砂岩和大理岩。新元古代花岗岩与变沉积岩主要沿着伊犁地块南部的一系列 NNE 向断裂接触(图 2-2)。

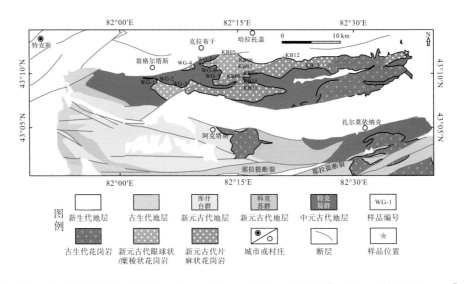

图 2-2　伊犁盆地南缘新元古代花岗岩的地质简图及采样分布图 [据 Huang 等(2019)修改]

　　本书研究选择的岩体为新元古代眼球状花岗岩和糜棱状花岗岩(图 2-3)，二者接触界线明显，边缘不见烘烤或冷凝边现象[图 2-3(A)~(D)]。眼球状花岗岩以发育微斜长石斑晶为特征，其基质矿物为微斜长石(30%~35%)、条纹长石(20%~25%)、奥长石(5%~10%)、石英(25%~30%)和黑云母(约 5%)[图 2-3(E)]。糜棱状花岗岩具有细粒结构，矿物组成为微斜长石(30%~35%)、条纹长石(15%~20%)、奥长石(5%~10%)、石英(20%~25%)、白云母(约 5%)和黑云母(约 5%)[图 2-3(F)]。部分眼球状和糜棱状花岗岩发生了一定程度的绢云母化蚀变。本书还对研究区东部的斑状片麻状花岗岩进行了研究，岩石为中-细粒结构，具有条纹长石斑晶[图 2-3(G)]，且经历了中度变形和破碎。斑

状片麻状花岗岩由条纹长石(40%～45%)、奥长石(10%～15%)、石英(25%～30%)和黑
云母(5%～10%)组成,副矿物为磷灰石、锆石、绿帘石和不透明矿物的氧化物[图 2-3(H)]。
本书选择具代表性的样品进行元素分析(图 2-2),其中眼球状花岗岩(样品 WG-1)、糜棱
岩化花岗岩(样品 KB05)和斑状片麻状花岗岩(样品 KB13)3 个样品用于锆石测年。

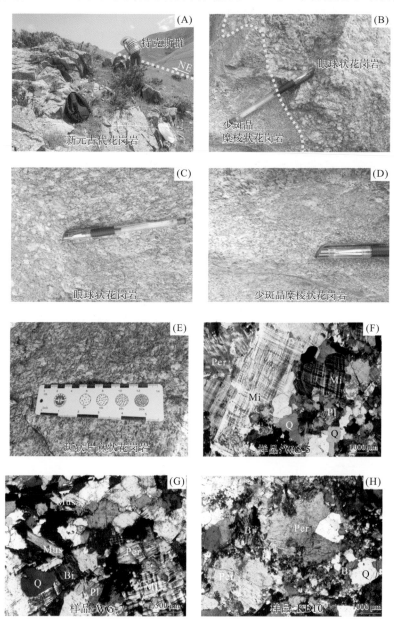

图 2-3　伊犁盆地南缘新元古代花岗岩的野外地质和岩相学照片

(A)新元古代糜棱岩化花岗岩;(B)眼球状和糜棱岩化花岗岩;(C)眼球状花岗岩;(D)糜棱岩化花岗岩;(E)斑状片麻状花岗岩;(F)眼球状花岗岩(样品 WG-5);(G)糜棱岩化花岗岩(样品 WG-7);(H)斑状片麻状花岗岩(样品 KB10)

Per-条纹长石;Mi-微斜长石;Pl-斜长石;Bi-黑云母;Q-石英;Mus-白云母

2.1.2 锆石 U-Pb 年代学

眼球状花岗岩(样品 WG-1)和糜棱状花岗岩(样品 KB05)的锆石具有相似的结构与成分。第 1 组锆石为无色、透明或半透明的颗粒,长度大多为 100~200μm,长宽比为 1∶1~3∶1,晶粒多为自形双端棱柱状晶体,具有环带结构,表明为岩浆成因;第 2 组锆石部分颗粒为暗色,无环带结构或表现出具有腐蚀边或环带边的残余核[图 2-4(A)和(B)]。第 1 组样品 WG-1 的 10 个分析点的 $^{206}Pb/^{238}U$ 谐和年龄为 894~883Ma[图 2-5(A)和(B)],具有高 Th/U 比值(0.21~1.13)和清晰的振荡环带,揭示锆石为岩浆成因(Hoskin and Schaltegger, 2003)。因此,这 10 个分析点的加权平均年龄(889±2)Ma[MSWD[①]=0.25,N[②]=10;图 2-5(B)]可代表眼球状花岗岩的结晶年龄。第 2 组(样品 WG-1)的 9 个分析点具有谐和的 $^{206}Pb/^{207}Pb$ 年龄,为 1261~991Ma[图 2-5(A)]。

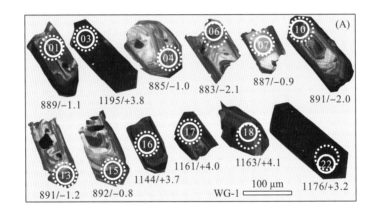

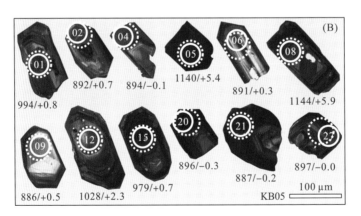

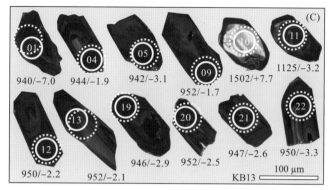

图 2-4　伊犁盆地南缘新元古代花岗岩的代表性锆石 CL 图像

(A)眼球状花岗岩样品 WG-1；(B)糜棱状花岗岩样品 KB05；(C)斑状片麻状花岗岩样品 KB13

实线和虚线圆圈分别代表 U-Pb 和 Lu-Hf 同位素分析点

　　所有糜棱状花岗岩（样品 KB05）的锆石具有高且变化的 Th（$144 \times 10^6 \sim 982 \times 10^6$）及 U（$277 \times 10^6 \sim 3352 \times 10^6$）值和高 Th/U 比值（$0.15 \sim 0.89$）。样品 KB05 的第 1 组锆石具有谐和的 $^{206}Pb/^{238}U$ 年龄（$897 \sim 884Ma$），加权平均年龄为（892 ± 5）Ma（MSWD=0.26，N=11）[图 2-5（C）和（D）]。第 2 组锆石（样品 KB05）具有谐和年龄 $1192 \sim 979Ma$[图 2-5（C）和（D）]。

　　斑状片麻状花岗岩（样品 KB13）锆石长为 $100 \sim 200\mu m$，长宽比为 $0.25 \sim 1.00$。大部分颗粒为自形，具有振荡状或宽板状环带，少数具有继承核[图 2-4（C）]。大多数分析点的 $^{206}Pb/^{238}U$ 年龄较为谐和（$953 \sim 937Ma$），加权平均年龄为（947 ± 4）Ma[MSWD=0.29，N=21；图 2-5（E）和（F）]，可代表斑状片麻状花岗岩的结晶年龄。来自继承核的 7 个分析点具有谐和的 $^{206}Pb/^{207}Pb$ 年龄（$1502 \sim 1039Ma$），暗示了早期热事件的发生。

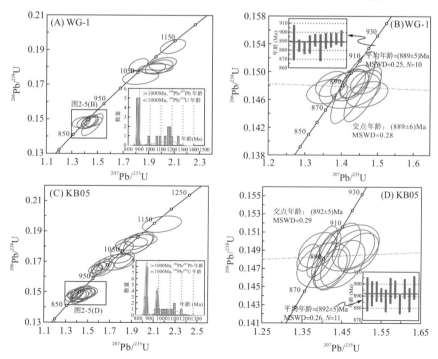

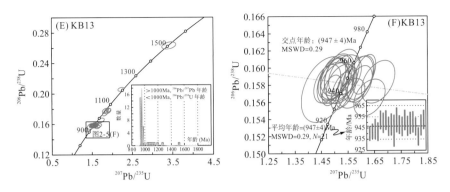

图 2-5 样品的锆石 U-Pb 谐和图及其年龄分布统计图

2.1.3 全岩地球化学

所有花岗岩样品均具有高含量的 SiO_2（质量分数为 72.1%~76.6%）和（Na_2O+K_2O）（质量分数为 7.3%~8.4%），以及较高的 A/CNK 比值[1.03~1.09；$Al_2O_3/(CaO+Na_2O+K_2O)$[1]]，样品均为钙碱性弱过铝质[图 2-6（A）~（D）]。斑状片麻状花岗岩具有较低的 FeO^T/MgO 比值（3.49~3.59）和较高的 $Mg^\#$值[33~34；$100\times Mg/(Mg+Fe)$]，与镁质花岗岩特征相似（Frost and Frost，2011）。眼球状花岗岩和糜棱状花岗岩具有较高的 FeO^T/MgO 比值（6.52~14.58）和较低的 $Mg^\#$值（11~21），这明显区别于斑状片麻状花岗岩，具有铁质花岗岩的趋势[图 2-6（B）]。

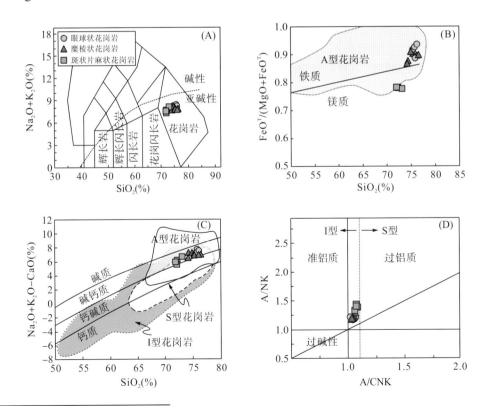

---

① 表示 Al_2O_3 含量与 $CaO+Na_2O+K_2O$ 含量之比，其他化学式表示的含义以此类推。

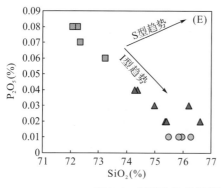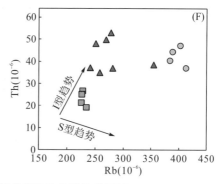

图 2-6　伊犁盆地南缘新元古代花岗岩的化学分类图解

（A）全岩 TAS 岩石分类命名图（Middlemost，1994）；（B）FeO^T/（FeO^T + MgO）vs. SiO$_2$（Frost et al.，2001）；（C）（Na$_2$O + K$_2$O – CaO）vs. SiO$_2$（Frost et al.，2001）；（D）A/NK vs. A/CNK（Maniar and Piccoli，1989）；（E）P$_2$O$_5$ vs. SiO$_2$；（F）Th vs. Rb（Chappell and White，1992）

球粒陨石标准化的稀土元素（REEs）图［图 2-7（A）］显示，斑状片麻状花岗岩富集轻稀土元素（LREEs），（La/Yb）$_N$ 比值为 7.21～7.70，Eu 具强烈负异常（δ_{Eu}= 0.37～0.47），轻稀土元素分化显著［（La/Sm）$_N$= 3.96～4.06］。糜棱状花岗岩稀土元素配分模式与斑状片麻状花岗岩相似：（La/Yb）$_N$=6.86～10.01、（La/Sm）$_N$=3.84～4.73 和 δ_{Eu}=0.20～0.25。然而，眼球状花岗岩则显示出较为平缓的稀土元素配分模式，并具有较低的（La/Yb）$_N$（1.32～1.92）和（La/Sm）$_N$（1.66～1.89）比值［图 2-7（A）］。所有花岗岩样品均亏损 Nb、Ta、Ba、Sr、P、Eu 和 Ti，强烈富集大离子亲石元素（large-ion lithophile element，LILE），同时在原始地幔标准化微量元素蛛网图中，高场强元素（high field-strength element，HFSE）具高分异的特征［图 2-7（B）］。

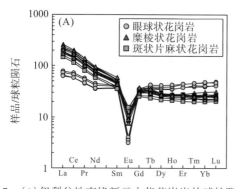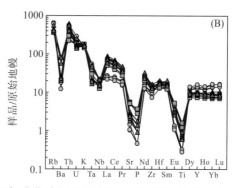

图 2-7　（A）伊犁盆地南缘新元古代花岗岩的球粒陨石标准化稀土配分图解；（B）原始地幔标准化微量元素蛛网图

球粒陨石及原始地幔标准化数据值据 Taylor 和 McLennan（1985）及 Sun 和 McDonough（1989）

2.1.4　Sr-Nd-Hf 同位素

本书利用结晶年龄计算了花岗岩的 Sr、Nd 初始同位素比值和 $\varepsilon_{Nd}(t)$ 值。所有花岗岩的 Nd 同位素组成基本一致，初始 ^{143}Nd/^{144}Nd 比值较低，为 0.511190～0.511275，$\varepsilon_{Nd}(t)$

值为-5.44～-3.75。眼球状花岗岩和糜棱状花岗岩初始 $^{87}Sr/^{86}Sr$ 比值变化较大（0.703921～0.7445403），斑状片麻状花岗岩初始 $^{87}Sr/^{86}Sr$ 比值变化较小（0.718526～0.723162）。由于 Nd-Hf 同位素组成相对均匀，眼球状花岗岩异常高（0.743550～0.744540）的和糜棱状花岗岩异常低（0.703921）的初始 $^{87}Sr/^{86}Sr$ 比值，可能反映了其受到低级变形变质作用的影响（Barovich and Patchett，1992；Ma and Liu，2001）。因此，岩石的 Sr 同位素数据将不适用于岩石成因的讨论。所有花岗岩的 Nd 模式年龄（T_{2DM}）均为 1.96～1.88Ga，与天山地块基底岩石的年龄相似（图 2-8）（Hu et al.，2000；Kröner et al.，2017；Wang et al.，2017）。

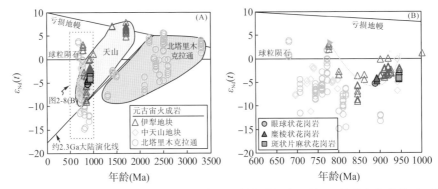

图 2-8 伊犁地块、中天山地块和北塔里木克拉通前寒武纪岩石的 $\varepsilon_{Nd}(t)$ 值与年龄关系对比图

数据源于本书作者团队及 Wang 等（2014a，2014c，2017）、Chen 等（2017）、Hu 等（2000）、Zhang 等（2007b，2009，2012c）、Cao 等（2011）、Lei 等（2013）、Ye 等（2013，2016）、Wu 等（2014）和 Cai 等（2018）

眼球状花岗岩（样品 WG-1）锆石 $^{206}Pb/^{238}U$ 年龄为 889Ma，$\varepsilon_{Hf}(t)$ 值为-2.11～-0.76，显示均一的同位素组成。锆石年龄为 892Ma 的糜棱状花岗岩 $\varepsilon_{Hf}(t)$ 值稍高，为-0.26～0.72。眼球状花岗岩和糜棱状花岗岩的古老继承锆石具有正的 $\varepsilon_{Hf}(t)$ 值，分别为 3.16～4.09 和 0.70～5.90 [图 2-9（A）]。不过，岩浆锆石和继承锆石具有相似的二阶段 Hf 模式年龄，均为 1.91～1.60Ga。相反，斑状片麻状花岗岩（样品 KB13）具有较低的 $^{176}Hf/^{177}Hf$ 比值

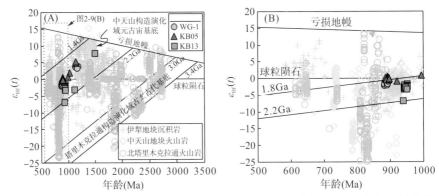

图 2-9 伊犁地块、中天山地块和北塔里木克拉通前寒武纪岩石的锆石 $\varepsilon_{Hf}(t)$ 值与年龄关系对比图

数据源于本书作者团队及 He 等（2013，2015a，2015b，2018a）、Lei 等（2013）、Ye 等（2013，2016）、Zong 等（2013）、Ge 等（2014a，2014b）、Huang 等（2014a，2015a，2015c，2016a，2017）、Wang 等（2014c，2014d，2017）、Wu 等（2014，2018）、Gao 等（2015a）、Kovach 等（2017）、Chen 等（2017）和 Cai 等（2018）

（0.282005～0.282158），较低的 $\varepsilon_{Hf}(t)$ 值（-6.95～-1.67），较老的 Hf 模式年龄（2.26～1.93Ga）［图 2-9（B）］。然而，对样品 KB13 的两组继承锆石（约为 1502Ma 和 1125Ma）进行 Hf 同位素分析发现，其 $\varepsilon_{Hf}(t)$ 值变化较大，分别为 7.74 和-3.19，两阶段 Hf 模式年龄分别为 1.76Ga 和 2.17Ga。

2.1.5 伊犁地块两期花岗岩的成因

锆石 U-Pb 年代学揭示伊犁地块南部新元古代花岗岩岩浆作用可分为两个时期，其中发育于研究区东部的斑状片麻状花岗岩结晶年龄约为 947Ma，而研究区西部的眼球状花岗岩和糜棱状花岗岩结晶年龄约为 890Ma。斑状片麻状花岗岩为镁质花岗岩，其 Mg# 值（33～34）显著高于眼球状和糜棱状花岗岩（Mg#=11～21），而后两者属于铁质花岗岩系列［图 2-6（B）］，这种差异表明斑状片麻状花岗岩与眼球状和糜棱状花岗岩存在不同的岩浆源区和/或经历了不同的成岩过程。斑状片麻状花岗岩具有缺乏富铝矿物、A/CNK 比值（<1.1）低、P_2O_5 和 SiO_2 之间呈负相关性及 Th 和 Rb 之间呈正相关性的特征，这些特征显著不同于 S 型花岗岩（图 2-3 和图 2-6）（Chappell and White，1992；Chappell，1999）。此外，斑状片麻状花岗岩较低的 Ga/Al 和 FeO^T/MgO 比值和较高的 MgO、FeO^T 和 TiO_2 含量，揭示其与钙碱性弱过铝质 I 型花岗岩的地球化学特征相似（图 2-10）（Whalen et al.，1987）。相反，眼球状花岗岩和糜棱状花岗岩具有高 SiO_2（质量分数>74%）和高碱（Na_2O+K_2O 质量分数为 7.70%～8.39%）含量，高 FeO^T/MgO 和 10000×Ga/Al（>2.8）比值，低 CaO、Al_2O_3、Ba 和 Sr 含量等地球化学特征，这与高分异钙碱性 A 型花岗岩相似（图 2-10）（Whalen et al.，1987；Frost and Frost，2011；Wu et al.，2017）。

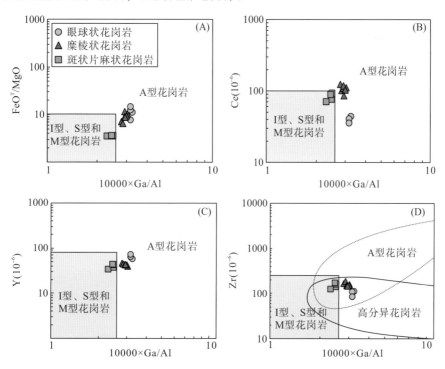

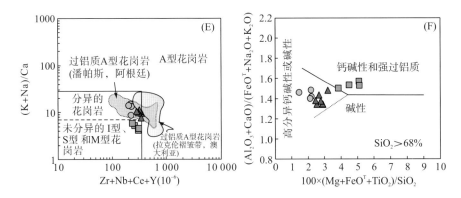

图 2-10　(A)～(E)花岗岩成因分类判别图(Whalen et al.，1987；Wu et al.，2017)；(F)岩石碱性-钙碱性-
高分异特征判别图(Sylvester，1989)

阿根廷和澳大利亚典型过铝质 A 型花岗岩的数据源于 Morales Cámera 等(2017)和 Whalen 等(1987)

　　实验岩石学研究结果(图 2-11)揭示，所有样品均具有高的 SiO_2 含量，较高的 K_2O/Na_2O 和 $Al_2O_3/(MgO+FeO^T)$ 比值，中等的 $CaO/(MgO+FeO^T)$ 和 $(Na_2O+K_2O)/(MgO+FeO^T+TiO_2)$ 比值，以及相对较低的 $Mg^{\#}$、$(MgO+FeO^T+TiO_2)$ 和 $\varepsilon_{Nd}(t)$ 值(-5.44～-3.75)及较高的初始 $^{87}Sr/^{86}Sr$ 比值(890Ma 的花岗岩为 0.716530～0.720543，947Ma 的花岗岩为 0.718526～0.723162)。这些地球化学特征表明岩石起源于地壳变质杂砂岩的部分熔融(Patiño and Johnston，1991；Patiño and Beard，1996)。以下证据同样表明，岩石的形成无地幔物质的贡献：①镁铁质组分的加入会形成中等 SiO_2 含量的岩石(Stern and Kilian，1996)；②地幔组分具有较高的 Zr/Hf(34～42)和 Nb/Ta(14.2～15.9)比值(Sun and McDonough，1989；Green，1995)，而地幔物质的加入会导致岩石的这类比值上升，显然研究区花岗岩不具此类特征；③研究区并不存在闪长岩-花岗闪长岩-花岗岩组合，这与岩浆混合和/或分离结晶模型不一致。

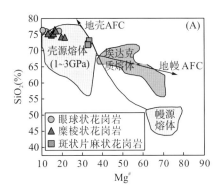
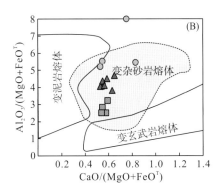

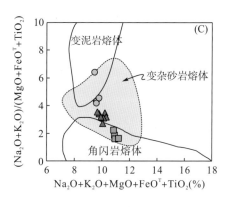
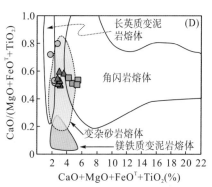

图 2-11　伊犁盆地南缘新元古代花岗岩的化学成分关系图

实验岩石学及同化混染-分离结晶(AFC)模拟曲线资料源于 Vielzeuf 和 Holloway(1988)、Patiño 和 Johnston(1991)、Rapp 和 Watson(1995)、Patiño 和 Beard(1996)及 Stern 和 Kilian(1996)

值得注意的是，斑状片麻状花岗岩具有更古老的模式年龄(约为 2.0Ga)，在相同 SiO_2 含量下，其 $Mg^\#$ 值远高于眼球状花岗岩和糜棱状花岗岩，表明斑状片麻状花岗岩岩浆源区中 MgO 相对富集。相比之下，眼球状和糜棱状花岗岩(约为 890Ma)的 $\varepsilon_{Hf}(t)$ 值为 -2.11～0.72 且具有相对年轻的 Hf 模式年龄，表明其起源于约 1.8 Ga 的变质杂砂岩熔体，与薄的新生地壳特征相似。这与伊犁地块前寒武纪基底岩石(如温泉杂岩、凯拉克提群)的研究结果一致，其中角闪岩和变质沉积岩在 1.8～1.7Ga 出现明显的年龄峰值，具有较高且正的 $\varepsilon_{Nd}(t)$ 和 $\varepsilon_{Hf}(t)$ 值 [图 2-8(A)和图 2-9(A)]，进而表明研究区存在晚古元古代新生地壳物质(Hu et al.，2000；He et al.，2015b；Huang et al.，2016a)。此外，继承锆石(1502～979Ma) (图 2-5)含量较低则暗示中元古代岩石对所研究的花岗岩的物质贡献较小。

眼球状 [$(La/Yb)_N$= 1.24～1.81] 和糜棱状花岗岩 [$(La/Yb)_N$= 6.46～9.43] 稀土元素配分模式图显示，分离结晶作用在化学成分改变过程中也起着重要作用。Eu、Ba、Sr、Na、Ta、P 和 Ti 显著负异常则进一步证明分离结晶作用的存在(图 2-7)。Ba-Sr 和 δ_{Eu-Sr} 相关性地化模型揭示(Ersoy and Helvaci，2010)，样品主要经历了碱性长石、斜长石和黑云母的分离结晶作用 [图 2-12(A)和(B)]。如图 2-12 所示，Na、Ta、P 和 Ti 负异常可能反映了钛铁矿、褐帘石和磷灰石的分离结晶。

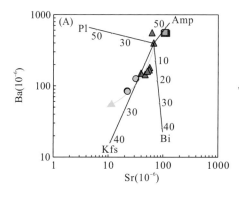
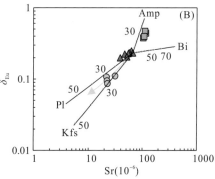

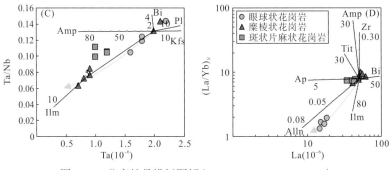

图 2-12　分离结晶模拟图解(Ersoy and Helvaci，2010)

(A)Ba-Sr；(B)δ_{Eu}-Sr；(C)Ta/Nb-Ta；(D)(La/Yb)$_N$-La；Pl-斜长石；Kfs-碱性长石；B-黑云母；Amp-普通角闪石；Ap-磷灰石；Alln-褐帘石；Ilm-钛铁矿；Tit-榍石；Zr-锆石

2.1.6　对伊犁地块新元古代早期构造演化的启示

花岗岩的形成与其岩浆源区和演化过程密切相关，因此，花岗岩的岩石地球化学特征对于指示其形成的构造环境有重要意义(Pearce，1996)。伊犁地块斑状片麻状花岗岩(约为 947Ma)的全岩主量元素和微量元素组成类似于同碰撞花岗岩(图 2-13)，而年龄约为890Ma 的花岗岩则显示与伸展相关花岗岩相似的地球化学特征，其较高的 Y/Nb 和 Yb/Ta比值[图 2-13(C)和(D)]类似于 A$_2$ 型花岗岩(Eby，1992)，且与许多高分异花岗岩类相似，其岩石成因与碰撞后伸展环境相关。

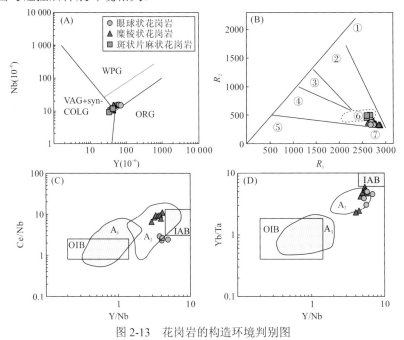

图 2-13　花岗岩的构造环境判别图

(A)Nb-Y(Pearce et al.，1984)；(B)R_1-R_2 图解(①-幔源岩浆分异；②-板块碰撞前；③-板块碰撞后；④-造山晚期；⑤-非造山；⑥-同碰撞；⑦-造山后)[Batchelor 和 Bowden(1985)]；(C)、(D)A 型花岗岩的亚类判别图解(A$_1$-非造山裂谷环境；A$_2$-碰撞后环境；OIB-洋岛玄武岩；IAB-岛弧玄武岩)[Eby(1992)]

　　研究区样品的成岩年龄和构造意义与中亚造山带内伊犁地块及相邻地块的区域岩浆作用和变质作用资料一致。这些地块通常发育大规模呈线性分布的 I 型和 S 型花岗岩（1000～890Ma）[图 2-1、图 2-14 和图 2-15]，趋势类似于那些汇聚的大陆边缘增生造山带，这可能与罗迪尼亚超大陆的拼合有关。这些中亚造山带地块内的一些 I 型花岗岩为高钾钙碱性并具有弧相关的地球化学特征（富集 LREE 和 LILE 以及 HREEs 和 HFSE）。例如，在阿克套—伊犁地区发现的黑云母花岗岩[(945±22) Ma]（Tretyakov et al.，2015）、中国中天山的花岗质片麻岩[(969±11) Ma]（Yang et al.，2008）和哈萨克斯坦南部—北天山的花岗岩[(1045±7) Ma]（Kröner et al.，2013）。这进一步证实了在这些地块中存在中元古代晚期到新元古代早期的俯冲相关岩浆作用，这些岩浆作用多发育在现今中亚造山带西南部。此外，图 2-5 揭示了研究区花岗岩样品 KB05（约为 985Ma）中继承锆石记录了中元古代早期到新

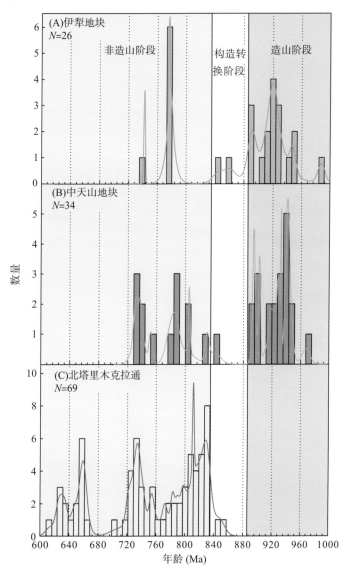

图 2-14　伊犁地块、中天山地块和北塔里木克拉通新元古代火成岩的锆石 U-Pb 年龄频率统计图

元古代早期的构造-岩浆事件。随后的构造-岩浆事件在伊犁地块北部也得到了证实(Wang et al.，2014b；Huang et al.，2017)，例如，基底岩石(即温泉群)的深部混合岩化作用(926～909Ma)、S 型花岗岩岩浆作用(919～909Ma)、糜棱岩化作用(约为 919Ma)、新元古代早期片麻岩的绿片岩-角闪岩相变质作用。这种构造特征通常与碰撞造山作用有关(Brown，2007；Liou et al.，2009)，从而表明伊犁地块在 950～900Ma 处于同碰撞环境。947～890Ma 的伊犁地块多发育 I 型和 S 型花岗岩类，而 890～800Ma 的多发育 A 型花岗岩类(图 2-15)。这种特征的变化揭示了中亚造山带区域新元古代处于同碰撞到碰撞后伸展的构造转换。

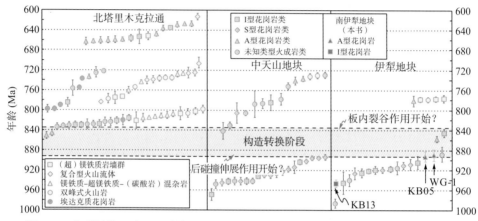

图 2-15　伊犁地块、中天山地块和北塔里木克拉通新元古代岩浆岩的成因类型对比图

伊犁地块与邻近的中天山地块在 960～900Ma 发生了大规模的 I 型和 S 型花岗岩岩浆活动(图 2-14)，表明二者在新元古代早期具有相似的演化过程。这些岩浆活动的终止与中亚造山带西南部的高级变质作用峰期(约为 900Ma)相对应(Wang et al.，2014b；Huang et al.，2017；Zong et al.，2017)。伊犁地块南部中-新元古代地层(即特克斯群和库什台群)也记录了这种构造转换。特克斯群海相沉积层序被库什台群和新元古代晚期沉积盖层不整合覆盖，后者主要为陆相碎屑岩和层间冰川沉积物(Ding et al.，2009)。最近的研究表明，特克斯群沉积于中元古代晚期至新元古代早期(1040～960Ma)，而库什台群沉积于新元古代早期(<926Ma)(Huang et al.，2019)。这些单元之间的区域地层不整合及不同的岩石组合同样揭示该地区的构造发生了转换。

中亚造山带内的伊犁地块及其附近地块在同碰撞向后碰撞转换之后，开启后造山伸展作用。区域上出现的基性岩墙群、复合型火山流体和双峰式侵入体揭示了中亚造山带西南地区早在约 830Ma 就进入了大陆裂谷阶段(Zhang et al.，2007a，2012b；Lu et al.，2008；Chen et al.，2017)。这些裂谷作用可能标志着罗迪尼亚超大陆裂解期间西南中亚造山带分离作用的开始(Li et al.，2008b；Cawood et al.，2018)。

2.1.7　伊犁地块新元古代地壳改造与构造亲缘性

新元古代花岗岩具有富集的 Nd-Hf 同位素组成。例如，年龄为 947Ma 的斑状片麻状

花岗岩 $\varepsilon_{Nd}(t)$ 值为-4.45～-3.75；年龄约为 890Ma 的眼球状和糜棱状花岗岩 $\varepsilon_{Nd}(t)$ 值为-5.44～-4.14。而年龄约为947Ma的斑状片麻状花岗岩 $\varepsilon_{Hf}(t)$ 值为-6.95～-1.67；年龄约为890Ma 的眼球状和糜棱状花岗岩 $\varepsilon_{Hf}(t)$ 值为-2.11～0.72。Nd-Hf 地壳模式年龄变化范围较窄，年龄在 947Ma 左右的片麻岩峰值为 2.0Ga，年龄约 890Ma 的花岗岩峰值为 1.8Ga。本书记录的 Nd-Hf 模式年龄[图 2-8(A)和图 2-9(A)]及古元古代碎屑锆石沉积物源区的综合研究表明(Liu et al.，2014b；Huang et al.，2016a，2017)，伊犁地块可能存在古元古代基底。花岗岩全岩 $\varepsilon_{Nd}(t)$ 值和锆石 $\varepsilon_{Hf}(t)$ 值均为负值(图 2-8 和图 2-9)，表明古老陆壳改造是伊犁地块新元古代地壳演化的主要机制。

花岗岩中继承锆石(1502～979Ma)具有正的 $\varepsilon_{Hf}(t)$ 值(0.70～7.74；图 2-9)，排除点KB13-11[年龄为 1125Ma，$\varepsilon_{Hf}(t)$ 值为-3.19]。大部分继承锆石为自形锆石，具较高的 Th/U比值(0.14～1.16)，部分锆石颗粒具有明亮的核，且振荡环带周围环绕着暗色生长边(图 2-4)，揭示锆石为岩浆锆石。这些特征结合伊犁地块中元古代碎屑锆石的研究成果(图 2-9)表明，伊犁地块中元古代地壳生长事件与发生在中亚造山带南部的时间为 1450～1400Ma 和1150～1050Ma 的岩浆事件相对应(Kröner et al.，2013；He et al.，2018b)。

火成岩 Nd-Hf 同位素组成在年龄 1000～890Ma 呈富集趋势(图 2-8 和图 2-9)，表明地壳改造对伊犁地块演化起到了重要作用。然而，大约在 890Ma 之后发生了多次地壳生长事件，其中最早的一次发生在 830～800Ma，之后的分别发生在 780～720Ma 和 650～630Ma。这些事件与罗迪尼亚超大陆裂解相关的间歇式裂谷作用相呼应(Zhang et al.，2012b；Han et al.，2018)。伊犁地块新元古代变沉积岩中年龄为 1000～890Ma 的碎屑锆石具有富集的 Lu-Hf同位素组成，而年龄小于 800Ma 的锆石大部分同位素组成是亏损的，这同样揭示了伊犁地块地壳改造到新生地壳多次脉动生长的演化过程。这种 Lu-Hf 同位素特征与伊犁地块新元古代火成岩 Nd 同位素特征一致(图 2-8)，可能反映了地壳演化过程中的变化。

花岗岩的 Nd-Hf 同位素组成及其继承锆石表明伊犁地块具有与中天山地块相似的基底历史和构造演化过程，2.2～1.8Ga 古元古代基底也经历了中元古代新生地壳生长(图 2-8和图 2-9)。中亚造山带西南部的伊犁地块和邻近地块新元古代早期岩浆作用的构造亲缘性表明，它们在罗迪尼亚超大陆聚合时位于或者靠近主动大陆边缘。这种情况与西藏特提斯边缘和南美洲安第斯边缘的新生代造山带相似。

相比之下，塔里木克拉通具有太古宙基底，缺乏 1.0～0.9Ga 时期与造山相关的岩浆活动和随后的高级变质作用(约 900Ma)记录(Cai et al.，2018；Yang et al.，2018)。这些基底的年龄和中元古代晚期—新元古代早期岩浆活动的差异表明，伊犁地块在元古宙的大部分时间里不是塔里木克拉通的一部分。此外，伊犁地块缺乏塔里木克拉通发育的新太古代—古元古代早期岩浆作用(图 2-8 和图 2-9)，表明现在相邻的两个地块从太古宙到新元古代早期独立存在，即在空间上无关联。大约 890Ma 以后，塔里木克拉通记录着与中亚造山带西南地区的伊犁地块和前寒武纪基底相似的岩浆作用过程，区域上以发育 I 型和 A 型花岗岩为特征，无 S 型花岗岩，同时期的岩浆岩(＜830Ma)被证明与裂谷相关(如基性岩墙群、基性及碱性杂岩和双峰式火成岩)(Zhang et al.，2007a，2012b，2013；Lu et al.，2008；Ye et al.，2013；Wang et al.，2014a；Chen et al.，2017)。以上证据表明，在罗迪尼亚超大陆边缘裂解时期(约 830Ma)，这些前寒武纪地块之间可能具有空间关联性。

　　综上所述，在罗迪尼亚超大陆最终拼合之前，伊犁地块的地质历史与中天山地块相似，但与塔里木克拉通不同。新元古代早期(1000～890Ma)，伊犁地块和中天山地块是一个安第斯型造山带，产生了大量的 I 型和 S 型花岗岩类，其中古老陆壳的改造在地壳演化过程中起着重要作用，相比之下，塔里木克拉通的同期岩浆记录少见。到新元古代中期(早于830Ma)，与裂谷有关的岩浆活动可能标志着新元古代早期造山运动的结束和非造山板内构造作用的开启。

2.2　伊犁盆地南缘中新元古代(变质)沉积岩物源分析及其古地理意义

　　伊犁地块中新元古代地层主要分布在其南缘和北缘地区(图 2-16)。其中，伊犁地块北缘地层的研究主要集中在温泉杂岩的新元古代早期变质沉积岩物源分析上(Huang et al.,

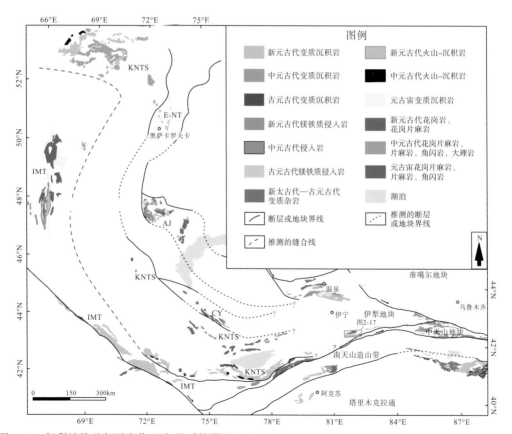

图 2-16　伊犁地块及邻区岩浆-沉积地质简图(Windley et al.，2007；Gao et al.，2009；Alexeiev et al.，2011；
Wang et al.，2014a；Degtyarev et al.，2017)

KNTS-科克契塔夫-北天山地块；IMT-伊西姆-中天山地块；E-NT-Erementau-尼亚孜地块；CY-楚-伊犁地块；AJ-阿克陶-准噶
尔地块

2016a），这些沉积岩在伊犁地块南缘发育早期被认为属于长城系和青白口系的(变质)沉积岩。关于这些(变质)沉积岩的时代，以及物源及其地质意义均缺少相关的研究。因此，本书选取了伊犁地块南缘特克斯地区特克斯群和库什台群(变质)沉积岩开展碎屑锆石 U-Pb年代学和 Hf 同位素研究，进而讨论其年代和物源。

2.2.1　地层及样品描述

伊犁地块南缘特克斯地区中新元古代地层包括特克斯群、科克苏群和库什台群。其中，特克斯群自下而上又被分为泊仑干布拉克组、莫合西萨依组和珠玛汗萨依组(图 2-17和图 2-18)。根据岩石组合特征，泊仑干布拉克组又被分为下部、中部和上部。泊仑干布拉克组下部和上部主要由石英片岩和石英岩组成[图 2-19(A)]，而中部主要由灰岩和白云岩组成，夹石英岩[图 2-19(B)]和千枚岩。莫合西萨依组主要由灰色石英岩和千枚岩[图 2-19(C)]组成，夹少量薄层石英片岩。珠玛汗萨依组主要为石英岩、石英片岩、千枚岩，夹少量灰岩。大多数特克斯群岩石经历了强烈的变形，其变质程度达到绿片岩相。在泊仑干布拉克组下部石英片岩中发育北东向叶理构造。莫合西萨依组千枚岩发育北东-南西向微褶皱[图 2-19(C)]。科克苏群与珠玛汗萨依组为整合接触，前者主要由灰色厚层灰岩和白云岩组成。库什台群不整合覆盖在科克苏群之上，其下部主要由薄层泥岩和石英砂岩[图 2-19(D)]组成，上部主要由灰色厚层灰岩夹白云岩组成。这些未变质和变形的岩石被上泥盆统—下石炭统大哈拉军山组底部砾石层不整合覆盖(Zhu et al.，2009；Huang et al.，2018)。特克斯群、科克苏群和库什台群被认为形成于浅海环境(张万仁，2006)。

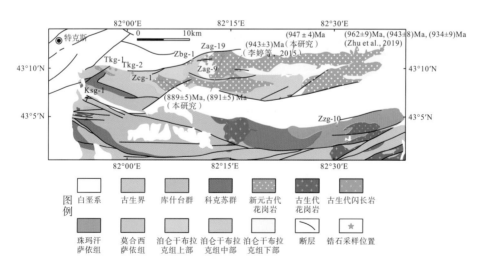

图 2-17　特克斯地区地质简图

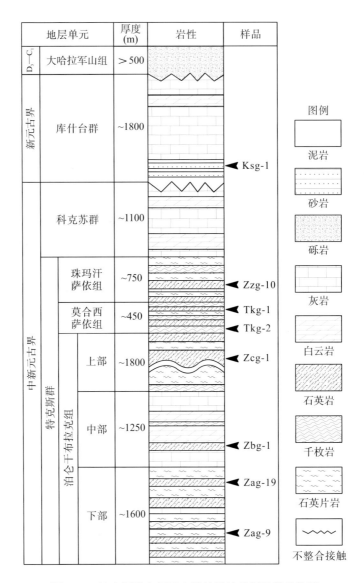

图 2-18　特克斯群中新元古界地层柱状图及样品位置

图 2-19　伊犁地块中新元古代(变质)沉积岩代表性野外和镜下照片

(A)泊仑干布拉克组下部石英片岩；(B)泊仑干布拉克组中部石英岩；(C)莫合西萨依组千枚岩；(D)库什台群砂岩；(E)～(H)

石英片岩(Zag-9)、千枚岩(Tkg-2)、石英岩(Zzg-10)和砂岩(Ksg-1)样品镜下照片

Qtz-石英；Pl-斜长石；Ms-黑云母；Zo-黝帘石；Chr-绿泥石；Ser-绢云母

　　本次研究共采集了 7 件特克斯群样品,包括 5 件石英岩样品、1 件片岩样品和 1 件千枚岩样品。片岩样品(Zag-9)采自泊仑干布拉克组下部,其主要由石英(约 50%)、黑云母(约 40%)以及少量黝帘石(约 6%)、斜长石(约 3%)和绿泥石(约 1%)组成[图 2-19(E)]。其中,扁平的黑云母及拉长的石英颗粒呈现的定向性排列构成了主要的叶理构造[图 2-19(E)]。莫合西萨依组千枚岩样品(Tkg-2)发育微褶皱,主要由呈微褶皱变形的绢云母和石英颗粒构成[图 2-19(F)]。特克斯群石英岩样品主要由石英(80%～95%)和黑云母(5%～20%)构成,并含少量斜长石(0～3%)、绢云母(0～2%)和绿泥石(0～2%)[图 2-19(G)]。在这些石英岩样品中,多数重结晶的石英颗粒呈现波状消光。样品 Zzg-10 中拉长的石英颗粒和扁平的黑云母在正交偏光镜下展示定向排列[图 2-19(G)]。库什台群的砂岩样品几乎完全由石英颗粒组成。

2.2.2　锆石 U-Pb 年龄和微量元素

在总共 573 个锆石测试点中，有 5 个点因不谐和度超过 10%而被排除。剩下的 568 个点的锆石 U-Pb 年龄在 3126～910Ma。大多数锆石无色透明，长度在 50～150μm，长宽比为 1:1 或 2:1。库什台群多数(约 87%)年龄小于 1Ga 的碎屑锆石具有自形的特征，而剩下的年龄大于 1Ga 的碎屑锆石(约 69%)多具有圆形特征。多数锆石具有清晰的环带结构及高 Th/U 比值(多数介于 0.3～2.4)，指示锆石为岩浆成因。特克斯群年龄小于 1.4Ga 的碎屑锆石多数(约 81%)具有自形或半自形的特征，年龄大于 1.7Ga 的碎屑锆石主要(约 60%)具有圆形的特征，而年龄介于 1.7～1.4Ga 的碎屑锆石呈自形、半自形和圆形的比例接近(约 36%、31%和约 33%)。CL 阴极发光图像显示多数特克斯群锆石具有很好的韵律环带，少数锆石具有复杂的环带结构。样品 Zag-9、Zag-19 和 Zzg-10 中多数碎屑锆石，以及来自其他样品的部分碎屑锆石具有核幔构造或不规则的振荡环带，暗示这些锆石可能经历了后期变质或蚀变作用的改造。然而，这些锆石的边部太窄，不能满足分析，只有核部位置能够进行锆石年代学分析。同时，这些锆石多具有高的年龄谐和度(多数大于 96%)，暗示其没有受到明显的蚀变作用影响。多数特克斯群碎屑锆石具有较高的 Th/U 比值(>0.1)，指示了岩浆成因。来自珠玛汗萨依组的年龄为(1657±58)Ma 的一个锆石点(Zzg-10-48)其微量元素球粒陨石标准化图具有陡峭的轻稀土元素配分模式以及平坦的重稀土元素配分模式，并伴随有 Ce 正异常及 Eu 弱负异常(Ce/Ce* = 1.49 和 Eu/Eu* = 0.61)。结合极低的 Th/U 比值(0.04)和深色均一的 CL 阴极发光图可知，该锆石可能来源于榴辉岩相变质岩。剩下的特克斯群和库什台群碎屑锆石其微量元素球粒陨石标准化图具有陡峭的稀土元素配分模式，以及 Ce 正异常和 Eu 负异常，显示出典型的岩浆锆石地球化学特征(Hoskin and Schaltegger 2003)。

泊仑干布拉克组下部片岩样品 Zag-9 共被分析了 62 个锆石点。其中，61 个锆石点的年龄谐和度大于 90%，年龄主要介于 1872～1011Ma。3 个主要的年龄峰值分别出现在 1510Ma、1430Ma 和 1170Ma，并伴生有一个次峰年龄值(1730Ma)。此外，有 2 个锆石点具有太古代的年龄，其年龄值分别为(3090±37)Ma 和(2515±41)Ma[图 2-20(A)]。

泊仑干布拉克组下部片岩样品 Zag-19 共被分析了 73 个锆石点。其中，71 个锆石点具有谐和的锆石年龄，年龄主要介于 1898～1065Ma。两个主要的年龄峰值分别出现在 1470Ma 和 1220Ma，并伴生有两个次峰年龄值(1880Ma 和 1710Ma)。此外，有两个锆石点的年龄分别为(2473±37)Ma 和(2117±38)Ma[图 2-20(B)]。

对泊仑干布拉克组中部石英岩样品 Zbg-1 中 72 个锆石点进行 U-Pb 年龄分析，其年龄在误差范围内均具有谐和的特点。其中，有两个锆石点的年龄分别为(2865±33)Ma 和(2755±30)Ma，明显老于主要的年龄束。剩余的 70 个锆石点年龄介于 1989～1189Ma。3 个主要的年龄峰值分别出现在 1720Ma、1450Ma 和 1270Ma，并伴生有一个次峰年龄值(1940Ma)[图 2-20(C)]。

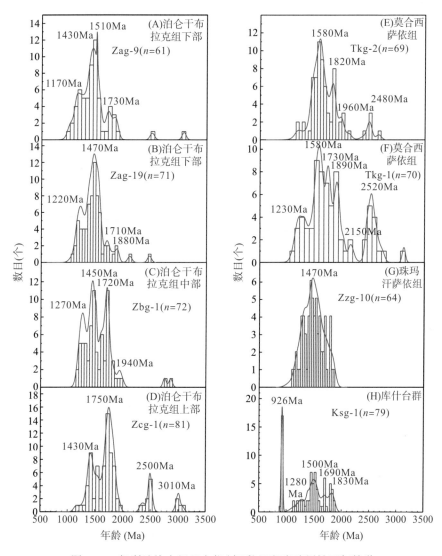

图 2-20　伊犁地块中新元古代(变质)沉积岩碎屑锆石年龄谱

对泊仑干布拉克组上部石英岩样品 Zcg-1 中 81 个锆石点进行 U-Pb 年龄分析,所有锆石点均具有谐和的年龄,年龄介于 3081～1161Ma。3 个主要的年龄峰值分别出现在 2500Ma、1750Ma 和 1430Ma,并伴生有一个次峰年龄值(3010Ma)[图 2-20(D)]。

莫合西萨依组千枚岩样品 Tkg-2 所有(69 个)分析点的锆石 U-Pb 年龄均是谐和的,年龄介于 2648～1183Ma。两个主要的年龄峰值分别出现在 1820Ma 和 1580Ma,并伴生有两个次峰年龄值(2480Ma 和 1960Ma)[图 2-20(E)]。

莫合西萨依组石英岩样品 Tkg-1 共被分析了 70 个锆石点。所有分析点均具有谐和的锆石年龄,年龄介于 3126～1122Ma。5 个主要的年龄峰值分别出现在 2520Ma、1890Ma、1730Ma、1580Ma 和 1230Ma,并伴生有一个次峰年龄值(2150Ma)[图 2-20(F)]。

对珠玛汗萨依组石英岩样品 Zzg-10 中 65 个锆石点进行 U-Pb 年龄分析。除一个变质锆石点(Zzg-10-48)的年龄为(1657±58)Ma 外,剩下的 64 个锆石点年龄介于 1865～1099Ma,

并具有一个年龄峰值(1470Ma)[图 2-20(G)]。

对库什台群砂岩样品 Ksg-1 中 81 个锆石点进行 U-Pb 年龄分析。其中，有 79 个锆石点具有谐和的年龄值。这些年龄值介于 1887～910Ma，包含两个主要的年龄段(941～910Ma 和 1887～1122Ma)。最年轻的年龄段年龄峰值出现在 926Ma[图 2-20(H)]。

2.2.3　锆石 Lu-Hf 同位素

片岩样品 Zag-9 因锆石颗粒过小而没有进行分析。年龄为 3020～1692Ma 的太古宙—古元古代晚期锆石的 $\varepsilon_{Hf}(t)$ 值介于 11.2 和-12.9 之间[图 2-21(A)]。锆石二阶段模式年龄 (T_{DM2}) 介于 3620～2000Ma。除 7 颗锆石颗粒具有负的 $\varepsilon_{Hf}(t)$ 值(-16.3～-0.1)，所有古元古代末期—中元古代(1687～1099Ma)锆石均具有正的 $\varepsilon_{Hf}(t)$ 值(0.5～12.0)。这些锆石二阶段模式年龄 (T_{DM2}) 介于 2095～1230Ma。新元古代早期锆石具有相对一致的 $\varepsilon_{Hf}(t)$ 值(0.7～3.2)，其二阶段模式年龄 (T_{DM2}) 介于 1647～1515Ma。

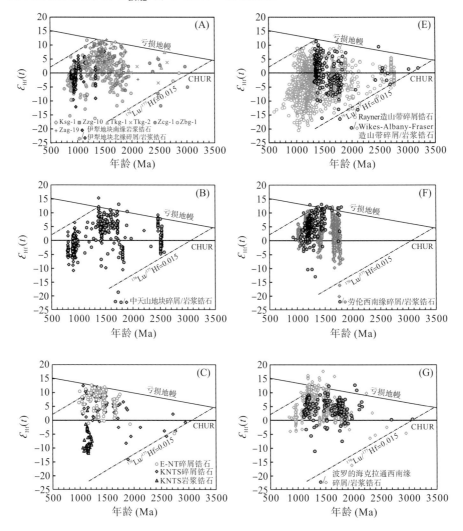

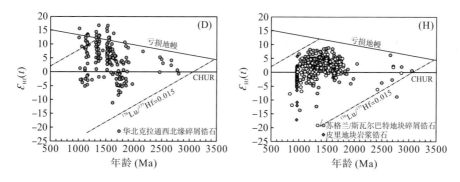

图 2-21　碎屑锆石和岩浆锆石 $\varepsilon_{Hf}(t)$ 与 U-Pb 年龄图

(A)伊犁地块(部分数据来源：李婷等，2015；Huang et al.，2016a，2017；Kröner 未发表数据；Xiong et al.，2019；Zhu et al.，2019)；(B)中天山地块(Huang et al.，2014a，2015a，2015c，2017；Wang et al.，2014c，2014d，2017；Gao et al.，2015a；He et al.，2015b，2018b)；(C)科克契塔夫-北天山地块(KNTS)和 Erementau-尼亚孜地块(E-NT)(Kröner et al.，2013；Glorie et al.，2015；Kovach et al.，2017)；(D)华北克拉通西北缘(Liu et al.，2017a)；(E)Rayner 造山带(Wang et al.，2016；Liu et al.，2017b)和 Wilkes-Albany-Fraser 造山带(Zhang et al.，2012b；Smits et al.，2014；Spaggiari et al.，2015；Morrissey et al.，2017；Tucker et al.，2017)；(F)劳伦西亚缘(Bickford et al.，2010；Wooden et al.，2013；Petersson et al.，2015c；Mulder et al.，2018；Solari et al.，2018)；(G)波罗的海克拉通西南缘(Andersen et al.，2004，2007，2009；Pedersen et al.，2009；Spencer et al.，2014；Petersson et al.，2015a，2015b)；(H)苏格兰、斯瓦尔巴特和皮里地块(Malone et al.，2017；Spencer et al.，2019)

2.2.4　地层沉积年龄的约束

由于缺少火山岩夹层，目前对于特克斯群和库什台群的年龄还缺少有效的约束。早期学者认为特克斯群和库什台群可以和华北克拉通的长城系与青白口系作对比(Wang et al.，2007)。近年来，华北克拉通长城系和青白口系的沉积时代分别被约束在古元古代晚期(1.8～1.6Ga)和新元古代早期(1.0～0.8Ga)(Zhai，2015)。泊仑干布拉克组下部样品最年轻锆石的谐和(谐和度 99%)年龄为(1011±52)Ma，与珠玛汗萨依组最年轻锆石年龄[(1099±91)Ma]在误差范围内一致。特克斯群最年轻的 5 颗锆石的加权平均年龄为(1040±54)Ma(MSWD=0.31)。侵入特克斯群的花岗岩的年龄为 960～890Ma(Ma et al.，2015；Xiong et al.，2019；Zhu et al.，2019)，提供了特克斯群沉积年龄的上限。这些数据暗示特克斯群沉积在中元古代末期—新元古代早期(1040～960Ma)。珠玛汗萨依组、莫合西萨依组和泊仑干布拉克组样品在 2.0～1.0Ga 年龄段展示了相似的分布特征。泊仑干布拉克组最下部样品最年轻锆石年龄甚至比珠玛汗萨依组和莫合西萨依组最年轻锆石年轻。这些特征暗示特克斯群的沉积滞留时间可能比假定的形成时间(1040～960Ma)短很多。

库什台群最年轻的 18 颗锆石的加权平均年龄为(926±5)Ma(MSWD=0.92)，提供了最大沉积年龄约束。在库什台群上部灰岩中发现的微生物化石(如 *Trachysphaeridium*)与华北克拉通青白口系的一致(Yin and Yuan，2007)。在伊犁地块北缘凯尔塔斯群被认为是与库什台群等时的，其被锆石年龄为 778～776Ma 的镁铁质岩石侵入(Wang et al.，2014a)。因此，本书认为库什台群形成于新元古代早期。

2.2.5　物源分析

伊犁地块特克斯群的 7 件样品的碎屑锆石年龄谱显示碎屑年龄主要集中在古元古代晚期—中元古代末期(2.0~1.1Ga),其具有不同的年龄峰值(约 1.9Ga、1.8Ga、1.75~1.70Ga、1.58Ga、1.5Ga、1.47~1.43Ga 和 1.27~1.20Ga)(图 2-20)。年龄约为 2.5Ga 的次峰出现在泊仑干布拉克组上部和莫合西萨依组。只有少量大于 2.7Ga 的碎屑锆石年龄出现在部分样品中,大于 1.7Ga 的岩浆活动目前还没有在伊犁地块鉴定出来。此外,多数大于 1.7Ga 的碎屑锆石具有圆形的形态,暗示其物源区可能远离沉积区。特克斯群小于 1.7Ga 的碎屑锆石多是自形或半自形的,暗示其可能具有近源的特征。目前,伊犁地块中元古代岩浆年龄报告仅关于温泉地区的花岗片麻岩,其锆石 U-Pb 年龄为(1329±10)Ma (Kröner,未发表数据)。该年龄被认为是目前伊犁地块最老的岩浆年龄。然而,该花岗片麻岩具有相对于特克斯群中元古代碎屑锆石更低的 $\varepsilon_{Hf}(t)$ 值(<2.2,多数大于 4.0)[图 2-21(A)]。伊犁地块未暴露的基底岩石也是可能的一个物源区,以上特征暗示可能存在一个非伊犁地块的物源区为特克斯群变质沉积岩提供物源。

库什台群砂岩样品的碎屑锆石年龄谱主要集中在古元古代晚期—中元古代末期。库什台群砂岩具有与伊犁地块北缘温泉群变质沉积岩相似的碎屑锆石年龄谱和 Hf 同位素特征[图 2-21(A)、图 2-22(A)和(B)](Huang et al.,2016a),暗示这些碎屑可能具有相似的物源区。而新元古代早期的碎屑锆石多具有自形或半自形的形态特征,暗示近源搬运的特征。近年来的研究表明,新元古代早期花岗类岩石广泛暴露在伊犁地块南缘和北缘(Wang et al.,2014b;Xiong et al.,2019;Zhu et al.,2019)。伊犁地块新元古代早期碎屑锆石具有与同期花岗岩相似的 Hf 同位素信息(Xiong et al.,2019;Zhu et al.,2019)。因此,本书认为库什台群新元古代早期碎屑主要来自伊犁地块同期岩浆岩。

中天山地块以及吉尔吉斯斯坦和哈萨克斯坦地区的微陆块被认为在中元古代晚期—新元古代早期和伊犁地块经历了相似的岩浆-变质演化历史(Liu et al.,2014a;Huang et al.,2015a,2016a;Degtyarev et al.,2017;Kovach et al.,2017)。因此,这些地块可能是伊犁地块(变质)沉积岩潜在的物源区。中天山地块卡瓦布拉克群和星星峡群主要由石英片岩和石英岩夹灰岩组成,并被寒武系不整合覆盖(Degtyarev et al.,2017)。这两个组的沉积时代被约束在中元古代晚期—新元古代早期(1100~930Ma),并具有与伊犁地块特克斯群相似的碎屑锆石年龄谱和 Hf 同位素特征(Degtyarev et al.,2017)[图 2-21(A)和(B)、图 2-22(C)和(D)]。新元古代早期的碎屑锆石在卡瓦布拉克群和星星峡群基本上是缺失的[图 2-22(C)和(D)]。然而,在中天山地块星星峡杂岩中副变质岩存在大量新元古代早期碎屑锆石[图 2-22(E)](He et al.,2014c),并具有与伊犁地块温泉群和库什台群相似的碎屑锆石年龄谱[图 2-22(A)和(B)]。这些特征暗示伊犁地块和中天山地块中元古代末期—新元古代早期(变质)沉积岩具有相似的物源区。目前,在中天山地块已经识别出 969~894Ma、1438~1384Ma、1724Ma 和 2529~2466Ma 的岩浆岩(Yang et al.,2008;Wang et al.,2014c;Gao et al.,2015a;He et al.,2015a,2018a;Huang et al.,2015a)。这些岩浆岩具有与伊犁地块和中天山地块同期碎屑锆石相似的 Hf 同位素信息(Huang et al.,2014a,

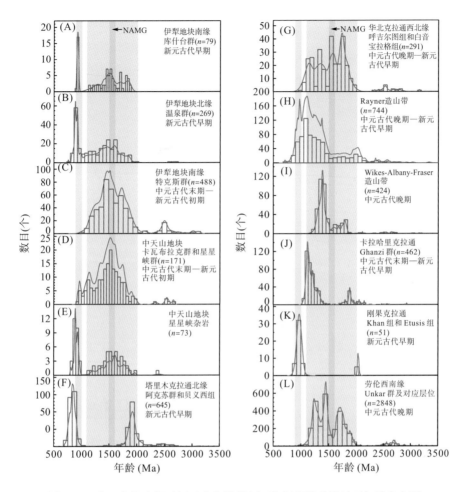

图 2-22　中元古代晚期至新元古代早期(变质)沉积岩碎屑锆石年龄分布图

(A)伊犁地块南缘库什台群；(B)伊犁地块北缘温泉群(Huang et al.，2016a)；(C)伊犁地块南缘特克斯群；(D)中天山地块卡瓦布拉克群和星星峡群(Huang et al.，2017)；(E)中天山地块星星峡杂岩(He et al.，2014c)；(F)塔里木克拉通北缘(Zhu et al.，2011；He et al.，2014a，2014b；Lu et al.，2017；Wu et al.，2018)；(G)华北克拉通西北缘呼吉尔图组和白音宝拉格组(Liu et al.，2017a)；(H) Rayner 造山带(Wang et al.，2016；Liu et al.，2017b)；(I) Wilkes-Albany-Fraser 造山带(Spaggiari et al.，2015；Morrissey et al.，2017)；(J)卡拉哈里克拉通 Ghanzi 群(Hall et al.，2018)；(K)刚果克拉通 Khan 组和 Etusis 组 (Foster et al.，2015)，(L)劳伦西南缘 Unkar 群及对应层位(Mulder et al.，2017，2018)；NAMG-北美岩浆间隙(1.6～1.5 Ga)

2015c；Gao et al.，2015a；Wang et al.，2017；He et al.，2018a)〔图 2-21(A)和(B)〕，可以为伊犁地块(变质)沉积岩提供物源。阿克陶-准噶尔地块年龄为(925±9)Ma 的酸性火山岩(Tretyakov et al.，2015)可能为伊犁地块新元古代早期沉积提供了物源。在科克契塔夫-北天山地块发育约 1.37Ga 和 1.2～1.1Ga 两幕岩浆事件(图 2-23)(Tretyakov et al.，2015)。然而，1.2～1.1Ga 岩浆岩的锆石多具有负的 $\varepsilon_{Hf}(t)$ 值，不同于科克契塔夫-北天山地块、Erementau-尼亚孜地块和伊犁地块同期碎屑锆石〔图 2-21(A)和(C)〕。因此，科克契塔夫-北天山地块中元古代晚期的岩浆岩可能并不是伊犁地块(变质)沉积岩的物源区。楚-伊犁地块发育年龄为 1841～1789Ma 的花岗片麻岩(Kröner et al.，2007；Tretyakov et al.，2016)，其可以为伊犁地块(变质)沉积岩中古元古代晚期(～1.8Ga)提供物源。年龄为2.33～2.32Ga 和 1.85Ga 的古元古代花岗岩在伊西姆-中天山地块有报告(Kröner et al.，2017)。然而,该地块被认为与伊犁地块具有不同的构造-岩浆演化历史(图 2-23)(Degtyarev et al.，2017；He et al.，2018c)，这暗示二者在中元古代末期—新元古代早期可能没有相关性。

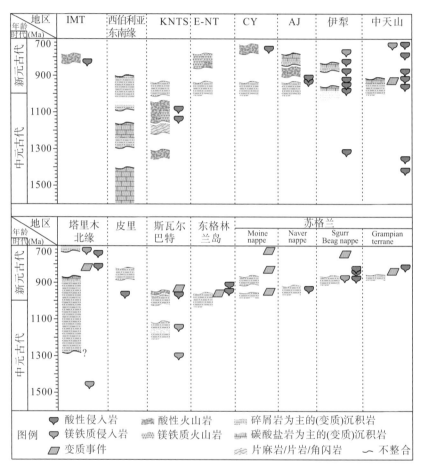

图 2-23　中元古代至新元古代早期主要(变质)沉积单元和构造热事件时空分布图

IMT-伊西姆-中天山地块；KNTS-科克契塔夫-北天山地块；E-NT-Erementau-尼亚孜地块；CY-楚-伊犁地块；AJ-阿克陶-准噶尔地块

地层和构造热事件的数据来源：塔里木北缘——Shu 等(2011)、Wu 等(2014)、Ge 等(2016)；西伯利亚南缘——Khudoley 等(2015)；IMF、KNTS、E-NT、CY 和 AJ——Degtyarev 等(2017)及相关参考文献；伊犁——Wang 等(2014a，2014b)、李婷等(2015)、Huang 等(2016a)、黄宗莹(2017)、Kröner (未发表数据)；中天山——Gao 等(2015a)、He 等(2015a)、Huang 等(2015a，2017)、黄宗莹(2017)；皮里、斯瓦尔巴特、东格陵兰和苏格兰——Cawood 等(2010，2015)及相关参考文献、Hadlari 等(2014)、Malone 等(2017)

2.2.6　伊犁地块在超大陆重建中的位置

伊犁地块中元古代末期—新元古代早期的特克斯群和库什台群沉积对应了罗迪尼亚超大陆聚合的最后阶段。尽管目前伊犁地块缺少特克斯群、库什台群或其他前寒武纪古地理数据，但特克斯群和库什台群(变质)沉积岩的物源分析及区域地层对比结果可以为探讨伊犁地块在罗迪尼亚超大陆中的位置提供重要的信息(Huang et al.，2019)。

伊犁地块与阿克陶-准噶尔、科克契塔夫-北天山、楚-伊犁以及 Erementau-尼亚孜地块的中元古代晚期—新元古代早期同期地层对比如图 2-23 所示。这些地块具有相似的沉积和岩浆演化历史，支持它们在新元古代早期连在一起的结论(Huang et al.，2016a；Degtyarev et al.，2017；Kovach et al.，2017)。这些地块也被认为与塔里木克拉通具有亲缘关系(Huang et al.，2016a；Degtyarev et al.，2017；Kovach et al.，2017)，且伊犁和中天山地块位于塔里木克拉通北缘至少持续到 790～600Ma(Ge et al.，2014b，2016；Gao et al.，2015a)。目前，在伊犁地块还没有发现老于中元古代的基底岩石。太古宙—古元古代基底岩石已经在中天山地块被发现，并被认为与塔里木克拉通经历了相似的构造演化历史(Wang et al.，2014c，2017)。然而，在中元古代—新元古代早期塔里木克拉通和中天山及伊犁地块具有不同的演化历史(图 2-23)。中元古代(1.5～1.4Ga)A 型花岗岩和变辉绿岩被解释为形成于板内伸展环境而出现在塔里木克拉通西南缘和北缘(Wu et al.，2014；Ye et al.，2016；Wang et al.，2018)。而在中天山地块出现的 1.45～1.4Ga 的岩浆岩则形成于与俯冲作用相关的构造背景(He et al.，2015a)。新元古代早期(1.0～0.9Ga)的岩浆岩广泛分布在伊犁和中天山地块，而相关年代的岩浆岩在塔里木克拉通北缘基本缺失(Ge et al.，2016；Huang et al.，2017)。少数年龄为 940～900Ma 的花岗岩出现在塔里木克拉通东南缘的阿尔金杂岩中。然而，这些岩石被认为是外来的，在新元古代早期可能并不属于塔里木克拉通(Wang et al.，2013a)。更重要的是，1.8～0.9 Ga 的碎屑锆石在塔里木克拉通北缘新元古代早期(变质)沉积岩中基本上是缺失的[图 2-22(F)](Zhu et al.，2011；He et al.，2014a，2014b；Lu et al.，2017；Wu et al.，2018)，但却大量出现在伊犁和中天山地块新元古代早期(变质)沉积岩中。因此，本书认为在中元古代—新元古代早期伊犁地块与塔里木地块没有亲缘关系。

华北克拉通也被认为可能与伊犁地块在中元古代—新元古代早期连在一起(Kovach et al.，2017)。华北克拉通东北缘中元古代晚期—新元古代早期变质沉积岩的碎屑锆石年龄谱显示，其主要包含了古元古代晚期—中元古代末期的碎屑年龄，并伴生一个约 2.5Ga 的次峰年龄(Liu et al.，2017a)[图 2-22(G)]。这些岩石具有与伊犁地块特克斯群变质沉积岩相似的碎屑锆石年龄谱和 Hf 同位素信息[图 2-21(A)和(D)，图 2-22(C)和(G)]。这些证据支持伊犁地块与塔里木克拉通存在亲缘关系的假设。然而，华北克拉通 1.6～1.0Ga 的碎屑锆石被认为并非来自华北克拉通。更重要的是，没有证据支持华北克拉通卷入了罗迪尼亚超大陆汇聚-俯冲相关的增生过程(Zhao et al.，2018)，因此在罗迪尼亚超大陆早期重建模型中，多数研究并没有展示华北克拉通的位置(Dalziel，1991；Hoffman，1991)。大多数最新的研究将华北克拉通放在罗迪尼亚超大陆东缘，靠近西伯利亚、波罗的海或者劳伦克拉通(Torsvik，2003；Zhang et al.，2006；Li et al.，2008b；Fu et al.，2015)。而最近，

Zhao 等(2018)认为华北克拉通在罗迪尼亚超大陆重建中可能更靠近印度。这种不确定性表明不能直接通过华北克拉通与伊犁地块的亲缘关系来讨论伊犁地块在罗迪尼亚超大陆重建中的位置。

中元古代晚期—新元古代早期碰撞造山带的分布及可能的对应关系是罗迪尼亚超大陆重建的关键要素(Dalziel,1991;Hoffman,1991)(图 2-24)。这些造山带的碎屑物质贯穿了罗迪尼亚超大陆(Rainbird et al.,1998,2012,2017;Spencer et al.,2015;Khudoley et al.,2015)。通过将伊犁地块碎屑锆石年龄,以及 Hf 同位素与 Rayner 造山带、Wilkes-Albany-Fraser 造山带、卡拉哈里克拉迪和刚果克拉通暴露的岩石序列进行对比[图 2-21(E)和图 2-22(H)~(K)],可知这些区域不可能是伊犁地块(变质)沉积岩的物源区。例如,东南极洲中元古代晚期—新元古代早期变质沉积岩主要来源于东南极洲与印度高止山脉省东部之间的 Rayner 造山带,其碎屑锆石年龄主要集中在 1.5~0.95Ga[图 2-22(H)]。然而,这些碎屑锆石具有较宽的 $\varepsilon_{Hf}(t)$ 值变化范围(-20~10)(Wang et al.,2016;Liu et al.,2017b)[图 2-21(E)],明显不同于伊犁地块同期碎屑锆石[图 2-21(A)]。同样地,位于澳大利亚西南部和南极洲东部之间的 Wilkes-Albany-Fraser 造山带可以提供中元古代晚期碎屑[图 2-22(I)](Spaggiari et al.,2015;Morrissey et al.,2017)。然而,这些中元古代晚期的岩浆和碎屑锆石具有相对于伊犁地块同期碎屑锆石明显不同的 $\varepsilon_{Hf}(t)$ 值[图 2-21(A)和(E)](Zhang et al.,2012d;Smits et al.,2014;Spaggiari et al.,2015;Morrissey et al.,2017;

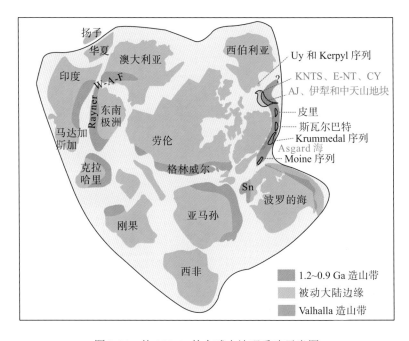

图 2-24 约 900Ma 的全球古地理重建示意图

图中包括伊犁、中天山、科克契塔夫-北天山(KNTS)、Erementau-尼亚孜(E-NT)、阿克陶-准噶尔(AJ)、楚-伊犁(CY)地块在推测的罗迪尼亚超大陆重建中的位置[据 Cawood 等(2010,2016)和 Spencer 等(2015)修改];Sn 表示 Sveconorwegian;W-A-F 表示 Wilkes-Albany-Fraser

Tucker et al.，2017)。相反，劳伦和波罗的海中元古代晚期—新元古代早期主要来自格林威尔和挪威造山带物源区的碎屑岩具有和伊犁地块变质沉积岩总体上相似的碎屑锆石年龄谱和 Hf 同位素组成[图 2-21(F)和(G)，图 2-22(L)，图 2-25(A)](Andersen et al.，2004；Bingen et al.，2003；Cawood et al.，2007；Lamminen，2011；Rainbird et al.，2012；Spencer et al.，2014；Mulder et al.，2017，2018)。古元古代晚期—中元古代晚期岩浆岩广泛分布在格林威尔和挪威造山带，其主要形成于大陆边缘、岛弧和弧后构造背景，对应 Mirovoi 大洋岩石圈的俯冲(Karlstrom et al.，2001；Cawood and Pisarevsky，2017)，并显示具有和伊犁地块(变质)沉积岩同期碎屑锆石相似的 $\varepsilon_{Hf}(t)$ 值[图 2-21(A)、(F)和(G)](Andersen et al.，2007，2009；Pedersen et al.，2009；Bickford et al.，2010；Wooden et al.，2013；Petersson et al.，2015a，2015b，2015c；Solari et al.，2018)。因此，本书认为格林威尔或挪威造山带可能是伊犁地块古元古代晚期—中元古代晚期碎屑的物源区。

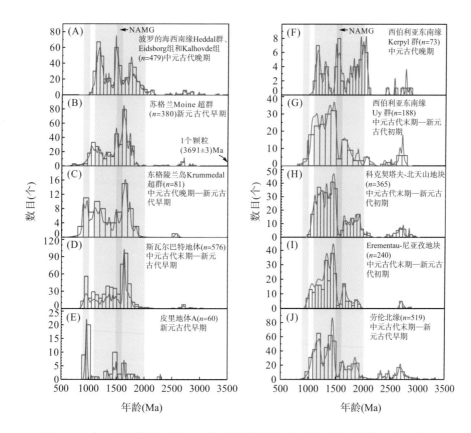

图 2-25　中元古代晚期至新元古代早期(变质)沉积岩碎屑锆石年龄分布对比图

(A)波罗的海西南缘(Bingen et al.，2003；Andersen et al.，2004；Lamminen，2011；Spencer et al.，2014)；(B)苏格兰 Moine 超群(Friend et al.，2003；Cawood et al.，2004；Kirkland et al.，2008)；(C)东格陵兰岛 Krummedal 超群(Strachan et al.，1995；Watt et al.，2000；Leslie and Nutman，2003)；(D)斯瓦尔巴特地体(Pettersson et al.，2009；Gasser and Andresen，2013)；(E)皮里地体(Hadlari et al.，2014)；(F)西伯利亚东南缘 Kerpyl 群(Khudoley et al.，2015)；(G)西伯利亚东南缘 Uy 群(Khudoley et al.，2015)；(H)科克契塔夫-北天山地块(Rojas-Agramonte et al.，2014；Kovach et al.，2017)；(I)Erementau-尼亚孜地块(Kovach et al.，2017)；(J)劳伦北缘(Rainbird et al.，2017)；NAMG-北美岩浆间隙(1.6～1.5 Ga)

伊犁地块和中天山地块广泛分布年龄为 970~900Ma 的 I 型和 S 型花岗岩，这些花岗岩被认为形成于罗迪尼亚超大陆边缘的增生造山带 (Yang et al., 2008; Wang et al., 2014b; Gao et al., 2015a; Huang et al., 2015c, 2017; Zhu et al., 2019)。相似年龄的岩浆活动及变质事件 (980~915Ma) 在劳伦东北部 (包括苏格兰、东格陵兰岛、斯瓦尔巴特和皮里) 被证实 (Leslie and Nutman, 2003; Cawood et al., 2004, 2015; Kirkland et al., 2006; Malone et al., 2017; Pettersson et al., 2009; Bird et al., 2018)。这一序列被解释为形成于罗迪尼亚超大陆边缘，并被命名为 Valhalla 增生造山带 (图 2-24) (Cawood et al., 2010, 2015, 2016; Cawood and Pisarevsky, 2017; Bird et al., 2018)。Valhalla 造山带中元古代晚期—新元古代早期变质沉积岩包含了大量来自格林威尔-挪威造山带的古元古代晚期—中元古代的碎屑锆石 (Strachan et al., 1995; Watt et al., 2000; Friend et al., 2003; Leslie and Nutman, 2003; Kirkland et al., 2008; Pettersson et al., 2009; Gasser and Andresen, 2013; Hadlari et al., 2014; Cawood et al., 2004, 2015) [图 2-25 (B)~(E)]。这些碎屑锆石以及皮里新元古代早期花岗岩的碎屑锆石具有与伊犁地块同期碎屑锆石相似的 $\varepsilon_{Hf}(t)$ 值 [图 2-21 (A) 和 (H)] (Malone et al., 2017; Spencer et al., 2019)。在皮里发现的花岗岩的年龄为 974~964Ma，皮里可能是伊犁地块库什台群新元古代早期碎屑的部分物源区 [图 2-22 (A)，图 2-23，图 2-24]。年龄为 1000~920Ma 的新元古代早期岩浆岩也出现在波罗的海西南部。然而，这些岩浆岩主要为与挪威造山带后碰撞演化阶段或弧后伸展相关的 A 型和岩体型岩浆岩 (Bogaerts et al., 2003; Vander Auwera et al., 2003, 2011; Slagstad et al., 2013, 2017; Coint et al., 2015)。而新元古代早期，波罗的海东缘和北缘主要记录的是被动大陆边缘沉积 (Cawood et al., 2016; Cawood and Pisarevsky, 2017)。上述这些特征指示伊犁地块在新元古代早期是与劳伦东北缘相连的，而与波罗的海克拉通没有亲缘关系。

格林威尔造山带喜马拉雅式尺度的后造山隆升、剥蚀及泛大陆式淋滤系统已经被证实出现在劳伦东缘和北缘，以及西伯利亚东南缘巨量中元古代晚期—新元古代早期碎屑提供物源 (Rainbird et al., 1998, 2012, 2017)。哈萨克斯坦科克契塔夫-北天山和 Erementau-尼亚孜地块中元古代末期—新元古代早期 (变质) 沉积岩展示了与西伯利亚东南缘和劳伦北缘相似的碎屑锆石年龄谱 [图 2-25 (G)~(J)] (Rojas-Agramonte et al., 2014; Khudoley et al., 2015; Kovach et al., 2017; Rainbird et al., 2017)。年龄为 1.6~1.5Ga 的碎屑锆石很少出现在上述这些地块的 (变质) 沉积岩中，这正好对应了北美岩浆间隙 (NAMG) (Doe et al., 2013)，但却在西伯利亚东南部中元古代晚期砂岩 (Khudoley et al., 2015)，以及伊犁及中天山地块、劳伦东北缘、波罗的海和华北西北部的中元古代晚期—新元古代早期 (变质) 沉积岩中大量出现 (图 2-22，图 2-25)。这暗示 1.6~1.5Ga 的岩浆岩作为原始物源可能存在于罗迪尼亚超大陆东部。实际上，1.6~1.5Ga 的岩浆岩广泛暴露在波罗的海西南部 (Pedersen et al., 2009; Petersson et al., 2015a, 2015b)。伴随着 Asgard 海在中元古代晚期打开，波罗的海克拉通不再与劳伦东北缘相连 (图 2-24) (Cawood et al., 2010; Cawood and Pisarevsky, 2017)，其不能直接给罗迪尼亚超大陆东部的上述地块提供碎屑。然而，古地磁和地质资料暗示波罗的海北缘在约 1770Ma 和至少 1265Ma 之间靠近东格陵兰岛 (Cawood et al., 2010)，其可以给周围地块提供 1.6~1.5Ga 的碎屑。这些碎屑可以通过再旋回进入伊犁和中天山地块更年轻的地层序列中。另外，虽然 1.6~1.5Ga 的岩浆岩还没有被报道，但相关的继承锆石却常见于伊犁和中天山地块新元古代早期花岗岩(Cawood et al.，2010；Cawood and Pisarevsky，2017)，这暗示在深部可能存在未暴露物源区。结合相似的地层和构造热演化特征(图 2-23)，本书认为伊犁和中天山地块在新元古代早期位于西伯利亚东南缘和劳伦东北缘之间(图 2-24)。新元古代初期岩浆岩在科克契塔夫-北天山、Erementau-尼亚孜和楚-伊犁地块缺失，但广泛暴露在阿克陶-准噶尔、伊犁-中天山地块。后者地块群具有的俯冲亲缘性表明其作为活动板块边缘位于罗迪尼亚超大陆边部，而前者位于更靠内的构造部位(图 2-24)。

2.3 小   结

本章以伊犁地块南部新元古代花岗质岩体和中新元古代(变质)沉积岩为研究对象，开展了系统的岩石学、地球化学和年代学等研究，并结合对中亚造山带西南部其他前寒武纪地块的研究，得出以下主要认识。

(1)伊犁地块南部年龄为 947Ma 的 I 型花岗岩起源于时代约为 2.0Ga 的富 MgO 基底部分熔融，年龄为 892~889Ma 的高分异 A 型花岗岩起源于年龄为 1.8Ga 的地壳物源区。研究显示，在伊犁地块新元古代早期的地壳演化中，地壳改造起了重要作用。

(2)伊犁地块在约 890Ma 经历了从同碰撞到后碰撞伸展的构造转换，之后构造环境由拉伸晚期逐渐演化为造山板内裂谷作用。

(3)伊犁地块南缘特克斯群(变质)沉积岩形成于中元古代末期—新元古代早期(1040~960Ma)，而库什台群形成于新元古代早期(<926Ma)。物源分析表明，这些碎屑岩主要来自中天山地块及格林威尔造山带。

(4)伊犁地块在中元古代末期—新元古代早期与中天山地块、科克契塔夫-北天山地块和 Erementau-尼亚孜地块具有较好的亲缘关系，但与塔里木克拉通不同。这些地块在新元古代早期位于罗迪尼亚超大陆边部的西伯利亚东南缘和劳伦东北缘之间。

第3章　伊犁盆地南缘晚古生代沉积岩物源分析

3.1　地层及样品描述

为更好地理解南天山造山带的构造演化以及南天山洋闭合时限,本章主要研究伊犁盆地南缘晚古生代地层。主要选取伊犁盆地南缘特克斯和昭苏地区晚泥盆世—石炭纪地层中的样品(图3-1)。由于二叠纪地层在伊犁盆地南缘出露有限,但广泛出露于阿吾拉勒山成矿带,因此本书选取昭苏和尼勒克地区二叠纪地层来研究物源(图3-1)。

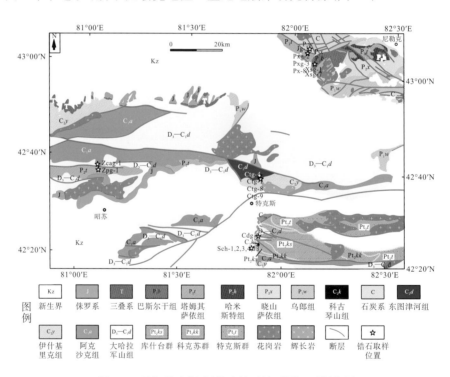

图 3-1　昭苏-特克斯-尼勒克地区地质图及采样位置

3.1.1　大哈拉军山组

特克斯南部地区上泥盆统—下石炭统大哈拉军山组总厚度达到4300m,主要由砾岩、砂岩、泥岩、灰岩和火山岩组成(图3-2)。砾岩与下伏库什台群呈不整合接触关系,主要为颗粒支撑,并主要由分选性差的鹅卵石和卵石级砾石组成[图 3-3(A)]。向上变细的砂岩和泥岩组合(通常 1.5～2.0m 厚)由底部的冲刷面分离,并展示正粒序特征。大哈拉军山组下部的砾岩、砂岩和泥岩主要形成于扇三角洲环境(白建科等,2015)。灰岩一般 10～20cm 厚,主要形成于浅海环境(白建科等,2015)。大哈拉军山组上部2900m 厚的剖面主要由流纹岩、安山岩和玄武质安山岩组成。

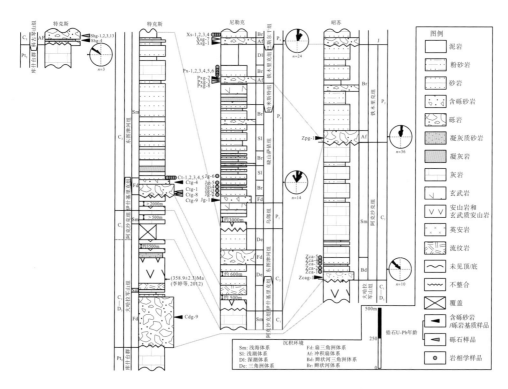

图 3-2 特克斯、尼勒克和昭苏地区上古生界地层柱状简图和沉积环境[据宋志瑞等(2005)、张天继等(2006)、Wang 等(2009)、熊绍云等(2011)、李婷等(2012)修改]

3.1.2 阿克沙克组

阿克沙克组主要由生物碎屑灰岩、含砾砂岩,以及发育交错层理的粗粒砂岩组成。阿克沙克组下部主要由含砾砂岩、凝灰质砂岩和粗粒砂岩组成,并可见植物化石。砂岩层包含丰富的低角度板状交错层理和高角度的槽状交错层理。由交错层理代表的古流向指示北西方向的古流向(图 3-2)。灰岩中可见珊瑚、有孔虫、海百合茎和腕足壳体化石。阿克沙克组被解释为形成于辫状河三角洲及向上的浅海环境(图 3-2)(熊绍云等,2011)。

3.1.3 东图津河组

东图津河组在伊犁盆地南部仅出露于特克斯地区,其与下伏上石炭统伊什基里克组火山岩呈角度不整合接触关系[图 3-2 和图 3-3(B)]。东图津河组下部150m 剖面主要由砂岩、含砾砂岩和厚层砾岩组成。砾岩为颗粒支撑,分选性差,次棱角状,粒度在 5mm～30cm。

紫红色含砾砂岩和砂岩[图 3-3(C)]中常见泥裂和植物化石碎片。该组上部可见有孔虫、珊瑚、双壳类和腕足类化石。特克斯地区东图津河组沉积环境被认为经历了由扇三角洲向浅海环境转换的过程(图 3-2)(张天继等，2006)。

图 3-3　伊犁盆地上古生界代表性岩石野外照片和显微镜下照片

(A)特克斯大哈拉军山组砾岩；(B)特克斯东图津河组与伊什基里克组角度不整合接触；(C)特克斯东图津河组紫红色含砾砂岩；(D)特克斯科古琴山组含砾砂岩中交错层理；(E)特克斯科古琴山组砾岩中榴辉岩砾石；(F)尼勒克塔姆其萨依组砾岩；(G)尼勒克巴斯尔干组砾岩显示底冲刷接触；(H)昭苏阿克沙克组砂岩样品的显微镜下照片(样品 Zca-1，单偏光)；(I)特克斯东图津河组砂岩样品(样品 Ct-5，正交偏光)；Q-石英；F-长石；Ls-沉积岩碎屑；Lv-火山岩碎屑

3.1.4　科古琴山组

　　科古琴山组零星暴露在伊犁盆地南缘，其与东图津河组及其他老地层呈角度不整合接触关系(Li et al.，2011)。在特克斯南部地区，科古琴山组与库什台群灰岩呈角度不整合接触关系。该组厚约 100m，主要由灰色厚层砾岩和少量呈透镜状的含砾砂岩夹层(厚 20～70cm)组成。砾岩为颗粒支撑，主要由鹅卵石-卵石级分选性差、次棱角-次圆状砾石组成，未见叠瓦状砾石。该岩相组合被解释为形成于冲积扇环境(Blair and McPherson，1994)。交错层理[图 3-3(D)]所反映的古流向指示北西向的古流向(图 3-2)。

3.1.5　晓山萨依组

晓山萨依组与下伏下二叠统乌郎组火山岩呈整合接触关系。该组厚约 800m，主要由紫红色和灰色厚层砾岩、含砾砂岩、砂岩、粉砂岩和泥岩组成(宋志瑞等，2005)。砾岩为颗粒支撑，主要由次棱角状-次圆状砾石组成，并可见底冲刷。砾石直径平均为 5cm，最大约为 20cm。在个别砂岩层可见向上变细的趋势、交错层理及槽状交错层理。砂岩交错层指示近北向的古流向(图 3-2)。晓山萨依组发育扇状三角洲、辫状河和浅湖相三类沉积环境(图 3-2)。

3.1.6　塔姆其萨依组

塔姆其萨依组也称为铁木里克组，其在尼勒克地区整合覆盖于中二叠统哈米斯特组火山岩之上，而在昭苏地区与下伏阿克沙克组呈平行不整合接触关系。该组主要由红色和灰色厚层砾岩、砂岩、粉砂岩和泥岩组成。砾岩为颗粒或基质支撑，由鹅卵石-卵石级次棱角状砾石组成[图 3-3(F)]。在昭苏地区，叠瓦状砾石表明沉积物由南向北搬运。砂岩中常见泥裂和植物化石碎片。塔姆其萨依组碎屑岩主要沉积在冲积扇、辫状河和深水湖相环境(图 3-2)(宋志瑞等，2005)。

3.1.7　巴斯尔干组

巴斯尔干组在伊犁盆地仅暴露在尼勒克地区，其整合覆盖于塔姆其萨依组之上。该组主要由红色砾岩和砂岩组成。砾岩为颗粒支撑，主要由次棱角状-次圆状砾石组成，并可见底冲刷[图 3-3(G)]。砂岩层中常见向上变细的趋势、交错层理及植物化石碎片。交错层理及叠瓦状砾石指示由南向北搬运的古流向(图 3-2)。巴斯尔干组被解释为沉积在冲积扇和辫状河三角洲环境(宋志瑞等，2005)。

3.2　分　析　结　果

为了讨论伊犁盆地晚古生代碎屑岩物源，砾岩和砂岩组分被收集并统计(图 3-2)。其中，砾岩砾石成分统计主要来自研究剖面的 15 个位置。25 个标准薄片按照加齐-狄金森(Gazzi-Dickinson)方法采集并统计。18 个样品(包括取自砾岩层的 4 个基质样品和 10 个砾石样品及 4 个含砾砂岩样品)被用来做锆石分析。

3.2.1　砾岩砾石组分

大哈拉军山组砾岩砾石主要由白云岩、灰岩、硅质岩和石英岩组成[图 3-4(A)]，其被解释为主要来源于基底岩石(Xia et al.，2004)。阿克沙克组砾岩中砾石主要由玄武岩和少量灰岩组成[图 3-4(B)]。东图津河组砾岩中砾石主要由砂岩和火山岩(流纹岩和安山岩)组成,并含少量灰岩、硅质岩、泥岩、石英岩以及再旋回的砾岩砾石[图 3-4(C)]。科古琴山组砾岩中砾石主要由花岗岩、石英岩、榴辉岩、灰岩和砂岩组成[图 3-4(D)]。尼勒克地区砾石统计结果显示剖面由下向上火山岩砾石逐渐减少,而石英岩砾石逐渐增多[图 3-4(E)~(H)]。生物碎屑灰岩砾石含量在尼勒克塔姆其萨依组可达到 20%[图 3-4(F)]。巴斯尔干组可见花岗岩、花岗片麻岩和石英片岩砾石[图 3-4(H)]。

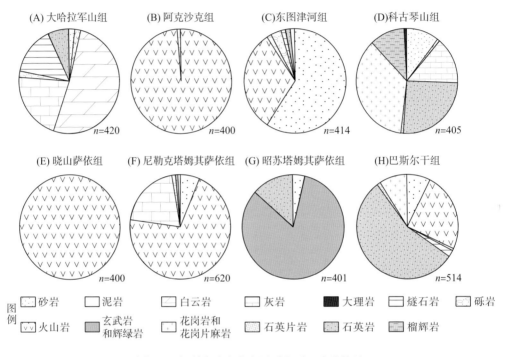

图 3-4 伊犁盆地上古生界砾岩砾石成分统计

3.2.2 砂岩碎屑成分

本书所研究的砂岩样品主要为结构和成分不成熟的棱角状-次棱角状颗粒,并含少量蚀变和泥质充填或钙质胶结。阿克沙克组砂岩主要由岩屑和长石颗粒组成,缺少石英颗粒[图 3-5(A)]。岩屑呈板条状或微晶状[图 3-3(H)],主要成分为中基性火山岩。特克斯东图津河组和尼勒克晓山萨依组及塔姆其萨依组砂岩碎屑组分相似[图 3-5(A)]。沉积岩和火山岩构成了东图津河组[图 3-3(I)]和塔姆其萨依组主要岩屑部分。沉积岩碎屑很少出现在晓山萨依组样品中[图 3-5(B)]。巴斯尔干组样品包含了丰富的石英颗粒和变质岩碎屑(图 3-5)。

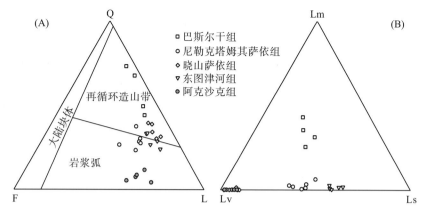

图 3-5　样品砂岩岩相学数据［包括 Q-F-L（石英、长石和岩屑）(Dickinson et al.，1983)和 Lm-Lv-Ls（变质岩、火山岩和沉积岩碎屑）］三端元图

3.2.3　锆石 U-Pb 年龄

本书对 881 颗锆石进行分析，共获得 883 个锆石点。其中，有 88 个锆石点的年龄不谐和度大于 10%，被排除用于年龄统计。剩下的 795 个锆石点的 U-Pb 年龄介于 3181～264Ma。大多数太古代—中元古代和部分新元古代锆石呈次圆状-圆状，长度介于 50～180μm，长宽比介于 1∶1～3∶1。相对于前寒武纪锆石，多数古生代锆石具有更自形及更大的颗粒形态（长度介于 80～300μm），其长宽比介于 1∶1～4∶1。多数锆石颗粒阴极发光照片具有清晰的环带结构和较高的 Th/U 比值（多在 0.2～2.6），指示岩浆成因。两颗中元古代锆石颗粒（样品 Xsg-1-40 和 Xsg-1-71）具有较均一的阴极发光图像及较低的 Th/U 比值（<0.1），指示可能为变质作用成因。

1. 大哈拉军山组样品 Cdg-9

共对上泥盆统—下石炭统大哈拉军山组砾岩中基质样品 Cdg-9 的 71 颗锆石进行了分析，共获得 71 个锆石点。其中，63 个锆石点具有谐和的年龄，其年龄介于 3180～360Ma。大多数锆石点年龄集中在 380～360Ma、460～430Ma 和 505～480Ma，少数出现在 1800～1050Ma［图 3-6(A)］。其他锆石点年龄很少，零星分散在 415Ma、575Ma、950～600Ma、2250～2000Ma、2500Ma 和 3180Ma。

2. 阿克沙克组样品 Zcag-1

下石炭统阿克沙克组含砾砂岩样品 Zcg-1 共分析了 65 颗锆石，获得 65 个锆石点。其中，2 个锆石点年龄为不谐和年龄。剩下的 63 个锆石点年龄介于 360～320Ma，并主要有一个单一的年龄峰值（336Ma）［图 3-6(B)］。该样品含有一颗年龄较老的锆石［(432±6)Ma］。

3. 东图津河组样品 Ctg-1、Ctg-4、Ctg-8 和 Ctg-9

对东图津河组砂岩砾石样品 Ctg-1 中 75 个锆石颗粒进行年龄分析后共获得 75 个锆石点的年龄，包含 58 个谐和度较高的年龄。这些谐和度较高的年龄介于 880～310Ma，并形成一个主要的年龄群(350～310Ma)和两个次要的年龄群(365～350Ma 和 820～760Ma)。少量谐和年龄分散在 460～390Ma[图 3-6(C)]。

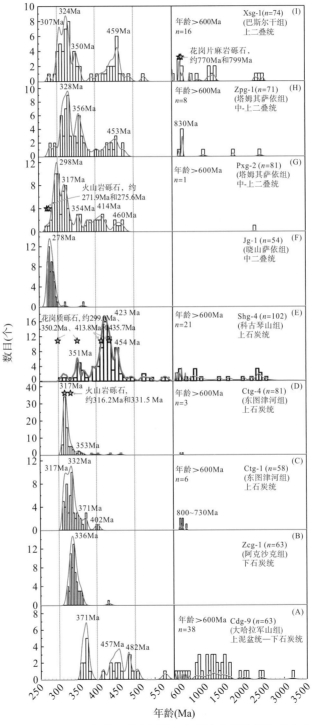

图3-6　伊犁盆地 7 个样品的碎屑锆石年龄直方图和概率密度曲线

对东图津河组含砾砂岩样品 Ctg-4 中 83 个锆石颗粒进行年龄分析后共获得 83 个锆石点的年龄，包含两个谐和度较低的年龄。谐和度较高的年龄分布在 820～310Ma，并形成 1 个主要的年龄群（340～310Ma）和 3 个次要的年龄群（370～360Ma、400Ma 和 880～740Ma）［图 3-6（D）］。

对流纹岩砾石样品 Ctg-8 共分析了 24 颗锆石，获得了 24 个锆石点的年龄。其中，1 个锆石点的年龄为不谐和年龄。剩下的 23 个谐和年龄介于 336～328Ma，其 $^{206}Pb/^{238}U$ 加权平均年龄为（331.5±2.0）Ma（2σ）（MSWD = 0.22）［图 3-7（A）］。

对安山岩砾石样品 Ctg-9 共分析了 14 颗锆石，获得了 14 个锆石点的年龄。所有锆石点的年龄均为谐和年龄，其介于 320～314Ma，$^{206}Pb/^{238}U$ 加权平均年龄为（316.2±2.4）Ma（2σ）（MSWD = 0.19）［图 3-7（B）］。

4. 科古琴山组样品 Shg-1、Shg-2、Shg-3、Shg-4 和 Shg-13

对花岗岩砾石样品 Shg-1 共分析了 20 颗锆石，获得了 20 个锆石点的年龄。所有锆石点的年龄均为谐和年龄，其介于 412～295Ma。最年轻的 15 个锆石点的 $^{206}Pb/^{238}U$ 加权平均年龄为（299.0±1.7）Ma（2σ）（MSWD = 0.51）［图 3-7（C）］。

对花岗岩砾石样品 Shg-2 共分析了 20 颗锆石，获得了 20 个锆石点的年龄。其中，18 个锆石点的年龄为谐和年龄，介于 421～409Ma，$^{206}Pb/^{238}U$ 加权平均年龄为（413.8±2.3）Ma（2σ）（MSWD = 0.44）［图 3-7（D）］。

对花岗岩砾石样品 Shg-3 共分析了 15 颗锆石，获得了 15 个锆石点的年龄。14 个锆石点的年龄为谐和年龄，其介于 405～340Ma。最年轻的 13 个锆石点的 $^{206}Pb/^{238}U$ 加权平均年龄为（350.2±2.8）Ma（2σ）（MSWD = 0.62）［图 3-7（E）］。

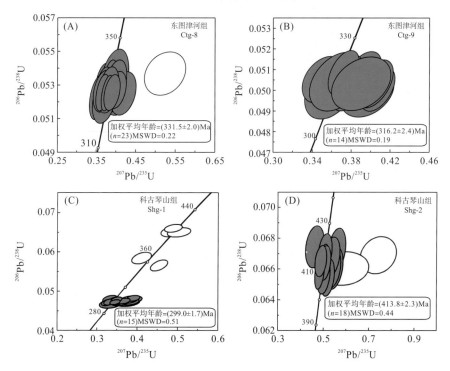

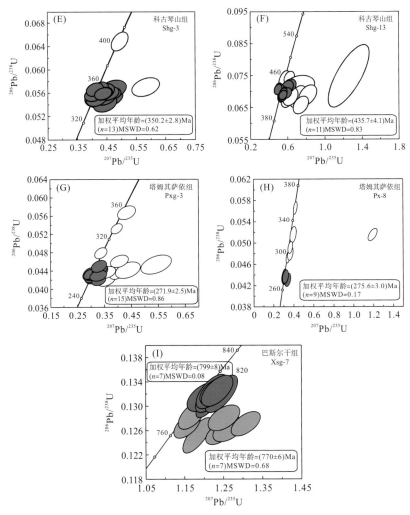

图3-7　特克斯东图津河组、科古琴山组、尼勒克塔姆其萨依组及巴斯尔干组砾岩中火山岩、花岗岩、花岗片麻岩砾石LA-ICPMS锆石U-Pb年龄谐和图

对含砾砂岩样品Shg-4中106个锆石颗粒进行年龄分析后共获得106个锆石点的年龄，包含4个谐和度较低的年龄。谐和度较高的年龄分布在2611~307Ma，并形成2个主要的年龄群(370~350Ma和470~390Ma)和4个次要的年龄群(340~310Ma、860~700Ma、1200~1000Ma和2600~2300Ma)[图3-6(E)]。少量锆石点的年龄分散在580~490Ma、650Ma和2100~1600Ma。

对花岗岩砾石样品Shg-13共分析了20颗锆石，获得了20个锆石点的年龄。13个锆石点的年龄为谐和年龄，其介于462~428Ma。最年轻的11个锆石点的^{206}Pb/^{238}U加权平均年龄为(435.7±4.1)Ma(2σ)(MSWD=0.83)[图3-7(F)]。

5. 晓山萨依组样品Jg-1

对含砾砂岩样品Jg-1中76个锆石颗粒进行年龄分析后共获得77个锆石点的年龄，包含 54 个谐和度较高的年龄。谐和度较高的年龄分布在 365～270Ma，并形成一个主要的年龄群，其峰值在 278Ma（n=54）［图 3-6（F）］。另外两个锆石点的年龄分别为（317±6）Ma 和（366±6）Ma。

6. 塔姆其萨依组样品 Pxg-2、Pxg-3、Px-8 和 Zpg-1

对砾岩中基质样品 Pxg-2 中 84 颗锆石分析后获得了 84 个锆石点。其中，81 个锆石点具有谐和的年龄，其年龄介于 2390～270Ma。大多数年龄集中在 340～270Ma，少数集中在 360～350Ma、390～375Ma、430～400Ma 和 470～450Ma［图 3-6（G）］。此外，还有一个锆石点的年龄为 2390Ma。

对安山岩砾石样品 Pxg-3 共分析了 24 颗锆石，获得了 24 个锆石点的年龄。18 个锆石点的年龄为谐和年龄，其介于 355～264Ma。最年轻的 15 个锆石点的 $^{206}Pb/^{238}U$ 加权平均年龄为（271.9±2.5）Ma（2σ）（MSWD = 0.86）［图 3-7（G）］。

对粗面岩砾石样品 Px-8 共分析了 15 颗锆石，获得了 15 个锆石点的年龄。14 个锆石点的年龄为谐和年龄，其介于 355～272Ma。最年轻的 9 个锆石点的 $^{206}Pb/^{238}U$ 加权平均年龄为（275.6±3.0）Ma（2σ）（MSWD = 0.17）［图 3-7（H）］。

对砾岩中基质样品 Zpg-1 中 77 个锆石进行年龄分析后共获得 77 个锆石点的年龄，包含 71 个谐和度较高的年龄。谐和度较高的年龄分布在 2522～280Ma，并形成两个主要的年龄群（340～290Ma 和 380～350Ma）和两个次要的年龄群（480～430Ma 和 840～750Ma）［图 3-6（H）］。其他少量年龄分散在 280Ma、420～400Ma 和 2500～1280Ma。

7. 巴斯尔干组样品 Xsg-1 和 Xsg-7

对砾岩中基质样品 Xsg-1 中 78 颗锆石进行年龄分析后共获得 79 个锆石点的年龄，包含 74 个谐和度较高的年龄。谐和度较高的年龄分布在 2592～280Ma，并形成 3 个主要的年龄群（330～300Ma、360～340Ma 和 475～430Ma）和 3 个次要的年龄群（850～760Ma、1500～1400Ma 和 2600～2400Ma）［图 3-6（I）］。其他少量年龄分散在 280Ma、400Ma、650～500Ma 和 1200～1000Ma。

对花岗片麻岩砾石样品 Xsg-7 共分析了 14 颗锆石，获得了 14 个锆石点的年龄。14 个锆石点的年龄均为谐和年龄，其介于 802～760Ma，并在谐和图上形成两个主要的年龄群［图 3-7（I）］。较老的年龄群由 7 个分析点年龄组成，且均为锆石颗粒核部年龄，其中 5 个分析点 $^{206}Pb/^{238}U$ 加权平均年龄为（799±8）Ma（2σ）（MSWD=0.08）［图 3-7（I）］。另外，7 颗锆石其年龄对应的分析点均具有清晰的环带结构，$^{206}Pb/^{238}U$ 加权平均年龄为（770±6）Ma（2σ）（MSWD = 0.68）［图 3-7（I）］。

3.2.4　锆石微量元素

共 366 颗来自碎屑岩的碎屑锆石，以及 60 颗来自火山岩砾石的岩浆锆石的化学成分被分析。所分析的锆石年龄均小于 542Ma。多数锆石分析点的稀土元素表现为从 La 到 Lu 逐渐陡倾的配分模式，并具有明显的 Ce 正异常和 Eu 负异常［图 3-8（A）～（C）］。锆石微量元素是母岩岩浆的灵敏指示剂,其可以有效反映物源区构造-岩浆背景(Xia et al.,2004)。所有锆石微量元素投影在 Th/Nb-Hf/Th 图(Yang et al.,2012)上,且主要落在岩浆弧/造山环境区,少数颗粒落在板内/非造山环境[图 3-8(D)～(F)]。

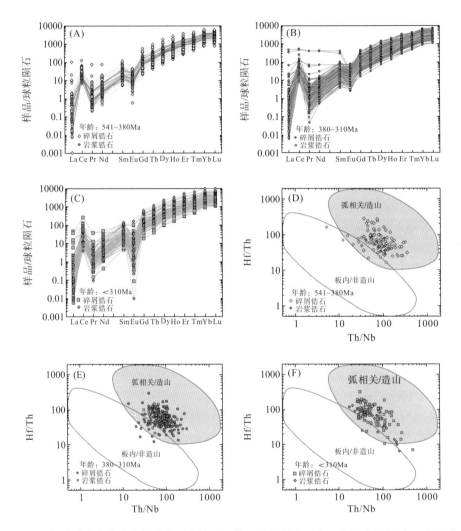

图 3-8　伊犁盆地晚古生代样品锆石球粒陨石均一化的稀土元素配分模式图[(A)～(C)]和
Th/Nb-Hf/Th 图(Yang et al.,2012)[(D)～(F)]

球粒陨石均一化值来自 Sun 和 McDonough(1989)

3.2.5　锆石 Lu-Hf 同位素

锆石 Lu-Hf 同位素数据如图 3-9 所示。考虑到所分析的样品年龄谱中只有少量前寒武纪锆石,仅对 U-Pb 年龄小于 500Ma 的 252 颗锆石进行 Lu-Hf 同位素分析。多数年龄小于 400Ma 的锆石具有正的 $\varepsilon_{Hf}(t)$ 值(1～14),而 500～400Ma 的锆石的 $\varepsilon_{Hf}(t)$ 值具有很大的变化范围(-11～15)。

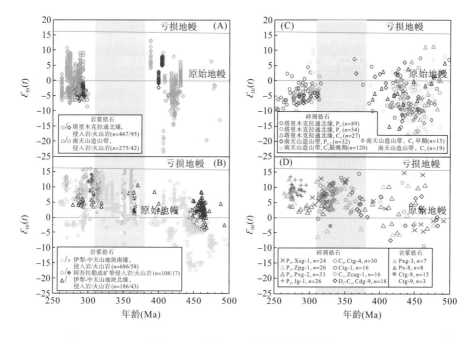

图 3-9　$\varepsilon_{Hf}(t)$ 与 U-Pb 年龄的关系图

(A)塔里木克拉通北缘和南天山造山带岩浆岩锆石；(B)伊犁-中天山地块南缘、阿吾拉勒成矿带以及伊犁-中天山地块北缘岩

浆岩锆石；(C)塔里木克拉通北缘和南天山造山带上古生界碎屑锆石；(D)伊犁盆地样品锆石

岩浆岩锆石数据来源：塔里木克拉通北缘——Han 等(2016a)及相关文献；南天山造山带——Han 等(2016a)及相关文献；伊

犁-中天山地块南缘——Li 等(2015d)，Gou 和 Zhang(2016a)，Han 等(2016a)及相关文献；阿吾拉勒成矿带——Li 等(2015c)，

Han 等(2016a)及相关文献；伊犁-中天山地块北缘——An 等(2017)，Han 等(2016a)及相关文献

碎屑锆石数据来源：塔里木克拉通北缘——邹思远等(2013)，Han 等(2015，2016a)，Li 等(2015a)；南天山造山带——Han 等(2016a，

2016b)

3.3　地层年代学约束

　　尽管目前伊犁地块晚古生代部分地层的年龄已经通过生物化石约束，但对于部分地层，特别是缺少生物化石的地层，仍需要进一步的研究。碎屑锆石可以对地层提供最大年龄约束。如果碎屑岩来自一个连续喷发的火山岩层，则其最年轻 U-Pb 年龄可以用来很好地约束地层年龄(Dickinson and Gehrels，2009)。目前有多种关于用碎屑锆石约束地层最大年龄的计算方法。Dickinson 和 Gehrels(2009)总结得出通过最年轻的 2 颗或更多的锆石得到的年龄及其加权平均值[YC1σ (2+)]可能最接近地层沉积年龄，特别是针对分离于同期火山岩的地层。他们同时注意到在约 60%的样品中，最年轻单颗粒锆石的年龄(YSG)与地层沉积年龄相差约 5Ma。本书选取 YC1σ(2+)年龄及 YSG 年龄来讨论地层的年龄。

　　大哈拉军山组曾被认为形成于早石炭世(Wang et al.，2007)。然而，大哈拉军山组底部玄武质安山岩和流纹岩锆石 U-Pb 年龄分别为(361.3±5.9)Ma 和(364.0±3.4)Ma(Zhu et al.，2009；Yu et al.，2016)，暗示大哈拉军山组可能在晚泥盆世就已经开始沉积。大哈拉军山组最下部样品 Cdg-9 最年轻单颗粒锆石年龄（YSG）和最年轻锆石加权平均年龄［YC1σ(2+)］分别为（360±5）Ma 和（367.4±4.2）Ma（表 3-1）。结合砂岩和砾岩上部玄武质安山岩锆石 U-Pb 年龄（358.9±2.3）Ma（李婷等，2012），大哈拉军山组最底部砾岩的沉积年龄被约束在晚泥盆世—早石炭世初期。根据已有的化石，阿克沙克组已经被确定形成于早石炭世。阿克沙克组最下部样品 Zcag-1 最年轻单颗粒锆石年龄（YSG）和最年轻锆石加权平均年龄［YC1σ(2+)］分别为（320±4）Ma 和（325.4±2.6）Ma，指示阿克沙克组最大沉积年龄为早石炭世晚期。

表 3-1 含砾砂岩、砾岩基质、砂岩砾石样品的地层单元信息和年龄以及岩性和碎屑锆石年龄总结表

样品	地层单元	年龄	岩性	有效(全部)U-Pb 分析点数(个)	YSG(Ma)	YC1σ(2+) (n, MSWD)
Xsg-1	巴斯尔干组	P_3	砾岩基质	74(79)	278±4	
Zpg-1	塔姆其萨依组	P_2	砾岩基质	71(77)	279±5	(280.2±7.3)Ma (2, 0.13)
Pxg-2	塔姆其萨依组	P_2	砾岩基质	81(84)	270±4	(272.6±6.6)Ma (2, 0.62)
Jg-1	晓山萨依组	P_2	含砾砂岩	54(77)	272±4	(273.5±2.6)Ma (13, 0.07)
Ctg-4	东图津河组	C_2	砂岩砾石	81(83)	311±4	(313.0±2.4)Ma (13, 0.10)
Ctg-1	东图津河组	C_2	含砾砂岩	58(77)	311±4	(313.1±2.8)Ma (9, 0.09)
Zcag-1	阿克沙克组	C_1	含砾砂岩	63(65)	320±4	(325.4±2.6)Ma (13, 0.61)
Cdg-9	大哈拉军山组	D_3—C_1	砾岩基质	63(71)	360±5	(367.4±4.2)Ma (9, 1.20)

注：YSG 为最年轻单颗粒碎屑锆石年龄，不确定度为 1σ；YC1σ(2+)为在 1σ 内重叠的最年轻的两个或者更多颗粒（n≥2）的加权平均年龄（±1σ 包括内部分析误差和外部系统误差）；YC1σ(2+)颗粒群中的颗粒实际数量向上变化，最大为 13（Dickinson and Gehrels，2009）。

特克斯北部的东图津河组早先被认为是阿克沙克组的一部分（Wang et al.，2007）。然而，双壳类化石 *Aviculopecten occidentalis* Shumard、*Streblochondria tenuilineata*（Meek and Worthen）、*Palaeoneilo anthraconeiloides*（Chao）、*Wilkingia* cf. *regularis*（King）和腕足类化石 *Dielasma bovidens* Morton 及植物化石 *Noeggerathiopsis* sp.的报告和生物地层对比指示东图津河组形成于晚石炭世（张天继等，2006）。含砾砂岩样品 Ctg-4 最年轻单颗粒锆石年龄（YSG）和最年轻锆石加权平均年龄［YC1σ(2+)］分别为（311±4）Ma 和（313.0±2.4）Ma，与砂岩砾石样品 Ctg-1 的结果相似，均指示东图津河组沉积在 313Ma 之后的晚石炭世。

特克斯地区附近科古琴山组中的化石指示其形成于晚石炭世末期（Li et al.，2011）。含砾砂岩样品 Shg-4 最年轻单颗粒锆石年龄（YSG）和最年轻锆石加权平均年龄［YC1σ(2+)］分别为（307±5）Ma 和（311.7±5.3）Ma。结合花岗岩砾石样品 Shg-1 锆石 U-Pb 年龄（299.0±1.7）Ma，可知科古琴山组可能形成于晚石炭世末期（约为 300Ma）。

由于缺少指示化石，晓山萨依组的年代还没有被很好地约束。尼勒克地区侵入该地层的花岗岩锆石 U-Pb 年龄为（269±3）Ma（Li et al.，2013），提供了沉积年龄的上限。含砾砂岩样品 Jg-1 最年轻单颗粒锆石年龄（YSG）和最年轻锆石加权平均年龄［YC1σ(2+)］分别为（272±4）Ma 和（273.5±2.6）Ma，暗示晓山萨依组最大沉积年龄为 273Ma。这些数据指示晓山萨依组形成于中二叠世初期。

塔姆其萨依组含有植物化石 *Prynadaeopteris anthriscifolia* 和 *P. glossitiformis*，指示其形成

于中二叠世。样品 Pxg-2 最年轻单颗粒锆石年龄(YSG)和最年轻锆石加权平均年龄
[YC1σ(2+)]分别为(270±4)Ma 和(272.6±6.6)Ma,与安山岩砾石样品 Pxg-3 加权平均年龄
(271.9±2.5)Ma 基本一致。因此,塔姆其萨依组最大沉积年龄约为272Ma。然而,样品 Zpg-1
最年轻单颗粒锆石年龄(YSG)和最年轻锆石加权平均年龄[YC1σ(2+)]分别为(279±5)Ma 和
(280.2±7.3)Ma,其指示的最大沉积年龄约为280Ma。估算的年龄明显大于根据样品 Pxg-2 和
生物地层年代学研究的结果。相似地,巴斯尔干组样品 Xsg-1 最年轻单颗粒锆石年龄(YSG)
为(278±4)Ma,明显老于生物地层约束的晚二叠世年龄(宋志瑞等,2005)。这种差异可能与
天山地区晚二叠世岩浆活动终止(图 3-10)造成没有同期的火山物质进入沉积中心有关。

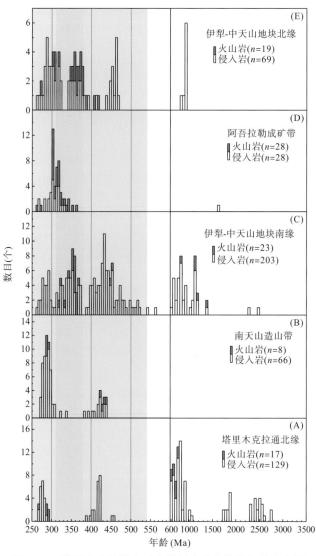

图 3-10　塔里木克拉通和天山地区岩浆岩结晶年龄直方图

数据来源:塔里木克拉通北缘——Han 等(2016a)及相关文献;南天山造山带——Han 等(2016a)及相关文献;伊犁-中天山地块
南缘——Li 等(2015b),Han 等(2016a)及相关文献;阿吾拉勒成矿带——李继磊等(2009)和 Li 等(2015c),韩琼等(2015)和 Han
等(2016a)及相关文献,Zhang 等(2015);伊犁-中天山地块北缘——Han 等(2010,2016a)及相关文献,Li 等(2015c),Yu 等(2016)

3.4 物 源 分 析

伊犁-中天山地块、南天山造山带和塔里木克拉通岩浆活动总结参见 Han 等(2016a)。这些岩浆岩是伊犁晚古生代碎屑岩潜在物源区。本书研究的伊犁-中天山地块进一步分为伊犁-中天山地块南部、伊犁-中天山地块北部及阿吾拉勒山多金属带，其岩浆活动分布统计数据如图 3-10 所示。塔里木克拉通岩浆活动时间主要集中在 300～270Ma、430～390Ma、1.1～0.6Ga、1.9～1.7Ga 和 2.5Ga，以及少量集中在 460Ma。南天山造山带除了缺少 460Ma 和前寒武纪的岩浆活动外，具有和塔里木克拉通相似的岩浆活动。相比塔里木克拉通，伊犁-中天山地块含有丰富的 380～310Ma 岩浆活动幕(图 3-10)。同时，520～470Ma 和 1.4～1.1Ga 的岩浆活动仅存在于伊犁-中天山地块。340～320Ma 的岩浆岩在伊犁-中天山地块北部缺失，但在阿吾拉勒山多金属带，以及伊犁-中天山地块南部广泛分布(图 3-10)。

天山地区大多数 500～400Ma 的岩浆岩锆石的 $\varepsilon_{Hf}(t)$ 值介于-15～10[图 3-9(A) 和 (B)]。塔里木克拉通北缘和天山地区二叠纪侵入岩的 $\varepsilon_{Hf}(t)$ 值介于-8～10，而火山岩只显示负的 $\varepsilon_{Hf}(t)$ 值[图 3-9(A)]。伊犁-中天山地块多数年龄小于 380Ma 的岩浆岩的锆石具有正的 $\varepsilon_{Hf}(t)$ 值[图 3-9(B)]，仅有部分来自南部的二叠纪侵入岩的锆石具有负的 $\varepsilon_{Hf}(t)$ 值[图 3-9(B)]。

大哈拉军山组样品 Cdg-9 含有大量 460～430Ma、505～480Ma 及中-新元古代的碎屑锆石，这与伊犁-中天山地块南部岩浆记录一致[图 3-10(C)]，支持大哈拉军山组底部砾岩主要来源于下伏火山-沉积地层的结论(Li et al., 2013)。380～360Ma 的锆石颗粒形态多为自形/棱角状并具有清晰的环带结构和高 Th/U 比值，指示近源堆积的特征。晚泥盆世火山岩也在特克斯地区发育(Zhu et al., 2009；Yu et al., 2016)，可能是这些锆石的物源区。伊犁-中天山地块北缘也含有丰富的晚泥盆世岩浆岩(Yu et al., 2016；An et al., 2017)。然而，伊犁地块北缘同期砂岩中还含有大量 410～390Ma 的碎屑锆石(峰值年龄为 405Ma)(Liu et al., 2014a)。这些年龄的碎屑锆石在样品 Cdg-9 中缺失[图 3-6(A)]，暗示伊犁地块北部晚泥盆世火山岩可能不是主要的物源区。同时，年龄小于 500Ma 的碎屑锆石具有与伊犁-中天山地块南部同期岩浆岩锆石相似的 Hf 同位素值。因此，本书认为大哈拉军山组底部砾岩主要来自伊犁-中天山地块南部同期岩浆岩。

阿克沙克组样品 Zcag-1 碎屑锆石年龄特征表现为单一的早石炭世年龄峰值(336Ma)。340～320Ma 的岩浆岩仅分布在伊犁-中天山地块南部及阿吾拉勒山多金属带。结合北西向的古流向，本书认为伊犁-中天山地块南部可能是主要的物源区。同时，板条状和微晶状火山岩碎屑，以及玄武岩砾石的大量出现指示阿克沙克组沉积岩的物源区为玄武质火山岩。

来自东图津河组底部砾岩的砂岩砾石样品 Ctg-1 与含砾砂岩样品 Ctg-4 具有相似的碎屑锆石年龄谱和 Hf 同位素值[图 3-6(C) 和(D)，图 3-9(D)]。安山岩砾石的锆石 U-Pb 年龄为(316.2±2.4)Ma，对应伊什基里克组火山岩的年龄[(313±3)Ma](白建科等，2015)。同时，东图津河组与伊什基里克组为不整合接触，这些特征暗示东图津河组的碎屑部分来源于伊什基里克组再旋回的物质。而(331.5±2.0)Ma 的流纹岩砾石的出现指示伊犁-中天山地块南部的大哈拉军山组火山岩也扮演了物源的角色。样品 Cdg-1 和样品 Cdg-4 中新元古代(880～740Ma)碎屑锆石对应了伊犁-中天山地块变质-岩浆活动(Gao et al.，2015a；Huang et al.，2015a；Wang et al.，2014a，2014b)。考虑到这些新元古代碎屑锆石颗粒多为自形/棱角状并具有清晰的环带结构和高 Th/U 比值，可以认为其具有近源堆积的特征。同时，东图津河组与伊什基里克组在特克斯地区为不整合接触，而在尼勒克地区为整合接触(白建科等,2015)。砂岩和火山岩砾石在粒径和数量上从特克斯到尼勒克逐渐变小(白建科等，2015)。这些数据暗示东图津河组碎屑主要来源于伊犁-中天山地块南部。

科古琴山组含砾砂岩样品 Shg-4 出现大量早古生代和前寒武纪碎屑锆石颗粒[图3-6(E)]，明显不同于东图津河组。结合西北向的古流向，伊犁-中天山地块南部、南天山造山带和塔里木克拉通是其潜在的物源区。科古琴山组碎屑锆石年龄谱[图 3-6(E)]和花岗岩砾石中岩浆岩锆石年龄[图 3-7(C)～(F)]与伊犁-中天山地块南部岩浆活动一致[图 3-10(C)]。年龄小于 500Ma 的锆石具有与同期岩浆岩相似的 Hf 同位素值[图 3-9(B)和(D)]。这些信息暗示伊犁-中天山地块南部是重要的物源区。然而，大量榴辉岩砾石的出现指示南天山造山带北部的(超)高压变质带也是重要的物源区。同时，伊犁盆地特克斯地区科古琴山组具有与南天山造山带同期地层相似的碎屑锆石年龄谱[图 3-11(H)和(M)]。这进一步证明在伊犁-中天山地块南部和南天山造山带之间存在一个正地形，其是伊犁盆地南缘碎屑的主要物源区。

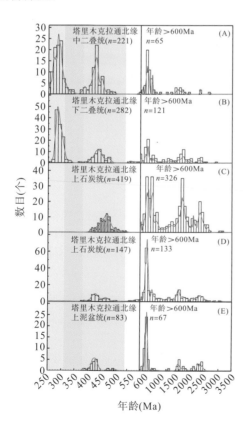
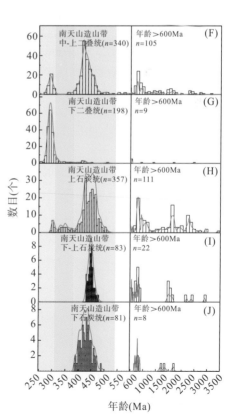

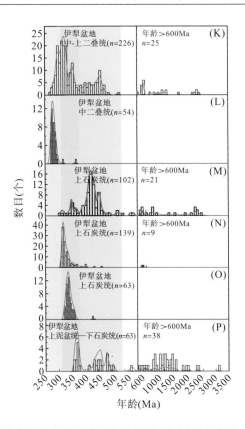

图 3-11　上古生界碎屑锆石年龄概率密度曲线对比分析图，包括伊犁盆地、塔里木克拉通北缘（邹思远
等，2013；Han et al.，2015，2016a；Li et al.，2015a）和南天山造山带（Han et al.，2016a）

尼勒克晓山萨依组含砾砂岩样品 Jg-1 碎屑锆石年龄主要集中在早二叠世，其峰值年龄
为 278Ma。该年龄的岩浆岩在天山地区广泛分布（图 3-10）。塔里木克拉通北缘及南天山造
山带早二叠世火山岩具有负的锆石 Hf 同位素值，明显不同于样品 Jg-1 锆石 Hf 同位素值（多
在 6~14），暗示晓山萨依组碎屑不可能来源于塔里木克拉通北缘和南天山造山带。更重要
的是，这些锆石多为自形/棱角状，并具有清晰的环带结构和高 Th/U 比值，指示其具有近
源堆积的特征。伊犁-中天山地块北缘仅少量出露早二叠世火山岩（Wang et al.，2009），其
不大可能单独供应大量 300~270Ma 的碎屑。早二叠世火山岩广泛分布在特克斯和尼勒克地
区（图 3-1）。更重要的是，中二叠世地层在伊犁-中天山地块南缘与晚石炭世地层呈不整合
接触关系（Wang et al.，2009）。笔者推测在伊犁-中天山地块之间存在一个正地形作为物源
区为周围盆地提供碎屑。

塔姆其萨依组砾岩中基质样品 Zpg-1 和样品 Pxg-2 出现大量前二叠纪碎屑锆石，这不
同于晓山萨依组样品［图 3-6（F）~（H）］。390~310Ma 的碎屑锆石大量出现在这些样品中，
但在南天山造山带和塔里木地区几乎缺失（图 3-10 和图 3-11）。露头和岩心资料显示伊犁-
中天山地块南缘塔姆其萨依组与下伏志留系—石炭系火山-沉积序列呈不整合接触关系
（Li et al.，2015d；Wang et al.，2007）。结合相似的 Hf 同位素特征（图 3-9），伊犁-中天山
地块南缘古生代火山-沉积序列可能是塔姆其萨依组碎屑的主要来源。相对于昭苏样品

Zpg-1，尼勒克地区的样品 Pxg-2 含有更多的早中二叠世碎屑颗粒，这与其出现同期火山岩砾石的结果一致。这些特征暗示早中二叠世火山-沉积岩可能已经暴露在尼勒克附近，而昭苏地区更靠近伊犁-中天山地块南缘的主要物源区。该物源区同期的火山-沉积岩可能已经被剥蚀了。单峰年龄为 830Ma 的前寒武纪碎屑颗粒出现在样品 Zpg-1［图 3-6（H）］中，而几乎在样品 Pxg-2 中缺失，暗示前寒武纪基底可能已经在伊犁-中天山地块南缘暴露并扮演了附近碎屑的物源区。

尼勒克巴斯尔干组砾岩中基质样品 Xsg-1 的碎屑锆石年龄谱和 Hf 同位素信息总体上与昭苏地区塔姆其萨依组样品相似［图 3-6（H）和（I），图 3-9］。结合北北东向的古流向，这些特征暗示尼勒克地区晚二叠世碎屑岩物源区主要为伊犁-中天山地块南缘。在中二叠世—晚二叠世地层序列中 1.5～1.1Ga 和 2.6～2.4Ga 的碎屑锆石逐渐增加（图 3-6），暗示伊犁-中天山地块南缘基底供应物源逐渐增加。晓山萨依组花岗片麻岩砾石具有与中天山地区花岗片麻岩相似的年龄（Huang et al.，2015a），进一步支持了这种解释。

考虑到阿吾拉勒山多金属带与北天山造山带平行，并更靠近北天山造山带（图 1-1），因此不能排除伊犁-中天山地块北缘为尼勒克地区二叠纪碎屑物源区。然而，古流向指示沉积物主要由南向北进行搬运（图 3-2）。同时，阿吾拉勒山多金属带和伊犁-中天山地块南缘二叠纪沉积岩碎屑锆石具有相似的年龄谱和 Hf 同位素特征。二叠纪砂岩碎屑锆石数据显示北天山造山带沉积物供应部分来自中天山地块，暗示存在一个向伊犁-中天山地块南缘逐渐加宽的淋滤区（Yang et al.，2013a）。更重要的是，阿吾拉勒山多金属带和伊犁-中天山地块南缘具有相似的岩浆幕，而不同于伊犁-中天山地块北缘（图 3-10）。因此，本书认为阿吾拉勒山多金属带二叠纪碎屑岩形成于与伊犁盆地南缘相似的构造背景，且伊犁-中天山地块南缘可能是所分析的晚古生代碎屑的主要物源区。

3.5　南天山洋闭合时限的启示

关于伊犁-中天山地块与塔里木克拉通的碰撞时间，存在从晚泥盆世到中三叠世这些不同的观点。其中，认为南天山地区最后的碰撞时间在晚泥盆世—早石炭世的模型主要是根据大哈拉军山组底部的不整合接触关系（Xia et al.，2008，2012；Charvet et al.，2011；Xu et al.，2013；白建科等，2015）。伊犁-中天山地块石炭纪火山岩被解释成形成于大陆内裂解构造背景并被认为是地幔柱岩浆活动的产物（Xia et al.，2008，2012；Xu et al.，2013）。石炭纪岛弧性质的火山岩被认为可能是地壳混染的产物（Xia et al.，2008，2012）。然而，该模型与北天山和南天山造山带早石炭世晚期蛇绿岩的出现矛盾（Xu et al.，2006；Jiang et al.，2014；Li et al.，2015d）。所有 380～310Ma 的锆石的 Th/Nb 比值大于 10［图 3-8（E）］，证明其受到一定地壳混染的影响（Yang et al.，2015；Huang et al.，2016b）。然而，在 Th/Nb-Hf/Th 判别图［图 3-8（E）］（Yang et al.，2012）中，这些锆石微量元素指示其形成于与岛弧/造山带相关的岩浆，暗示伊犁-中天山地块石炭纪岩浆岩不可能形成于与地幔柱相关的环境，支持这些岩浆岩形成于大陆岛弧环境的结论（Zhu et al.，2009；Gou et al.，2012；Zhang et al.，2015；Yu et al.，2016）。

　　碎屑锆石年龄谱清晰地表明二叠纪地层中没有比 264Ma 更年轻的锆石。该结果与流经南天山造山带北坡的特克斯河碎屑锆石的相关结果一致(Ren et al.，2011)。这些结果表明南天山造山带和伊犁-中天山地块主要的岩浆事件发生在古生代，且这些地区缺少晚二叠世及更年轻的岩浆活动。因此，南天山造山带可能形成于晚二叠世之前。地层序列表明石炭纪地层在南天山造山带主要为海相沉积(Han et al.，2016a)，而在伊犁-中天山地块南缘为陆相碎屑岩、浅海相碳酸盐岩沉积及火山岩。这些地层序列均被二叠纪陆相沉积岩和火山岩覆盖(Han et al.，2016a)。石炭纪—二叠纪的这种区域沉积变化规律与伊犁-中天山地块和塔里木克拉通的碰撞发生在二叠纪之前的结论是一致的。

　　近期高质量的放射性同位素数据指示塔里木克拉通北缘与俯冲作用相关的榴辉岩相变质作用主要发生在 320~310Ma(图 3-12)(Hegner et al.，2010；Su et al.，2010；Klemd et al.，2011；Yang et al.，2013b)。对退变质的榴辉岩和蓝片岩进行的 Rb/Sr 和 ^{40}Ar/^{39}Ar 年代学研究表明(超)高压变质作用经历了的剥露作用主要发生在 320~310Ma(Hegner et al.，2010；Xia et al.，2015)。这些有关变质岩的形成及剥露年龄的数据指示塔里木克拉通与伊犁-中天山地块的碰撞最可能发生在石炭纪晚期。

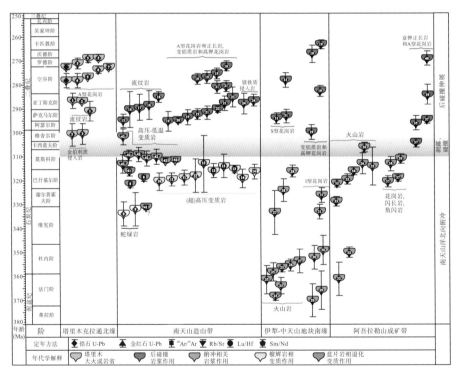

图 3-12　南天山造山带及邻区晚泥盆世到二叠纪岩浆活动和变质事件演化时空分布图［数据源于 Huang 等(2018)］

　　样品 Ctg-4、样品 Ctg-1 和样品 Ctg-9，以及下伏伊什基里克组岛弧性质的火山岩年龄共同指示南天山洋的俯冲作用至少持续到了约 313Ma。结合生物年代学资料(张天继等，2006)，这些数据指示东图津河组和伊什基里克组之间的角度不整合时间非常短，且伊犁-中天山地块南缘的隆起时间被约束在约 310Ma。该年龄与南天山(超)高压变质岩构造剥露作用最早时间，以及蛇绿混杂岩和变质岩带变形时间(Alexeiev et al.，2015)一致。东图津河组底部的不整合可能记录了洋壳俯冲终止阶段，以及(超)高压变质岩剥露过程中上冲板块的变形作用(Soldner et al.，2017；李继磊等，2017)。考虑到东图津河组碎屑岩具有多种物源供应的特征，本书将310Ma解释为塔里木克拉通和伊犁-中天山地块的初始碰撞时间。同时，晚泥盆世—晚石炭世(380～310Ma)与岛弧相关的岩浆岩广泛分布在伊犁-中天山地块南缘(图3-10)。结合相似的碎屑锆石年龄谱以及Hf同位素值(图3-9和图3-11)，南天山造山带晚泥盆世—晚石炭世沉积序列形成于塔里木克拉通北缘(Han et al.，2016a)。碎屑锆石年龄谱及Hf同位素数据显示伊犁-中天山地块南缘晚泥盆世—晚石炭世(380～300Ma)岩浆岩直到石炭纪末期(约 300Ma)才成为南天山造山带晚古生代地层的物源区(Han et al.，2016a，2016b)。更重要的是，南天山造山带年龄为295～285Ma的早二叠世火山岩不整合覆盖于强烈变形的晚石炭世地层之上(Liu et al.，2014b)。同时，在南天山造山带西缘的 Atbashi 带石炭纪末期(304～299Ma)未变质和变形的磨拉石型砾岩不整合覆盖在(超)高压变质岩之上(Hegner et al.，2010)。大量榴辉岩砾石出现在科古琴山组，表明南天山造山带(超)高压变质岩已经被剥蚀并于 300Ma 已经在扮演伊犁盆地南缘碎屑的物源区。这些物源及地层关系资料暗示和塔里木克拉通与伊犁-中天山地块陆-陆碰撞相关的最后拼接作用可能发生在约 300Ma。

3.6　南天山造山带的演化

南天山造山带 430～330Ma 的蛇绿岩的报告(Wang et al.，2011；Jian et al.，2013；Jiang et al.，2014)指示南天山洋至少在晚志留世已经打开，并至少持续到了早石炭世。然而，南天山洋消减过程中的俯冲极性仍存在争议(Han et al.，2011，2015，2016a；Wang et al.，2011；Ge et al.，2014b)。尽管志留纪—早泥盆世岩浆岩广泛出现在伊犁-中天山地块、塔里木克拉通及南天山地区，但晚泥盆世—晚石炭世(380～310Ma)岩浆岩基本上在塔里木克拉通北缘及南天山地区是缺失的，其广泛出现在伊犁-中天山地块南缘(图3-10和图3-12)。伊犁盆地晚泥盆世—晚石炭世碎屑岩包含了大量分离于附近岩浆弧源的同期火山碎屑。然而，晚泥盆世—晚石炭世(380～310Ma)碎屑锆石在南天山造山带和塔里木克拉通北缘的石炭纪早期—晚石炭世早期碎屑岩中均缺失(图 3-11)。这与晚泥盆世—晚石炭世(380～310Ma)洋壳向北俯冲是一致的[图 3-13(A)]。该时期伊犁盆地南缘进入了弧后前陆盆地演化阶段。南天山洋强烈的向北俯冲作用可能导致了伊犁-中天山地块南缘晚泥盆世的区域隆升。该构造热事件对应了大哈拉军山组底部区域角度不整合事件，与昭苏-特克斯地区同期向南冲断构造一致(Li et al.，2015b)。在早石炭世晚期，整个伊犁-中天山地块南缘沉积主要形成于混合近岸-台地边缘礁环境的碳酸盐岩和碎屑岩，指示伊犁-中天山地块南缘处于相对稳定的构造环境(Li et al.，2015b)。这种解释与阿克沙克组具有单一的玄武质火山物源区而缺少基底碎屑输入的现象一致。

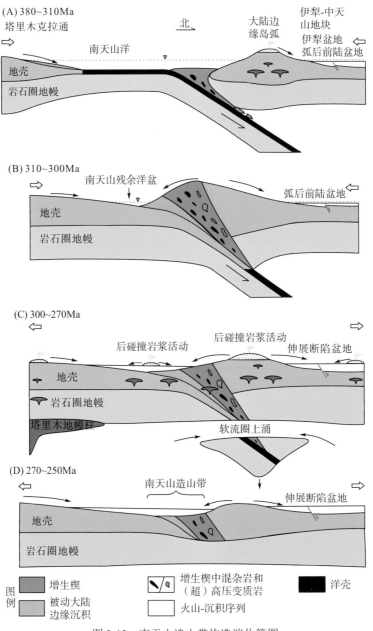

图 3-13　南天山造山带构造演化简图

在晚石炭世(310～300Ma)，南天山洋最后闭合，并伴随着伊犁-中天山地块和塔里木克拉通的碰撞[图 3-13(B)]。陆-陆碰撞和最后的拼接可能导致了伊犁-中天山地块南缘，以及南天山造山带北部(超)高压变质岩的隆升和剥蚀[图 3-13(B)]。东图津河组碎屑岩中仅含少量前寒武纪锆石，暗示有限的基底暴露。特克斯地区东图津河组底部陆相沉积被浅水相沉积替代。这种沉积变化和南天山地区局部区域一致，该地区同期地层显示了由浅海相灰岩向深水相薄层泥灰岩夹钙质砂岩变化的特征(Alexeiev et al.，2015)。这些物源和地层记录表明陆-陆碰撞可能并不是连续的，这与南天山造山带晚石炭世—早二叠世多期变形是一致的(Alexeiev et al.，2015)。紧随晚石炭世末期的强烈隆升和剥蚀，伊犁-中天山地块南缘基底和(超)高压变质岩带被暴露到地表并扮演周围碎屑的物源区。

南天山造山带和阿吾拉勒山多金属带早二叠世—中二叠世早期碎屑岩的碎屑锆石年龄谱相似，且均具有单一的碎屑锆石年龄谱(峰值年龄在 299～278Ma)。这种单一物源与伊犁-中天山地块南缘和南天山造山带之间正地形之上的早二叠世后碰撞岩浆岩有关。南天山造山带和伊犁-中天山地块南缘早二叠世沉积物受正断层以及伴随的双峰式火山喷发作用控制(Liu et al.，2014b；Li et al.，2015b)，这与后碰撞伸展构造背景一致(Han et al.，2011；Gou et al.，2015)。在该时期及之后的中晚二叠世伊犁盆地南缘进入了伸展断陷盆地演化阶段。同时，该时期(300～270Ma)大量双峰式火山岩和 S 型、A 型及高钾花岗岩，以及少量富钾正长岩广泛暴露在南天山造山带、伊犁-中天山地块南缘和阿吾拉勒山多金属带(图 3-13)(Liu et al.，2014b；Gou et al.，2015；Ma et al.，2015)。

近年来，大量年龄为 300～270Ma 的镁铁质和酸性岩浆岩在塔里木克拉通被发现[图 3-13(c)]，其被推测形成于塔里木大火成岩省(Zhang et al.，2010；Xu et al.，2014)。南天山造山带位于塔里木克拉通北缘，其可能受到塔里木大火成岩省的影响。然而，在区域尺度上，南天山造山带二叠纪岩体一般与缝合带平行展布(Zhang et al.，2010；Xu et al.，2014)。这种线性分布关系不支持上述岩浆岩为地幔柱起源(Huang et al.，2014b，2015b)。南天山地区从汇聚到离散的动力学变化可能与俯冲的大洋板片拆离，以及伴随的软流圈上涌有关(图 3-13)(Han et al.，2011；Gou et al.，2015；Ma et al.，2015)。该过程在岩浆岩起源、古老地壳和地幔物质再造方面扮演了重要的角色，与 Hf 同位素特征指示的岩演化规律一致(Gou et al.，2015；Ma et al.，2015)。从中二叠世到晚二叠世，变质岩碎屑、砾岩中的砾石及碎屑岩中的前寒武纪锆石颗粒逐渐增多，并伴随着火山岩砾石及晚古生代锆石减少。更重要的是，花岗质片麻岩、花岗片麻岩和辉绿岩砾石在晚二叠世砾岩中出现。这些物源和岩石学组成变化表明伊犁-中天山地块南缘和南天山造山带之间的正地形经历了强烈的夷平和剥蚀作用[图 3-13(D)]。这与锆石及磷灰石裂变径迹和(U-Th)/He 年代学研究揭示的伊犁-中天山地块南部在二叠纪经历了主要的剥露作用一致(Jolivet et al.，2010)。

3.7 小 结

本章通过对伊犁盆地南缘晚古生代碎屑岩开展沉积学、岩石学和物源分析，探讨了南天山造山带的演化，主要得出以下结论。

(1)物源分析表明伊犁盆地南缘晚古生代碎屑岩的物源主要来自盆地南部的伊犁-中天山地块。

(2)结合高压/超高压变质事件及沉积记录,伊犁盆地南缘晚古生代碎屑岩研究结果表明南天山洋的闭合时间，以及塔里木克拉通和伊犁-中天山地块的碰撞时间为 310～300Ma。

(3)南天山洋经历了晚泥盆世—晚石炭世(380～310Ma)向北俯冲，以及晚石炭世(310～300Ma)的陆-陆碰撞和拼接过程。二叠纪后，南天山造山带进入后碰撞伸展作用演化阶段。

第4章 伊犁盆地南缘侏罗系物源
分析及中新生代盆地演化

中生代是中亚造山带形成的重要时期，也是中国北方-中亚中生代陆相盆地最主要的成盆时期。伊犁盆地位于西天山造山带内，而天山造山带是中亚造山带重要组成部分。伊犁盆地作为中、新生代陆相沉积盆地，其独特的地理位置决定了其盆地演化及物源分析是研究中生代中国北方乃至中亚造山带盆山关系的"钥匙"。同时，伊犁盆地是我国重要的砂岩型铀矿聚集盆地，侏罗系是其主要赋矿层位。盆地南缘已成为我国探明储量最大、工艺成本最低和生产规模最大的可地浸砂岩型铀矿生产基地(韩效忠等，2008；李宝新和陈永宏，2008)。因此，对伊犁盆地南缘侏罗系碎屑岩开展系统的物源及盆山演化研究，对于了解中生代中国北方-中亚造山带重要的造山-成盆时期的构造演化具有重要科学意义，同时，对于明确赋铀砂体成因，进而准确评估蚀源区岩石供铀能力，预测含矿有利砂体展布，拓宽找矿思路，指导下一步砂岩型铀矿勘查工作也具有重要的理论和现实意义。

4.1 伊犁盆地南缘侏罗系物源分析

沉积盆地物源分析作为连接沉积盆地与造山带之间的纽带和进行盆山耦合关系研究的切入点，对于沉积区岩相古地理重建、原型盆地恢复、古气候与古环境恢复、沉积盆地分析、沉积矿产预测、大地构造背景分析及盆山耦合关系研究等均具有重要科学意义，其内容主要包括古侵蚀区的判别、古地貌特征的重塑、物源区位置和气候、母岩性质及沉积盆地构造背景的确认等(Dickinson，1985)。针对碎屑沉积物的物源分析方法可主要分为两大类：①碎屑岩沉积属性分析法；②碎屑岩地球化学属性分析法。其中，碎屑岩沉积属性分析法主要包括碎屑颗粒组分析、石英颗粒阴极发光分析、重矿物分析、古流向分析、沉积体系分析等；碎屑岩地球化学属性分析法主要包括全岩地球化学分析、单矿物颗粒原位元素分析、单矿物颗粒年代学分析、轻矿物同位素分析等。

4.1.1 南缘地质概况

1. 南缘构造发育特征

伊犁盆地南缘在构造上属于南部斜坡区(图4-1)，是伊宁凹陷内构造相对稳定的区域。总体上，其可进一步划分为西部构造相对稳定区、中部过渡区和东部构造活动区。西部构造活动较弱，由一系列舒缓的背斜和向斜组成，总体上为向北缓倾的单斜构造。

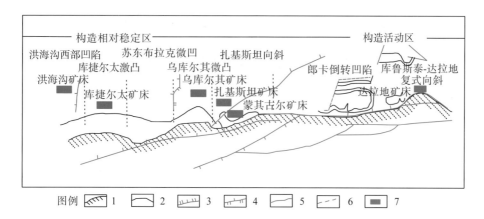

图 4-1　伊犁盆地南缘中生界构造示意图(陈奋雄等，2016)

1-盆地边界；2-第十、第八煤层露头；3-正断层；4-逆断层；5-压扭性倒转断层；6-性质不明断层；7-铀矿床

中部扎基斯坦地区位于西部构造相对稳定区与东部构造活动区的过渡部位，构造活动在盆边强烈，向盆地内迅速减弱，侏罗纪与石炭纪火山岩、灰岩沿盆缘断裂呈断层接触，局部地段受逆冲断裂影响，地层直立或倒转(蒙其古尔铀矿床东部)。此外，随着地层向盆内延伸，岩层倾角急剧变缓为 5°～8°，倾向北或北北西。

东部郎卡—库鲁斯泰—达拉地一带构造活动较强烈，发育一系列复杂的不对称向斜构造和鞍状背斜构造。其中，郎卡—库鲁斯泰一带为倒转凹陷带，逆冲断裂使盆缘地层直立或发生倒转，盆内则急剧凹陷；库鲁斯泰—达拉地一带构造活动强烈，在盆缘断裂和库鲁斯泰—苏阿苏河东呈北北东向折线式隐伏断裂(F₂)控制下，发育形态不规则的近东西轴向的南部向斜带、中间凸起带和北部单斜带。其中，南部向斜带受构造应力作用形成了一系列复杂的不对称盆式向斜构造和鞍状背斜构造，东西长为 18km，南北宽为 4～6km。自西向东依次为库鲁斯泰向斜、阿克巴斯达吾背斜、苏阿苏盆式向斜、察布查尔背斜、察布查尔盆式向斜、达拉地盆式向斜；中部凸起带以隆起剥蚀为主，东西长为 18km，南北宽为 2～4km，具有西窄东宽的特点；北部单斜带以沉降为主，东起 734 厂，西到苏阿苏河东岸，沿近东西向延伸 8km，倾向延伸大于 4km(李盛富等，2016a)。

2. 南缘地层发育特征

伊犁盆地南缘中-新生代发育的沉积盖层由下而上依次为中上三叠统小泉沟群(T₂₋₃xq)、中下侏罗统水西沟群(J₁₋₂sh)、中侏罗统头屯河组(J₂t)、白垩系(K)、古近系(E)、新近系(N)和第四系(Q)。其中，铀矿化层主要发育于中下侏罗统水西沟群(J₁₋₂sh)，其由下而上可进一步划分为八道湾组(J₁b)、三工河组(J₁s)和西山窑组(J₁x)。

研究区地层发育特征分别描述如下。

中上三叠统小泉沟群(T₂₋₃xq)：为一套下粗上细的杂色碎屑岩，不整合覆盖在基底石炭纪火山岩之上。其下部为杂色砂岩、含砾粗砂岩，代表冲积相沉积；上部为厚层粉砂岩、泥岩互层夹细砂岩，局部夹有煤线及黄铁矿透镜体，属湖相沉积。

中下侏罗统水西沟群($J_{1-2}sh$)：为一套暗色含煤碎屑岩沉积建造，含有 12 层煤，且具有工业开采价值。岩性主要为含砾砂岩、砂岩、泥岩与粉砂岩互层夹煤层及煤线，组成明显的下粗上细的韵律层，单个韵律层厚 20～40m。下统八道湾组底部为一套含有菱铁矿结核的厚层砂砾岩，可作为侏罗系与三叠系的分层标志。

中侏罗统头屯河组(J_2t)：为一套灰绿色或杂色泥岩、砂岩，代表河流相沉积。

白垩系(K)：下白垩统在盆地内缺失，只有上白垩统在盆地内零星分布，上白垩统东沟组(K_2d)主要为一套棕红色的砂泥质碎屑岩组合。

古近系(E)：在该区最大厚度为 326m，岩性为钙质砂砾岩夹砂岩、泥岩。

新近系(N)：主要岩性为褐黄色砾岩和含砾钙质泥岩。

第四系(Q)：广泛分布于盆地内，主要为砂砾层、亚砂土、砂和泥等松散沉积物。厚度各地段不等，一般为 10～80m，最大厚度达 220m。

4.1.2 物源分析

伊犁盆地南缘蚀源区主要出露石炭-二叠系中酸性火山岩、火山碎屑岩，而在较大水系附近均不同程度地出露了中上侏罗统水西沟群碎屑岩。本书研究的剖面为侏罗系出露良好的坎乡苏阿苏沟剖面(图 4-2)。

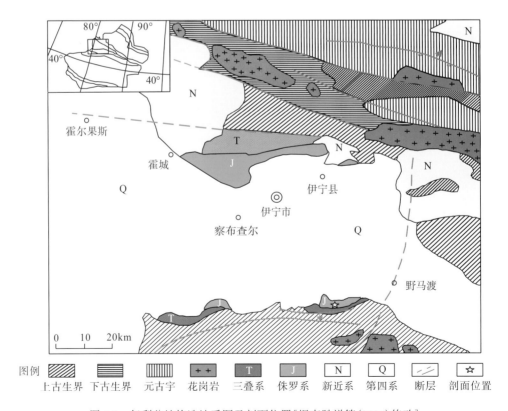

图 4-2　伊犁盆地构造地质图及剖面位置[据李胜祥等(2006)修改]

1. 剖面地层发育特征

　　苏阿苏沟剖面自下而上，发育中、下侏罗统的八道湾组、三工河组和西山窑组，未见上侏罗统头屯河组(图 4-3)。其中，八道湾组以底部一套厚层灰白色砾岩为标志，与三叠系小泉沟组红色砂泥岩呈不整合接触关系。其发育一套砾岩，含砾粗砂岩、砂岩、粉砂岩的碎屑物组合，并可进一步划分为两个沉积旋回，每个旋回从底部到顶部，粒度由粗变细，

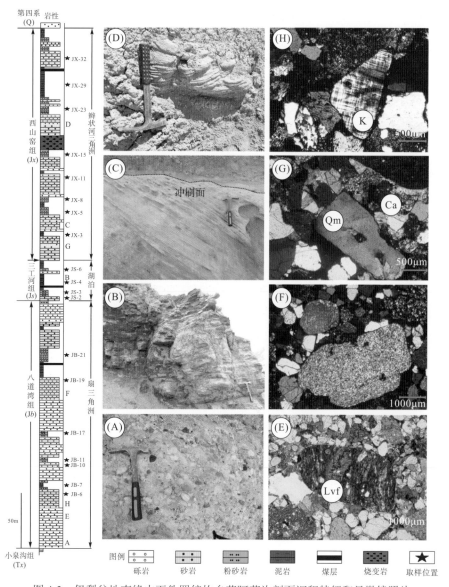

图 4-3　伊犁盆地南缘中下侏罗统坎乡苏阿苏沟剖面沉积特征和显微镜照片

(A)块状砾岩，八道湾组底部；(B)水平层理泥岩，三工河组；(C)板状交错层和冲刷面，西山窑组；(D)槽状交错层理，西山窑组；(E)含砾岩屑砂岩(JB-4)，流纹岩碎屑，单偏光；(F)含砾岩屑砂岩(JB-18)，硅质岩屑，正交偏光；(G)岩屑石英砂岩(JX-2)，单晶石英颗粒，正交偏光；(H)岩屑石英砂岩(JB-5)，微斜长石，正交偏光；Lvf-流纹岩屑；Qm-单晶石英；K-微斜长石；Ca-钙质胶结

旋回底部为大套的砾岩层，砾岩分选性较差，呈次圆状到次菱角状，上部逐渐变为砂岩、粉砂岩，夹有少量薄层泥岩、煤层，上部旋回煤层增多，粒度变细，砂岩中可见一些交错层理和平行层理。

三工河组主要发育深灰色粉砂岩和泥岩，夹煤线和浅黄色薄层细砂岩，粉砂岩与泥岩常呈互层状产出。

西山窑组主要为一套浅灰色粗砂岩、灰白色中细砂岩、深灰色泥岩、砂质泥岩夹煤层组成的碎屑岩，从下往上可划分为四个沉积旋回。第一旋回底部为一套厚层灰白色砾岩，与三工河组顶部的灰白色粉砂岩分界，砾石大小为 2～3cm，块状层理。向上变为褐色粗砂岩，粗砂岩之上为呈角砾状烧变岩，顶部为粉砂岩、泥岩。第二旋回为杂色砾岩、粗砂岩，与下伏的细粒粉砂岩、泥岩呈冲刷接触关系，砂岩中可见一些槽状交错层理，向上逐渐递变为粉砂岩、煤质粉砂质泥岩。第三旋回为灰白色砂砾岩，与下伏的煤质粉砂岩呈冲刷接触关系，底部砂砾岩厚度约为 3m，砾石分选性较好，粒度为 2～3mm。粗砂岩中可见交错层理，向上逐渐变细，呈递变层理。顶部含有一套厚度约为 1.5m 的煤层。第四旋回为具有交错层理的灰白色粗砂岩，与煤层呈冲刷接触关系。砂岩中可见板状交错层理。上部为粉细砂岩，中间夹有砖红色薄层泥岩，顶部则与古近系呈平行不整合接触关系。

2. 碎屑颗粒组分分析

1) 砾岩、砂质砾岩组分分析

砾岩中砾石成分可以直接反映物源区母岩的性质，通过对砾岩样品中砾石进行成分分析和统计，可知研究区砾石成分主要为硅质岩、沉积岩、弱变质沉积岩，其次为流纹岩等中酸性火山岩、变质岩(图 4-3)，同时含有少量碳酸盐岩等。砾石成分具有多样性，表明其有多种物源，但其主要来源于硅质岩和沉积岩。在砾石结构上，八道湾组砾石分选性较差，磨圆度中等-较差，结构成熟度较低，表明其近物源堆积；与八道湾组相比，西山窑组砾石分选性和磨圆度变好，且粒度变细，表明其经过了一定距离的搬运，结构成熟度略高。

2) 砂岩组分分析

砂岩碎屑组分与物源区大地构造背景紧密相关，且能够反映母岩性质。通过对砂岩薄片的岩石学特征进行鉴定和对各种颗粒组分进行统计，可知研究区砂岩主要为岩屑砂岩、岩屑石英砂岩，岩屑杂砂岩次之(图 4-4)。其中，岩屑含量为 23%～65%，石英为 32%～74%，长石为 2%～10%。

(1) 岩屑组分分析。砂岩中岩屑成分可以有效直观地反映物源区母岩性质。研究区岩屑类型主要为硅质岩屑和沉积岩屑(如泥岩、细粉砂岩)、流纹岩屑等中酸性火山岩屑，变质石英岩屑次之，岩屑含量主要分布在 23%～65%。岩屑类型与砾石成分相一致，表明其物源区主要是硅质岩和沉积岩，同时混合少量中酸性火山岩或变质石英岩的物源。

图 4-4 伊犁盆地南缘侏罗系砂岩显微结构特征及类型

(A)中粒岩屑砂岩，岩屑成分主要为硅质岩屑、砂岩岩屑，西山窑组，苏阿苏沟剖面；(B)粗粒岩屑砂岩，硅质岩屑，八道湾组，苏阿苏沟剖面

(2)石英类型分析。石英是砂岩中最稳定的碎屑颗粒，具有稳定的地球化学性质，在风化作用和后期成岩蚀变作用过程中很难发生改变，其颗粒类型和形状特征可以直接有效地反映石英来源，从而判断物源区母岩性质。研究区石英颗粒含量为30%～80%，既有单晶石英，又有多晶石英，但以单晶石英颗粒为主，显示其物源区可能发育花岗岩、片岩、片麻岩等(Tortosa et al.，1991)。部分单晶石英颗粒具有平直边界或者呈"港湾"状，具有六边形特征(图4-5)，表明其主要来源于中酸性火山岩。Basu 等(1975)研究认为，来自火山岩的石英颗粒多具有非波状消光特征，而来自变质岩的石英颗粒常显示波状消光特征。研究区单晶石英以非波状消光为主，波状消光少见，表明来自变质岩的物源供应较少，物源供应主要来源于火山岩。同时单晶石英颗粒含量较高，且存在自形的锆石颗粒，说明物源区存在花岗质岩石。多晶石英颗粒中单个石英晶体相互之间的接触形态也可以反映其来源。前人的研究(Asiedu et al.，2000)表明，如果多晶石英颗粒中单个晶体超过 5 个，而单个晶体呈拉长状且晶体之间以细齿状接触，则常表明其来自变质岩；如果晶体之间的接触呈直线状或微弯曲状，则常表明其多来自火山岩。研究区多晶石英颗粒晶体之间的接触多呈线状或弯曲状，少见镶嵌式接触，且晶体少见波状消光(图4-3)，表明这些石英颗粒多来源于火山岩物源区。

图 4-5　伊犁盆地南缘侏罗系砂岩石英颗粒和长石显微结构特征及类型

(A)粗粒岩屑砂岩,多晶石英颗粒接触边界多呈线状平直接触边界,八道湾组,ZK49783;(B)中细粒岩屑砂岩,单晶石英颗粒具有平直边界或呈"港湾"状,西山窑组,P1623;(C)中细粒岩屑石英砂岩,单晶石英颗粒具有平直边界,西山窑组,苏阿苏沟剖面;(D)细粒岩屑砂岩,微斜长石具有格子状双晶,西山窑组,苏阿苏沟剖面

(3)长石类型分析。长石虽然在风化、搬运、成岩等作用过程中会发生蚀变,但是长石类型可以用来区分母岩性质,如来自中酸性火山岩的长石以透长石、正长石和微斜长石等钾长石为主,而来自中基性火山岩的长石则以中基性斜长石为主,且常具有环带结构。研究区长石以微斜长石为主,且具有明显的格子状双晶(图 4-5),表明其物源区多为中酸性火山岩区。

(4)黏土矿物组合和云母类型分析。前人的研究表明一些黏土矿物组合也能反映物源区母岩性质,如不规则的、他形的片状绿泥石可能是铁镁质碎屑蚀变的结果(Asiedu et al.,2000)。研究区黏土矿物和云母类型主要为伊利石和白云母,其次为高岭石和黑云母。在岩石薄片中,常可见到伊利石向白云母蚀变,而白云母常呈弯曲状存在于碎屑颗粒之间。研究区黏土矿物组合表明物源区不存在含铁镁质矿物的岩石,即不可能来自基性火山岩物源区。

综上所述,研究区碎屑岩主要来自硅质岩和沉积岩(粉砂岩、泥岩),流纹岩、花岗岩等中酸性火山岩物源区次之,少量来自变质岩物源区。

(5)Dickinson 图解。碎屑岩中砂岩的组分能够有效反映物源区母岩性质及大地构造背景。早在 20 世纪 50 年代以前,Krynine 就开始注意到大地构造背景控制着砂体成分,随后地质学家展开了相关研究(Folk,1980)。而 Dickinson 在现代构造环境下建立起来的Dickinson 图解法是目前应用得最广泛的一种分析方法,也是研究物源区大地构造背景最有效的方法之一。在这个图解法中,Dickinson 和 Suczek(1979)将物源区构造背景划分为3 个一级类型和 7 个次级类型,即大陆板块(克拉通内部、过渡大陆和基底隆起)、岩浆岛弧(含切割岛弧、过渡弧、未切割岛弧)与再旋回造山带。1983 年,Dickinson 又将图解法进行了修改,在岩浆弧中增加了混合区,同时将再旋回造山带划分为石英再旋回、过渡再旋回和岩屑再旋回三个分区。1985 年,Dickinson 进一步将再旋回造山带划分为削减杂岩带、弧后褶皱-逆冲带和碰撞缝合带,同时总结了不同构造单元下的砂岩组合特征,如克拉通盆地形成的砂岩具有高含量的单晶石英颗粒(Qm),而长石(F)和岩屑(L)含量较少;形成于未切割岛弧的砂体含有较高含量的火山碎屑岩岩屑(Lv),而形成于切割岛弧和盆地基底的隆起往往含有较高含量的长石；形成于再旋回造山带的砂体其往往含有较高含量的燧石（Qp），但长石（F）含量低。总体来说，砂体主要来源于 5 个不同的岩相：①石英质岩相，其主要特征是单晶石英（Qm）含量高，主要来源于稳定的克拉通陆块或次生沉积产物；②火山碎屑岩相，火山碎屑岩岩屑（Lv）含量较高，主要来源于活动火山岛弧（及未切割岛弧）；③长石砂岩质岩相，以长石（F）和单晶石英（Qm）颗粒为主，长石含量高，主要来源于盆地隆升基底或者深成侵入岩体（即切割岛弧）；④火山-深成岩屑岩相，石英、长石和岩屑均有，表明其来源于多种物源混合或受不同程度切割的岛弧；⑤石英岩屑岩相，主要为石英（Q）和沉积岩屑+变质沉积岩（Ls），石英颗粒包括多晶石英（Qp）、单晶石英（Qm），长石含量低，主要来源于再旋回造山带。

本书通过对 19 个砂岩样品的组分进行分析，并采用 Gazzi-Dickinson 记点法则进行组分统计，即只统计直径大于 0.03mm 的碎屑颗粒，每张薄片统计计数点大于 300 个，杂基和胶结物均不计数，岩屑中颗粒直径大于 0.0625mm 的单矿物或砂级颗粒应按正常颗粒计点（表 4-1），得到 Dickinson 图解投点结果，如图 4-6 所示。通过 Qt-F-L 图解［图 4-6（A）］可以看出，研究区样品基本落在再旋回造山带区域内，并且重心偏向大陆物源区，同时，长石含量低而燧石含量高，表明物源区主要是再旋回造山带；Qm-F-Lt 图解［图 4-6（B）］中，大部分落在再旋回石英和过渡再旋回区域中；Qt-F-L 图解［图 4-6（C）］和 Qm-F-Lt 图解［图 4-6（D）］中，数据点基本位于再旋回造山带区域内；Qp-Lv-Ls 图解［图 4-6（E）］中，主体落在碰撞缝合线及褶皱-逆冲带物源区。综合上述三角形图解，伊犁盆地南缘侏罗系物源区基本属于再旋回造山带，判断其可能来源于碰撞缝合带或褶皱-逆冲带（图 4-6）。

表 4-1　伊犁盆地南缘侏罗系砂岩中碎屑颗粒类型统计表（%）

项目	Qm	Qp	Qt	F	Ls	Lv	L	Lt
J_1b-3	46	6	52	3	43	2	45	51
J_1b-6	50	19	69	7	21	3	24	43
J_1b-9	56	12	68	6	22	4	26	38
J_1b-10	62	6	68	3	26	3	29	35
J_1b-14	72	6	78	5	16	1	17	23
J_1b-15	64	8	72	8	18	2	20	28
J_1b-16	32	12	44	4	46	6	52	64
J_1b-19	49	21	70	5	22	3	25	46
J_1s-1	32	16	48	3	48	1	49	65
J_1s-2	32	21	53	5	38	3	41	62
J_1s-3	58	16	74	4	18	4	22	38
J_1s-4	44	24	68	2	22	8	30	54
J_2x-1	94	2	96	2	1	1	2	4
J_2x-2	62	16	78	8	12	2	14	30
J_2x-5	52	4	56	9	30	5	35	39
J_2x-6	54	22	76	4	16	4	20	42
J_2x-7	50	8	58	6	32	4	36	44
J_2x-11	74	8	82	3	10	5	15	23
J_2x-16	67	12	79	10	8	3	11	23

注：Qt-石英颗粒总数（Qm+Qp）；Qm-单晶石英；Qp-多晶石英质碎屑（包括燧石）；F-长石总量；Lt-岩屑总量（L+Qp）；L-不稳定岩屑总量［Lv+Ls+Lm（变质岩屑），本次统计中 Lm=0］；Lv-火成岩岩屑；Ls-沉积岩（燧石和硅化灰岩除外）。

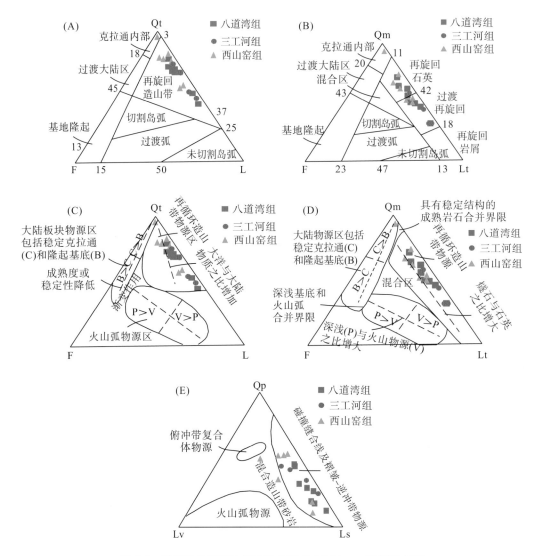

图 4-6　伊犁盆地南缘侏罗系砂岩组分 Dickinson 图解投点图

Qt-石英颗粒总数(Qm+Qp)；Qm-单晶石英；Qp-多晶石英质碎屑(包括燧石)；F-长石总量；Lt-岩屑总量(L+Qp)；L-不稳定岩屑总量 [Lv+Ls+Lm(变质岩屑)]；Lv-火成岩岩屑；Ls-沉积岩(燧石和硅化灰岩除外)

3)阴极发光分析

碎屑岩矿物颗粒的阴极发光强度和颜色可作为判断母岩性质的有效工具之一，其中物理和化学性质稳定的石英颗粒其阴极发光特征经常被用来做物源研究。而不同来源的石英颗粒其阴极发光特征不同，这主要是由石英颗粒形成时岩浆化学组成、地质流体性质，以及温度、压力、结晶速度等不同所造成的。早在 20 世纪 70 年代，地质学家就开始注意到石英颗粒的阴极发光颜色与石英来源有关。Zinkernagel(1978)通过观察碎屑岩石英颗粒阴极发光强度和颜色，首次总结了石英颗粒阴极发光特征与物源区母岩类型的关系，并认为来源于火山岩的石英颗粒发蓝光、蓝紫光；来源于变质岩(变质火山岩、变质沉积岩、接触变质岩、区域变质岩)的石英颗粒发棕色、棕红色光；来源于沉积岩的自生石英颗粒不发光。随后不同的地质学家在此基础上进行了深入研究，虽然阴极发光强度和颜色的判断有一定的主观性，且不同来源的石英的阴极发光特征有一定重叠，但是作为判断物源的一种手段，其仍然具有很重要的作用(Walderhaug and Rykkje，2000)。

经过对研究区 24 块阴极发光薄片进行鉴定，可知研究区中主要的石英颗粒多发蓝光、暗蓝紫光，少量发棕色光或不发光(图 4-7)。硅质岩屑基本不发光，表明研究区石英颗粒主要来自火山岩物源区，而来自变质岩物源区的石英颗粒含量较少。

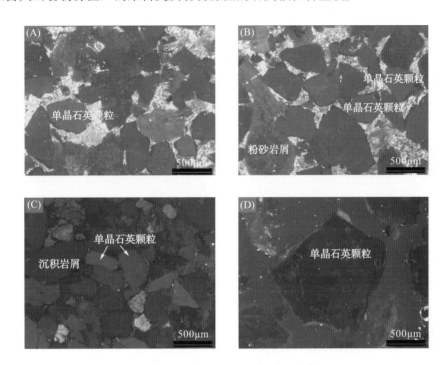

图 4-7　伊犁盆地南缘侏罗系砂岩中石英颗粒阴极发光特征

(A)、(B)石英颗粒发蓝光、暗蓝紫光，钙质胶结发橘黄色光，砂岩，八道湾组，苏阿苏沟剖面；(C)、(D)石英颗粒发蓝光、暗蓝色光，沉积岩屑和基质不发光，砂岩，西山窑组，苏阿苏沟剖面

4)古水流分析

沉积岩古流向分析可以用于判断物源方向及母岩区相对位置，其主要是通过具有水流指向意义的沉积构造来进行判别，如板状交错层理、槽状交错层理、爬升波纹层理、波痕、槽模等，砾石和生物化石的定向排列也可用来判断古流向。具体的判别方法如下：①板状交错层理，其前积细层面的倾向代表着古水流方向；②槽状交错层理，其前积层长轴所在面的汇聚方向代表着古水流方向；③爬升波纹层理，其爬升面倾斜方向指示上游方向，沙纹前积层倾向指示水流方向；④波痕，水流方向垂直于波脊，流水不对称波痕的陡倾面的倾向指示古水流方向；⑤槽模，其古流向一般是突起高处指向突起宽平方向。研究区粗粒砂岩中广泛发育各种具有指向意义的沉积层理，如板状交错层理、槽状交错层理等(图 4-8)。

通过对伊犁盆地南缘侏罗系苏阿苏沟露头剖面古水流方向(主要为交错层理)进行测量，共获得87组数据，将这些数据利用吴氏网进行校正，然后用校正后的数据制作玫瑰图，角度间差为10°(图4-8)，其优势水流方向为北西和北东方向，总体上向北。

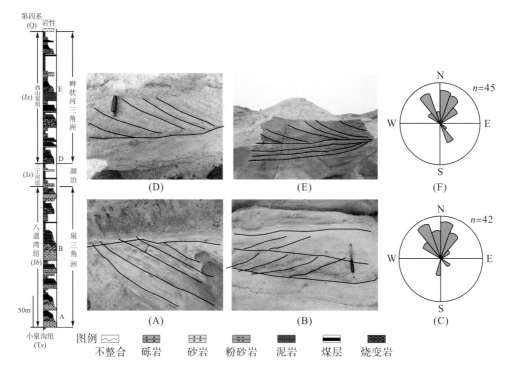

图 4-8 伊犁盆地南缘侏罗系苏阿苏沟剖面古水流方向及玫瑰图

(A)、(B)八道湾组；(C)八道湾组古水流方向玫瑰图；(D)、(E)西山窑组；(F)西山窑组古水流方向玫瑰图

5)地球化学元素分析

物源区岩石组合类型是影响碎屑沉积岩组成的重要因素。虽然沉积岩在形成过程中会遭受各种地质作用的破坏和改造(如风化作用、水动力分选作用、成岩作用等)，其原始结构和成分特征信息会在一定程度上遗失，但对于碎屑岩中一些稳定的化学元素(如高场强元素 Th、Sc、Zr 等和稀土元素)，其活动性和迁移能力相对较弱，仍能保持良好的物源区信息。因此，利用这些元素的地球化学属性去探讨复杂的物源区物质来源的问题一直是沉积地球化学家的努力方向。前人根据碎屑岩中元素的含量、在周期表中的位置和放射性，将沉积岩地球化学分析方法分为主元素法、微量元素法、稀土元素法和单矿物同位素法等。

(1)样品采集与实验测试方法。本次研究的样品均采集于伊犁盆地南缘苏阿苏沟剖面，共采集样品 68 件，所有样品均制作了岩石薄片，并在偏光显微镜下进行岩石学特征鉴定，在此基础上选取 19 件样品进行全岩地球化学元素分析。为了尽量避免岩石样品受到风化、水动力分选等作用的影响，所选取的样品均为泥岩、粉砂岩、细砂岩等细粒沉积物，并且遵循分散取样的原则，分散取自八道湾组、三工河组和西山窑组的不同部位。另外，所选取的样品均做了主量元素、微量元素和稀土元素分析。其中，泥岩和粉砂岩样品 13 件，细砂岩样品 6 件；八道湾组样品 7 件，三工河组样品 4 件，西山窑组样品 8 件。测试方法如下：首先挑选新鲜样品，然后将样品研磨至 200 目以下，最后送到相关测试实验室进行测试。其中，主量元素采用 X 射线荧光光谱仪测定，检测下限为 0.01%，上限为 100%，误差范围小于 1%；微量元素采用电感耦合等离子体质谱仪(ICP-MS)分析，检测下限为 $0.01×10^{-6}$，相对误差范围小于 5%。

(2)主量元素特征。坎乡侏罗系砂泥岩的主量元素 SiO_2 含量变化范围为 53.01%～85.52%，平均值为 70.96%，Al_2O_3 含量变化范围为 7.45%～23.83%，平均值为 14.37%。Al_2O_3/SiO_2 比值变化范围为 0.09～0.37，指示成熟度较低、近物源、硅质富集的特征。Fe_2O_3+MgO 含量为 0.80%～8.91%，平均值为 3.19%，TiO_2 含量为 0.20～1.16，平均值为 0.68，砂泥岩具有明显的低铁、低镁、低钛特征。K_2O/Na_2O 比值变化范围较大(2.19%～60.00%)，平均值为 30.27%。$Al_2O_3/(CaO+Na_2O)$ 比值为 0.93～158.96，平均值为 60.12，表明岩石样品中不稳定矿物含量较少，稳定矿物含量较多。

(3)微量元素与稀土元素特征。微量元素 La、Sc、Co、Th、Zr、Hf、Ti 等属于相对不活泼元素，受后期风化、搬运、成岩作用影响较小，其组合特征可以作为沉积物源类型和盆地构造环境的良好示踪剂(Bhatia and Crook，1986)。研究区岩石样品中，Th/U 比值变化范围为 1.37～4.25，平均值为 2.95(上地壳平均值为 3.80)；La/Sc 比值变化范围为 1.72～5.92，平均值为 3.32(上地壳平均值为 2.73)；Th/Sc 比值变化范围为 0.42～1.93，平均值为 1.26(上地壳平均值为 0.97)。研究区岩石样品均接近上地壳平均值(Taylor and Mclennan，1985)。稀土元素总含量为 $71.94×10^6$～$246.88×10^6$，平均值为 $133.11×10^6$，轻重稀土 LREE/HREE 比值范围为 6.00～9.17，平均值为 7.37。经球粒陨石标准化后，稀土元素配分模式图如图 4-9 所示，其中 $(La/Yb)_N$ 值为 5.91～10.62，平均值为 8.08；Eu 亏损较明显，δ_{Eu} 值为 0.54～0.77，平均值为 0.65。

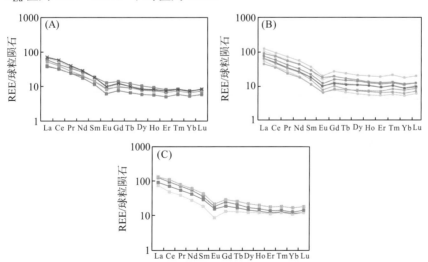

图 4-9　伊犁盆地南缘侏罗系碎屑岩球粒陨石标准化后稀土元素配分模式图[标准化值据 Taylor 和 Mclennan(1985)]

(A)泥岩；(B)粉砂岩；(C)细砂岩

(4) 碎屑岩地球化学影响因素。陆源碎屑岩的化学组成是对物源岩从风化剥蚀到沉积成岩整个过程的综合反映,因此在利用 REE、Sc、Co、Zr 等不活泼元素的地球化学特征判断物源区特征时,应首先判明这些元素是否受到风化作用、水动力分选作用、成岩作用等影响。

A. 风化作用会引起一些元素的富集,如研究区样品中 Al_2O_3 含量与稀土元素总量(ΣREE)就具有较强的正相关性($r = 0.617$),表明风化作用会导致样品中稀土元素的富集,但是 Al_2O_3 含量与 $(La/Yb)_N$($r = -0.161$)、$(Gd/Yb)_N$($r = -0.082$),以及化学蚀变指数(chemical index of alteration,CIA)与 $(La/Yb)_N$($r = -0.015$)、$(Gd/Yb)_N$($r = -0.176$)的相关性弱,表明风化作用对稀土元素分馏作用是没有影响的。

B. 水动力分选作用虽然在一定程度上能够影响一些主量元素(如 P_2O_5、TiO_2)和一些微量元素(如 REE、Th、Zr)的分布,如 TiO_2 与 ΣREE 有一定相关性($r = 0.642$),但是 TiO_2、P_2O_5 与 $(La/Yb)_N$($r = -0.107$;$r = 0.106$)的相关性弱,这同样也表明水动力分选作用虽然会造成稀土元素富集,但是对稀土元素的分馏作用影响较小,同时研究区中 P_2O_5 与 ΣREE 的相关性弱($r = 0.132$),Cr/Th、Th/Sc、Th/Co、La/Sc、La/Co 与 Al_2O_3、P_2O_5、TiO_2、K_2O、CIA、Zr 的相关性也较差(表 4-2),表明水动力分选作用对这些元素的分馏作用影响较小。

C. 前人的研究表明碎屑岩后期成岩作用对一些特征元素分馏作用的影响也较小,可以忽略不计(Wronkiewicz and Condie,1987)。总之,研究区样品中某些特征微量元素的比值或含量是可以有效反映物源区的信息的。

表 4-2   伊犁盆地南缘中下侏罗统细粒碎屑岩部分元素相关系数表

项目	Zr	Al_2O_3	P_2O_5	TiO_2	K_2O	CIA
La/Sc	−0.397	−0.436	−0.371	−0.473	−0.128	−0.031
Cr/Th	−0.040	−0.076	0.491	0.105	0.106	−0.305
Th/Sc	−0.354	−0.270	−0.561	−0.384	−0.192	0.109
Th/Co	0.172	0.548	−0.269	0.406	−0.107	0.323
La/Co	0.162	0.566	−0.316	0.397	−0.070	0.329

(5) 对物源区母岩成分的指示。前人的研究表明,细粒碎屑岩(如泥岩、粉砂岩、细砂岩)某些特征元素的比值或含量能够有效反映物源区母岩的成分特征(Wronkiewicz and Condie,1987)。如 Girty 等(1996)的研究表明,Al_2O_3/TiO_2 比值可以用于确定物源区母岩成分:当 Al_2O_3/TiO_2 比值小于 14 时,反映了碎屑岩来源于铁镁质基性火山岩物源区;而当 Al_2O_3/TiO_2 比值介于 19~28 时,反映了碎屑岩来源于长英质岩石物源区。研究区泥岩样品的 Al_2O_3/TiO_2 比值为 18.58~23.74,平均值为 21.27;粉砂岩样品的 Al_2O_3/TiO_2 比值为 17.40~22.42,平均值为 19.48,均落在长英质岩石特征范围内,表明研究区碎屑岩可能来自长英质岩石物源区。Cr/Zr 比值也可以反映铁镁质基性火山岩物源区和长英质岩石物源区对碎屑沉积岩物质来源的贡献大小,研究区中碎屑岩样品的 Cr/Zr 比值(变化范围为 0.12~0.51,平均值为 0.28)均小于 1,表明其主要来源于长英质岩石物源区(Wronkiewicz and Condie,1987)。Ni-TiO_2 图解能够有效区分碎屑岩不同的物质来源 [图 4-10(A)],研究区样品经过投点,大多数落在长英质岩石物源区域附近,明显区别于铁镁质物源区域。

研究区样品特征元素比值 Rb/Cs 变化范围为 7.12～40.50，平均值为 19.03，其值与上地壳平均值(19)相同，明显低于下地壳平均值(60)，也低于洋中脊、岛弧玄武岩值(80)；其他一些微量元素特征比值的平均值，如 Th /Sc、Th/U、La/Sc 等也都与上地壳平均值相近，这些特征元素比值特征反映研究区碎屑岩主要来源于上地壳长英质岩石物源区。

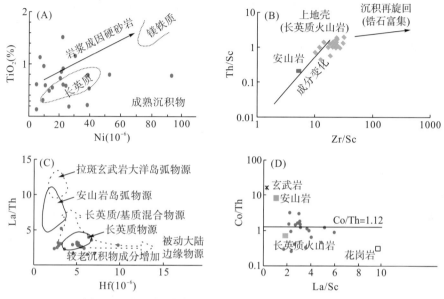

图 4-10　新疆伊犁盆地南缘侏罗系碎屑岩源区判别图解

特征元素 Zr/Sc 和 Th/Sc 比值可以有效反映碎屑沉积物在搬运过程中成分的变化、分选作用强度和重矿物含量情况。研究区岩石样品 Zr/Sc 和 Th/Sc 值具有一定正相关性，其相关系数 r =0.646，说明研究区碎屑岩具有与类似岩浆分异的变化趋势。同时，沉积岩中 Th /Sc 比值能够反映物源区母岩原始特征，而 Zr /Sc 比值则随着沉积物的分选和改造程度加强，以及锆石富集而逐渐增加，从图 4-10(B)可以看出，岩石样品投点基本位于上地壳长英质岩石区域附近，同时，样品中 Zr 平均含量为 $187×10^6$，该数值与上地壳平均值($190×10^6$)十分接近，这些特征再次表明，研究区碎屑岩主要来源于上地壳长英质岩石区。

前人利用 La/Th-Hf 判别图解可以对不同物源区的沉积物进行判别，来自研究区岩石样品 La/Th 比值变化范围主要集中于 1.54～3.98，Hf 值主要集中在 $2.35×10^6$～$7.04×10^6$，从 La/Th-Hf 判别图解图上可以判断，研究区样品主要位于长英质岩石区[图 4-10(C)]。而在 La/Sc-Co/Th 判别图解中[图 4-10(D)]，研究区样品主要表现为相对稳定且较低的 Co/Th 比值，其值范围为 0.25～3.28，平均值为 1.12，基本上位于长英质火山岩区域附近，这些特征元素比值也指示了研究区物源主要来自长英质岩石。

稀土元素(REE)被认为是非迁移元素，其迁移能力较弱，在沉积物搬运和成岩作用过程中，其分馏作用也较弱，能够将物源区母岩信息很好地保存下来，同时轻重稀土元素比值(LREE/HREE)、Eu 异常值、稀土元素配分模式等均可反映出碎屑物源区母岩的特征。研究区样品稀土元素总体上表现为轻稀土元素富集(LREE/HREE 比值的平均值为 7.37)，而重稀土元素在配分模式上表现为配分曲线较平坦，Eu 显示负异常，δ_{Eu} 平均值为 0.65，且样品的稀土元素配分模式与上地壳岩石的稀土元素配分模式特征非常相似(图4-9)(Taylor and Mclennan，1985)，这表明其物质来源于上地壳岩石。同时，前人的研究成果表明，来源于含有大量斜长石的母岩的沉积岩，往往表现出 Eu 正异常；而来自中酸性火山岩和花岗岩的沉积岩，多表现为 Eu 负异常；母岩为基性的玄武岩，其沉积岩表现为无 Eu 异常。研究区样品均表现为明显的 Eu 负异常(δ_{Eu}平均值为 0.65)，表明其可能来源于中酸性火山岩或花岗岩，该结论与在显微镜下观察到砂岩中含有流纹岩等中酸性火山岩碎屑和花岗岩碎屑的鉴定结果一致。

(6)对物源区构造背景的指示。沉积碎屑岩的地球化学特征不仅能反映物源区母岩成分特征，而且也能反映出沉积构造背景(Bhatia and Crook，1986)。前人根据地壳性质将盆地构造划分为大洋岛弧、大陆岛弧、活动大陆边缘和被动大陆边缘 4 种类型。相比主量元素容易受到风化作用、后期成岩作用等地质作用的影响，不活泼的微量元素(如 La、Th、Zr、Sc)及稀土元素等能更好地指示物源区构造背景，因此，细粒碎屑岩的微量元素和稀土元素被广泛应用于沉积盆地构造背景的判别。Bhatia 和 Crook(1986)的研究表明，从大洋岛弧到大陆岛弧、活动大陆边缘、被动大陆边缘，砂岩的 La/Y 比值逐渐增大，而 Sc/Cr 比值则逐渐减小，同时，一些微量元素的比值(如 La/Sc、Ti/Zr、La/Y、Sc/Cr、La/Th 等)均可非常有效地反映物源区大地构造背景。具体规律如下：①当 La/Sc<1，Ti/Zr>40，La/Y<0.5，Sc/Cr<0.6，La/Th=4.2±1.2 时，为大洋岛弧背景；②当 La/Sc=1~3，Ti/Zr=10~35，La/Y=0.5~1.0，Sc/Cr=0.2~0.4，La/Th=2.4±0.3 时，为大陆岛弧背景；③当 La/Sc=3~6，La/Y=1.0~1.5，Sc/Cr<0.6，La/Th=1.8±0.1 时，为活动大陆边缘背景；④被动大陆边缘背景下的砂岩 La/Sc 比值变化范围较大，通常分布在 3~9，但是 Ti/Zr 比值和 Sc/Cr 比值均较小，分别小于 10 和 0.2(Bhatia and Crook，1986)。伊犁盆地南缘侏罗系苏阿苏沟剖面砂岩的 La/Sc 比值变化范围为 1.7~5.9，平均值为 3.2，Ti/Zr 比值变化范围为 12.9~32.1，平均值为 22.5，La/Y 比值变化范围为 0.8~1.6，平均值为 1.1，Sc/Cr 比值变化范围为 0.10~0.35，平均值为 0.20，La/Th 比值变化范围为 1.5~5.1，平均值为 2.8，这些特征微量元素比值与前人研究的大陆岛弧环境下特征微量元素比值十分相似，表明伊犁盆地南缘侏罗系砂岩来源于大陆岛弧构造背景。同时，依据微量元素构造背景判别图解 La-Th-Sc、Th-Sc-Zr/10 和 Th-Co-Zr/10 (图 4-11)进行研究区苏阿苏沟剖面微量元素投点后可以看出，样品多数位于大陆岛弧背景区域及其附近，这也进一步表明研究区侏罗系砂岩来源于大陆岛弧构造背景。

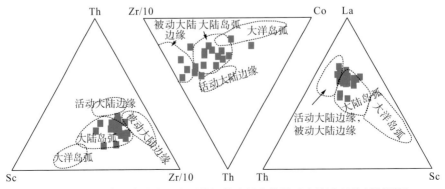

图4-11　伊犁盆地南缘中下侏罗统细粒碎屑岩微量元素构造环境判别图解

前人对泥盆纪杂砂岩中微量元素的研究表明，如果将碎屑岩中一些特征微量元素的含量进行上地壳微量元素平均含量标准化后，绘制蛛网图，那么该蛛网图可以有效判别出碎屑岩物源区的构造背景。本书将苏阿苏沟剖面样品中碎屑岩的微量元素含量进行上地壳微量元素平均含量标准化后，绘制成蛛网图，如图 4-12 所示。与 Floyd 等(1991)所绘制的不同构造环境下的微量元素蛛网图相对比，研究区的蛛网图与大陆岛弧+活动大陆边缘的构造环境的蛛网图十分相似，这进一步表明研究区物源形成于大陆岛弧环境下。

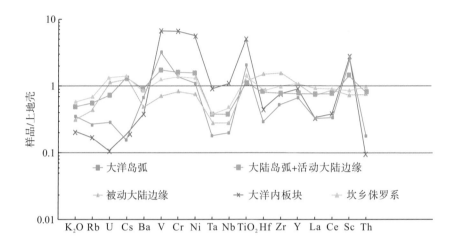

图 4-12　伊犁盆地南缘细粒碎屑岩微量元素蛛网图[据 Floyd 等(1991)；标准化值采用 Taylor 和 Mclennan(1985)]

Bhatia(1985)通过对现代已知构造背景下碎屑岩的稀土元素特征进行研究，总结出不同构造背景下的碎屑岩稀土元素特征参数值，根据这些稀土元素特征值，就可判别未知区域的构造背景。研究区苏阿苏沟剖面碎屑岩的稀土元素特征值如表 4-3 所示，与 Bhatia(1985)总结的不同构造背景下的稀土元素特征值相对比，研究区具有与大陆岛弧相似的稀土元素特征参数值。与此同时，研究区碎屑岩稀土元素的配分模式具有轻稀土元素富集、重稀土元素相对平缓、Eu 显示负异常等特征，这些特征与前人研究的与大陆岛弧环境下相关沉积盆地的碎屑岩所表现出的稀土元素配分模式特征具有相似性。碎屑岩 Ce 异常值也可以作为判断碎屑岩形成环境的一个重要参数，前人的研究表明，从大陆边缘到洋中脊，Ce 表现为不同异常值。其中在大陆边缘附近形成的碎屑岩，Ce 常常表现为较弱的负异常值，范围通常为 0.84～0.93，有时还表现为弱正异常值；在开阔的大洋环境下，Ce 表现为明显负异常，其变化值在 0.56 左右；而在洋中脊环境下，Ce 表现为更低的负异常值，通常为 0.28 左右。研究区苏阿苏沟剖面样品中碎屑岩的 Ce 平均值为 0.98，为弱的负异常值，表明其形成于靠近大陆边缘的环境。

综上所述，苏阿苏沟剖面碎屑岩的地球化学元素特征表明，伊犁盆地南缘侏罗系沉积物主要来源于大陆岛弧环境下长英质岩石，其沉积构造背景与大陆岛弧环境相关。

表 4-3　不同构造环境下杂砂岩稀土元素特征参数(Bhatia，1985)及其与坎乡侏罗系细粒碎屑岩的对比

构造环境	物源类型	La(10^{-6})	Ce(10^{-6})	ΣREE (10^{-6})	La/Yb	(La/Yb)$_N$	$\Sigma LREE$/ $\Sigma HREE$	Eu/Eu*
大洋岛弧	未切割岩浆弧	8.0±1.7	19.0±3.7	58±10	4.2±1.3	2.8±0.9	3.8±0.9	1.04±0.11
大陆岛弧	切割岩浆弧	27.0±4.5	59.0±8.7	146±20	11.0±3.6	7.5±2.5	7.7±1.7	0.79±0.13
安第斯型大陆边缘	隆升基底	37.0	78.0	186	12.5	8.5	9.1	0.60
被动大陆边缘	克拉通内部构造高地	39.0	85.0	210	15.9	10.8	8.5	0.56
坎乡侏罗系	大陆岛弧	27.0	55.0	133	11.9	8.0	7.4	0.65

6) 碎屑锆石 U-Pb 年代学特征

锆石是地壳三大类岩石(沉积岩、变质岩、岩浆岩)中普遍存在的矿物，由于其具有很强的稳定性和极低的吉布斯能，且晶体结构稳定，对风化作用、搬运与沉积作用及后期成岩蚀变作用等具有较强的抵抗能力，能够持久保持矿物在形成时的物理和化学特征，因此，在沉积盆地物源分析中，能够最大限度地保留原始物源区信息。近年来，随着碎屑锆石U-Pb 年代学测试技术不断进步，测试的精度越来越高，测试方法也越来越灵活，其在沉积盆地物源分析中的应用越来越普遍。

(1)样品采集与实验测试方法。样品采集于伊犁盆地南缘苏阿苏沟剖面，共采集样品3 件，分别位于八道湾组底部、三工河组底部和西山窑组底部，样品岩性为粗-中砂岩，每件样品采集总重量大于 2kg。首先将样品碾磨至 60 目左右，并采用水淘洗的方法进行重力分选，以去除轻矿物，然后进行磁分选，以去除强磁性矿物，之后将三溴甲烷、二碘甲烷作为重液进行重液分选，最后在双目镜下挑选出无明显裂缝、含包裹体少、干净透明的锆石颗粒。将挑选出来的锆石用双面胶粘住，并用无色透明的环氧树脂固定，然后打磨、抛光，制成锆石靶，之后在偏光显微镜下对锆石进行透射光和反射光照相，以了解其形态特征，最后对锆石进行阴极发光(CL)扫描摄像，以掌握锆石内部结构和形态特征，以及确定锆石测点位置。在确定锆石测点位置时尽量选择没有裂隙、没有包裹体且质地较均一的部位，锆石的核部和边缘均可。阴极发光摄像采用的是 Quanta 400 FEG 型电子显微镜和 Mono CL3$^+$型阴极发光探头。锆石 U-Pb 测年和微量元素测试仪器分别为相干 193nm 准分子激光剥蚀系统 GeoLas Pro 和安捷伦电感耦合等离子体质谱仪 Agilent 7700，激光能量为 80mJ，频率为 5Hz，激光束斑直径为 32μm，同位素比值校正标准样品为锆石 91500，微量元素校正标准样品为美国国家标准学会研制的人工合成硅酸盐玻璃 NIST 610，数据处理采用软件 ICPMSDataCal 10.2，年龄计算及谐和图的绘制采用软件 Isoplot 3.0 完成。另外，谐和度小于 90%的数据点将不参与讨论。

(2)碎屑锆石形态特征。由于在沉积过程及后期成岩过程中，地质温度很难达到锆石

的结晶温度，因此碎屑岩中锆石往往反映的是物源区的信息。其锆石颗粒主要来源于岩浆锆石或变质锆石，代表着物源区发生的岩浆事件或变质事件。不同类型的锆石(岩浆锆石或变质锆石)往往具有不同的显微结构特征，如岩浆锆石一般自形程度较高，且无色透明(偶见淡黄色或者淡棕色)，晶面简单，晶棱平直，晶体多呈四方柱形、四方锥形等，并通常具有韵律环带结构，阴极发光图(CL 图)相对较亮。其中，中-基性岩浆岩中锆石柱面较发育，锥面不发育，且发育较宽的结晶环带；酸性岩浆岩中锆石柱面和锥面均发育，晶体多呈柱状，且发育较窄的结晶环带；碱性、偏碱性岩浆岩中锆石锥面发育，单柱面不太发育，多呈短柱状。变质锆石阴极发光图(CL 图)常呈现出各式各样的分带特征，如扇形、冷杉形、斑杂状等，一般无韵律结晶环带，可进一步分为变质重结晶锆石和变质增生锆石。变质重结晶锆石一般出现在锆石边部，其微量元素含量高，内部有包裹体，主要是对原始锆石晶体重新调整，并无新的锆石生成。因此，变质重结晶锆石自形程度较高，常为自形到半自形，与原始锆石之间无明显的生长界限，内部一般无分带或有弱分带，有时常切割原始锆石结晶环带。变质增生锆石是指在变质过程中有新的锆石从周围的介质中结晶出来，即可形成单独的新的锆石颗粒，也可在原始锆石的基础上形成变质增生边。变质增生锆石与原始锆石的界限清晰，其中受热液蚀变作用影响的锆石，其边部会出现晶棱圆化或港湾状结构特征，且阴极发光强度高。

从研究区样品中挑选出来的锆石主要呈无色或浅棕色。晶体自形程度较高，多为自形到半自形，部分锆石颗粒因破碎而残缺不全，但大多数锆石晶体具有明显的振荡环带结构，且环带较窄，部分晶体较完整地显示出长柱状结构，柱面和锥面均较发育，表明锆石颗粒主要来源于岩浆锆石，且中酸性岩浆锆石来源占比较大。锆石颗粒磨圆度较差，多数呈次圆状-次菱角状，表明其总体搬运距离不是很远，具有近物源的特征。少数锆石可见变质增生边，其阴极发光强度高，显示具有热液蚀变特征，少量锆石没有振荡环带结构，且呈现均一或扇形分带的特征，显示为变质锆石的特征(图 4-13)。

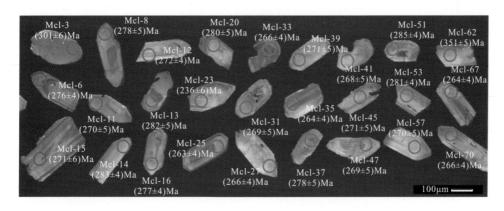

图 4-13　伊犁盆地南缘碎屑锆石阴极发光图

(3)碎屑锆石年代学特征。本书共采集 3 件样品进行了碎屑锆石年代学研究，其分别为八道湾组底部含砾粗砂岩(S1)、三工河组底部中砂岩(S2)、西山窑组底部含砾粗砂岩(S3)。

样品 S1：对该样品中 70 颗锆石的 70 个点进行碎屑锆石年龄分析，其中锆石 U-Pb 年龄谐和度大于 90%共有 66 个分析点[图 4-14（A）]。本次锆石 U-Pb 年龄研究只选取谐和度大于 90%的 66 个数据点进行分析，其年龄主要分布在两个范围之内，其中主要年龄分布在 304～260Ma，共有 58 个数据点，占总数的 87.9%；次要年龄分布在 360～330Ma，共有 7 个数据点，占总数的 10.6%；剩余的 1 个测得年龄为 236Ma[图 4-14（B）]。该样品锆石 U-Pb 年龄数据表明八道湾组碎屑锆石主要来源于中下二叠统,少部分来源于下石炭统。

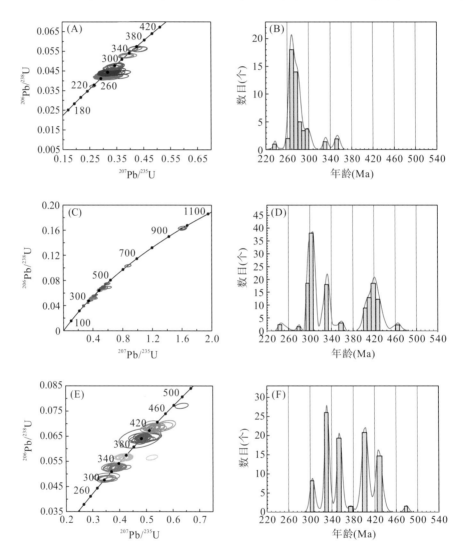

图 4-14　伊犁盆地南缘碎屑锆石谐和曲线图与 U-Pb 年龄直方图

样品 S2：对该样品中 75 个锆石颗粒的 75 个点进行碎屑锆石年龄分析，其测试数据结果显示锆石 U-Pb 年龄谐和度全部大于 90%[图 4-14（C）]，均可用于数据分析。其年龄谱主要分布在以下两个范围内：在 360～297Ma，共有 39 个数据点，占总数的 52.0%；在 440～399Ma，共有 23 个数据点，占总数的 30.7%[图 4-14（D）]。两个主要年龄分布范围又分别可以进一步划分为两个次年龄范围，其中 320～297Ma，共有 25 个数据点，占总数的 33.3%；在 360～320Ma，共有 14 个数据点，占总数的 18.7%；在 423～399Ma，共有 16 个数据点，占总数的 21.3%；在 440～426Ma，共有 7 个数据点，占总数的 9.3%。除此之外，还有 3 个数据点小于 290Ma，10 个数据点大于 460Ma，分布在 2041～460Ma，约占总数的 13.3%。总体来说，从以上数据分析可以得出，三工河组的样品物源具有多源性，但其主要的物源来源于石炭系，其次是泥盆系和志留系。

样品 S3：在该样品中挑选出 74 个锆石颗粒进行 74 个点的碎屑锆石年龄分析，其中有 2 个点其锆石 U-Pb 年龄谐和度小于 90%[图 4-14(E)]，故对除此 2 个点以外的其他数据进行分析，其年龄谱主要分布在以下几个年龄范围内：在 320～300Ma，共有 6 个数据点，占总数的 8.3%；在 360～320Ma，共有 30 个数据点，占总数的 41.7%；在 410～390Ma，共有 20 个数据点，占总数的 27.8%；在 440～420Ma，共有 14 个数据点，占总数的 19.4%[图 4-14(F)]。除此之外，还有两个样品分别测得年龄为 479Ma 和 1453Ma。从以上数据分析可以看出，该样品的物质来源较复杂，既有来自石炭系的，又有来自泥盆系和志留系的，显示多物源的特征，但是从总体来说，其主要物源还是来源于石炭系，其锆石来源占总数的 50.7%，其次是来源于下泥盆统的物源。

通过对来自研究区不同时期样品碎屑锆石年龄数据分析，可以得出，八道湾组的物源主要来源于下中二叠统和下石炭统，三工河组和西山窑组的物源主要来源于石炭系，并且从八道湾组到三工河组、西山窑组物源的来源越来越多样，来自泥盆系和志留系的物源贡献越来越大。但总体来说，侏罗系的物源主要来自石炭系，且物源区剥蚀作用具有明显揭顶效应特征。

(4)碎屑锆石微量元素地球化学特征。由于锆石的化学性质稳定，因此，锆石中的微量元素(包括稀土元素)能够有效指示其形成时的地质环境。沉积岩中碎屑锆石的微量元素特征可以反映出其形成时的大地构造背景，不少学者做了大量工作，总结了不同构造背景来源的锆石微量元素特征，并建立了不同构造背景判别图解(Hoskin and Schaltegger，2003；Grimes et al.，2007；Yang et al.，2012)。

来自岩浆的锆石一般具有较高的 Th、U 含量，以及较高的 Th/U 比值，其 Th/U 比值一般大于 0.4，通常情况下接近 1；而来自变质岩的锆石，其 Th、U 含量低，并且具有较低的 Th/U 比值(比值一般小于 0.1)，这主要是因为 Th^{4+} 比 U^{4+} 具有更大的离子半径，化学性质更活泼，在锆石晶体格架中更不稳定，容易在变质重结晶过程中被剔除掉，因此，变质重结晶程度越高，其锆石中 Th/U 比值就越低。研究区中来自八道湾组的样品 S1，其 Th/U 比值变化范围为 0.45～0.94，平均值为 0.59；来自三工河组的样品 S2，其 Th/U 比值变化范围为 0.28～1.24，平均值为 0.70；来自西山窑组的样品 S3，其 Th/U 比值变化范围为 0.30～2.32，平均值为 0.61。以上数据表明，研究区样品均具有较高的 Th/U 比值，显示样品中锆石具有岩浆锆石的特征。

对来自研究区样品的锆石的稀土元素含量进行 CI 球粒陨石标准化处理，其结果显示如图 4-15 所示。来自八道湾组样品 S1 大部分数据点稀土元素特征显示其配分模式呈陡峭式[图 4-15(A)]，同时具有显著的 Ce 正异常(正异常范围为 1.07～244.9，平均值为 25.6)和显著的 Eu 负异常(负异常范围为 0.14～0.41，平均值为 0.24)，表现出典型的岩浆锆石特征。少部分(共有 14 个样品数据点)显示出平坦的轻稀土元素(LREE)特征，轻稀土元素相对较富集，同时具有相对较高的 La 含量，而 Ce 正异常很弱甚至无 Ce 正异常(正异常变化范围为 1.07~1.73，平均值为 1.27)，但重稀土元素(HREE)仍表现为陡峭型，Eu 仍显示负异常，这些特征表明少部分锆石样品受到热液的影响(Hoskin, 2005)，同时表明其受到变质作用的影响仍然很小。总体来说，样品 S1 中锆石主要来自岩浆岩。

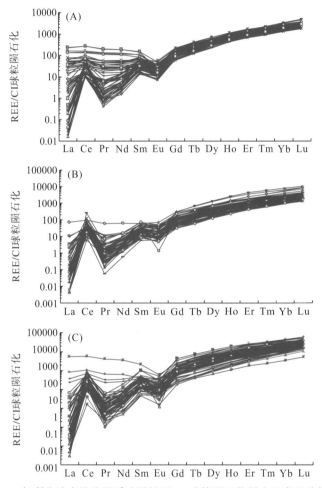

图 4-15   伊犁盆地南缘侏罗系碎屑锆石 CI 球粒陨石化稀土元素配分模式图

来自三工河组的样品 S2 数据经 CI 球粒陨石标准化处理后，结果如图 4-15(B)所示。从图中可以看出，绝大部分数据点具有陡峭的稀土元素配分模式，呈显著的 Ce 正异常，正异常值范围为 3.05~582.10，平均值为 89.20；Eu 呈较明显负异常，其异常值变化范围为 0.06~0.56，平均值为 0.30。这些特征也表明三工河组样品中锆石主要来源于岩浆岩。样品中只有一个数据点显示轻稀土元素(LREE)分布样式较平坦，相对较富集，以从较高的 La 含量(17×10^{-6})，弱的 Ce 正异常($\delta_{Ce}=1.47$)，仍然陡峭的重稀土元素分布和明显 Eu 负异常值($\delta_{Eu}=0.01$)等特征，表明该样品受到一定热液改造作用的影响。但总体上来说，三工河组样品相对八道湾组的样品受热液改造作用明显减弱，受热液影响小，其锆石主要来源于岩浆岩。

来自西山窑组样品 S3 共获得 72 个数据点,经 CI 球粒陨石标准化处理后,结果如图 4-15(C)所示。从图中可以看出,绝大多数样品仍呈陡峭的稀土元素配分模式,并具有强烈的 Ce 正异常,其值变化范围为 1.76~314.80,平均值为 67.60;明显的 Eu 负异常,其异常值变化范围为 0.037~0.48,平均值为 0.23,也表现为岩浆锆石的特征。样品中有 4 个数据点显示出轻稀土元素(LREE)较富集,具有较平坦的分布样式,具有相对高的 La 含量(变化范围为 5.36~127,平均值为 40.29),弱的 Ce 异常(变化范围为 1.19~2.05,平均值为 1.68),具有热液改造的特征。总体来说,西山窑组样品 S3 中锆石也主要来自岩浆岩。

碎屑锆石中 Hf、Th 和 Nb 的地球化学性质的差异可以用于判别宿主岩浆的构造背景。相对于板内构造背景,发育在岛弧环境下的岩浆锆石具有较低的 Nb 含量,因此具有较低的 Nb/Hf 比值和较高的 Th/Nb 比值。前人建立 Th/U-Nb/Hf 和 Th/Nb-Hf/Th 图解用于判别锆石来源的构造背景,在这两个图解中,构造背景被划分为两大类型,即伸展的板内/非造山环境和挤压的岛弧/造山环境(Yang et al.,2012)。

从图 4-16 中可以看出,研究区不同时期样品的数据点基本都落在岛弧/造山带环境区域内,少数数据点落在过渡带及板内/非造山带环境区域内,表明研究区样品基本来自岛弧/造山环境。

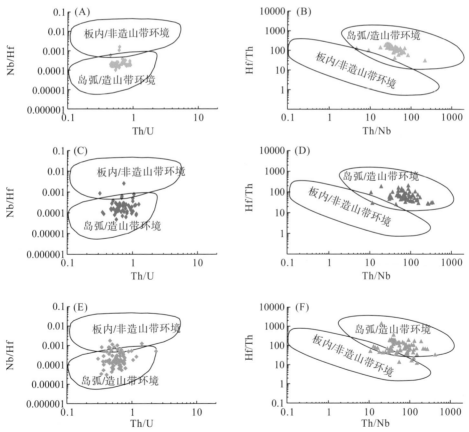

图 4-16　伊犁盆地南缘侏罗系碎屑锆石 Nb/Hf-Th/U 和 Hf/Th-Th/Nb 判别图解

(A)、(B)样品 S1,八道湾组;(C)、(D)样品 S2,三工河组;(E)、(F)样品 S3,西山窑组

不同物源区的岩浆锆石稀土元素配分模式具有相似性，如重稀土元素强烈富集和 Ce 明显正异常，这主要是受稀土元素离子半径的影响。重稀土元素(HREE)离子半径(如 Yb^{3+} 离子半径为 0.985Å)非常接近锆石 Zr^{4+} 离子半径(0.84Å)，因此导致重稀土元素离子更容易进入锆石晶体中而产生富集作用，其相应的分配系数大于轻稀土元素(LREE)，从而形成了岩浆锆石中富集重稀土元素而贫轻稀土元素的典型特征(Hoskin and Ireland，2000)。同时，Hf^{4+}、U^{4+} 和 Th^{4+} 的离子半径与锆石 Zr^{4+} 相近，也比较容易进入锆石晶体结构中，如 U 和 Yb 在锆石晶体中表现出相容性，其在锆石中分配系数也相近，分别为 254 和 278。但是在岩浆系统中，这些离子却表现出较大差异性，如弧岩浆和大陆壳的 U 和 Th 相对于大洋中脊玄武岩(MORB)含量高，且相对较富集，而重稀土元素离子，如 Yb、Hf 和 Y 却相对较亏损。而岩浆锆石中 U 和 Yb 等离子含量则主要受晶出锆石的岩浆成分和其在锆石中分配系数控制(赵振华，2016)，因此，利用锆石中这些离子的化学性质就可以判断其来源。前人通过总结来自现代不同构造背景的锆石中离子特征，建立起 U/Yb-Hf 和 U/Yb-Y 判别图解来判断锆石的来源(Grimes et al.，2007)。

从图 4-17 中可以看出，研究区的样品数据点基本落在大陆锆石的区域内。虽然在 U/Yb-Hf 判别图解中，少部分样品的数据点处于金伯利岩范围内，但是在 U/Yb-Y 判别图解中基本处在大陆锆石范围内，少数处于过渡区域内。综合判断表明，研究区样品中锆石主要来源于大陆锆石，说明样品主要来源于大陆壳岩石，这与前面全岩地球化学分析得出的研究区样品主要来源于上地壳岩石的结论是相一致的。

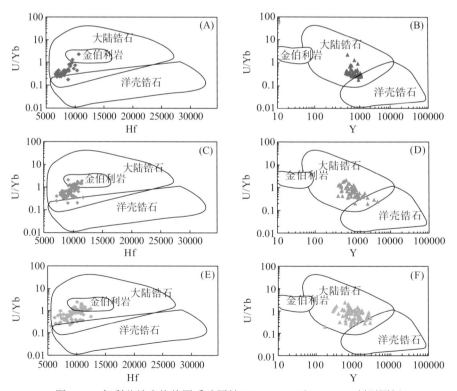

图 4-17　伊犁盆地南缘侏罗系碎屑锆石 U/Yb-Hf 和 U/Yb-Y 判别图解

(A)、(B)样品 S1，八道湾组；(C)、(D)样品 S2，三工河组；(E)、(F)样品 S3，西山窑组

4.2　伊犁盆地中新生代盆地演化及沉积充填特征

4.2.1　伊犁盆地周缘造山带演化特征

伊犁盆地是天山造山带中的山间盆地，是一个处于伊犁-中天山微地块中的经历了长期演化的裂陷-拗陷复合型盆地(张国伟等，1999)。伊犁盆地长期处于造山带中较稳定的地块上，但是其周缘造山带却经历了不同时期和不同阶段复杂的演化，而盆地沉积充填特征及沉积格局多受控于周缘造山作用，盆地沉积物来源也主要受周缘造山带隆升-剥蚀作用的影响，因此，在研究沉积盆地沉积物来源、沉积充填特征及盆山耦合关系之前，应该首先了解伊犁盆地周缘造山带构造演化特征。前人在此方面做了大量细致的工作，这为本书研究伊犁盆地南缘侏罗系物源和盆山耦合关系奠定了坚实基础(廖世南，1992；张国伟等，1999；韩效忠等，2008；左国朝等，2008；王军堂等，2008；于海峰等，2011；杨宗让等，2011；潘澄雨等，2015)。

广义的伊犁盆地北边以北天山山脉的科古琴山-博罗科努山造山带为界，南边以南天山山脉的哈尔克山-那拉提山造山带为界，主要包括以下 5 个次级盆-山构造单元：①伊犁-巩乃斯断陷-拗陷叠合盆地；②昭苏盆地；③尼勒克盆地；④察布查尔推覆山(也称为恰普恰勒山)；⑤阿吾拉勒断块山(张国伟等，1999)。本书研究的伊犁盆地是指狭义的伊犁盆地，研究区域位于伊犁盆地南缘，察布查尔山北缘一侧(图 4-18)。狭义伊犁盆地是在前石炭纪基底和石炭纪裂陷火山岩基底上发育起来的，是由二叠纪以来的上古生界—中新生界沉积盖层构成的近东西向的向斜状盆地，其南北翼呈不对称状，北翼短、南翼长，轴部位于伊宁市南部，盆地主要受南北两侧(科古琴山-博罗科努山和察布查尔山)造山带相向逆冲作用控制。盆地内发育的沉积地层主要为上三叠统小泉沟群，中下侏罗统的八道湾组、三工河组和西山窑组，以及上白垩统和新近系(李胜祥等，2006)。

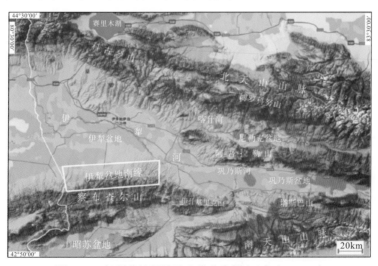

图 4-18　伊犁盆地周缘造山带分布图(王永文，2015)

伊犁盆地南缘的察布查尔山脉是伊犁盆地内具有挤压性质且为逆冲推覆隆起形成的构造地形，呈东西向展布，西边山体展布较宽，东边较窄，南北边界均为反向的逆冲断层。山体发育地层主要为石炭系海相火山-沉积建造，其次为二叠纪陆相碎屑岩地层，同时还有海西期花岗岩、花岗闪长岩侵入体，含煤碎屑岩建造的侏罗系在山体南北缘均有出露，且不整合覆盖在晚古生代地层之上(张国伟等，1999)。察布查尔山北缘断层发育及活动时间较早，在石炭纪—二叠纪时期，其断层性质为拉张性质。在石炭纪时期，伊犁盆地南缘处于活动大陆边缘的岛弧环境，尤其是石炭纪早期，发育大量火山岩系。在早石炭世，火山沉积中心恰巧处于察布查尔山东西一带。到了早石炭世晚期—早二叠世，由于火山沉积中心东移至阿吾拉勒山一带，察布查尔山该时期的地层则处于缺失状态，随后在二叠纪末期，受区域大构造作用影响，断层性质由拉张性质转变为挤压逆冲性质，整个山体处于挤压收缩状态，形成了不对称扇形反向逆冲推覆构造。相比北缘，山体南缘断层逆冲时间较晚，在侏罗纪早期察布查尔山南缘仍沉积了含煤碎屑岩，而直到侏罗纪晚期才发生向南逆冲。察布查尔山体石炭系以下的石炭统大哈拉军山组以中酸性火山岩系为主，其次为具有超覆特征的上二叠统碎屑岩地层。在二叠纪末期，察布查尔山体已褶皱变形，其北侧开始逆冲抬升，形成山地雏形，并开始控制盆地中新生代沉积(张国伟等，1999；于海峰等，2011，李盛富等，2016a)。

不少学者利用磷灰石裂变径迹方法对伊犁盆地南缘的察布查尔山体和伊犁盆地隆升-剥蚀过程进行了深入研究，揭示了中新生代以来的隆升-剥蚀过程，探讨了在隆升-剥蚀过程中不同地区的差异性特征(舒良树等，2004；韩效忠等，2008；潘澄雨等，2015)。前人的研究成果表明，伊犁盆地南缘的察布查尔山体总体上经历了三次快速的隆升-剥蚀作用，时间分别为早侏罗世(200~180Ma)、白垩纪中期(115~95Ma)和新生代(24Ma)以来。其中，受新疆南侧的印支期古特提斯洋关闭的影响，伊犁盆地南缘的察布查尔山体在早侏罗世(200~180Ma)遭受了一次快速的挤压隆升作用，而盆地内则处于相对沉降状态。盆缘隆升作用逐渐由南向北向盆地内逐步推进，随后挤压构造应力场消失，盆地处于拉伸伸展的构造应力环境中，在重力作用下，盆地发生松弛垮塌，沉积范围迅速扩大，原先处于剥蚀状态的地区转变为沉积区，盆地边缘形成一系列超覆地层。而到了晚白垩世(115~95Ma)，受印度大陆和欧亚大陆碰撞的远程影响(舒良树等，2004)，整个伊犁盆地及其南缘的察布查尔山体均再次遭受快速隆升-剥蚀作用，这与西天山山脉普遍缺失白垩系的现象是相一致的。到了新生代，受印度大陆与亚洲大陆碰撞汇聚的影响，天山山脉强烈挤压抬升，这也造成察布查尔山体快速隆升，同时作为山间盆地，伊犁盆地继续发生断陷作用，并不断接受新生代粗粒碎屑沉积(韩效忠等，2008)。总之，伊犁盆地南缘自早侏罗世以来经历了多次构造隆升-剥蚀作用，这些构造隆升事件控制着盆地的沉积充填特征。

4.2.2 伊犁盆地石炭纪—二叠纪火山岩特征

前文综合研究表明，伊犁盆地南缘侏罗系沉积物主要来源于石炭系岩层，其次为二叠系、泥盆系和志留系岩层。伊犁盆地南缘周缘造山带广泛发育石炭系和二叠系，前人对这些地层进行了详细深入的研究，并探讨了其形成时的构造背景环境(姜常义等，1993；刘静等，2006；朱永峰等，2006；龙灵利等，2008；朱志新等，2011；李大鹏等，2013；白建科等，2015）。石炭纪火山岩主要发育两期：第一期是早石炭世大哈拉军山组的火山岩，其岩性组合主要为流纹岩、粗面岩、粗面安山岩，以及中酸性火山碎屑岩和少量玄武岩；第二期是晚石炭世伊什基里克组的火山岩，其岩性组合主要为中酸性火山碎屑岩，以及具有双峰式火山熔岩的玄武岩、流纹岩等（白建科等，2015）。其中，以大哈拉军山组火山岩最发育。朱永峰等（2005）对研究区大哈拉军山组火山岩进行了锆石 SHRIMP 年代学和微量元素地球化学特征研究，研究结果表明，火山岩稀土元素均表现出轻稀土元素（LREE）富集、重稀土元素（HREE）相对亏损、Eu 负异常的特点，而微量元素经原始地幔标准化处理后显示出明显的 Ta、Nb 亏损但 Cs、Rb、Ba、Th、U 和 Pb 富集的特征，这与岛弧环境下发育的火山岩的地球化学特征相似。同时在 Sr/Y-Y 和 Zr/Hf-Sr/Y 图解中，数据点基本落在岛弧火山岩范围内，这表明早石炭世的这套中酸性火山岩是在岛弧环境下形成的（姜常义等，1993；李大鹏等，2013）。同时，火山岩具有较低的 Sr/Y 比值和高 Y 含量，在 Th/Ce-Sr/Th 图解中，火山岩的 Th/Ce 比值明显高于 MORB，且与大陆地壳成分相接近，表明有大陆地壳物质（主要为洋底沉积物）通过俯冲带参与岛弧中酸性火山岩岩浆。虽然研究区的早石炭世火山岩微量元素地球化学特征显示这些火山岩具有活动大陆边缘岛弧岩浆性质，但是石炭纪不同地区和不同时代的火山岩其 Sr-Nd 同位素特征存在一定差异。早石炭世岛弧型火山岩具有正的 $\delta_{Nd}(t)$ 值和相对较高的 $^{87}Sr/^{86}Sr$ 比值，表明火山岩岩浆有俯冲带陆源物质参与，地壳生长主要以岛弧拼接方式形成。而部分晚石炭世火山岩具有正的 $\delta_{Nd}(t)$ 值和较低的 $^{87}Sr/^{86}Sr$ 比值，说明岩浆岩源由亏损地幔直接分异形成，没有陆源物质参与的迹象。岩浆岩源性质在时间上的变化表明在早石炭世到晚石炭世，研究区构造背景发生了变化，其构造环境由俯冲岛弧环境开始向碰撞后伸展陆内裂谷环境转变，而东部的阿吾拉勒山一带伊什基里克组火山岩的地球化学特征也显示了其具有板内裂谷性质（刘静等，2006）。

总之，伊犁盆地在形成前震旦纪结晶基底和震旦纪—泥盆纪褶皱基底后，在石炭纪进入了一个全新的演化阶段。在早石炭世，古南天山洋开始向伊犁-中天山地块俯冲，形成了火山岛弧环境，其俯冲作用直到晚石炭世才结束。此时，古南天山洋最终闭合，其闭合时间大约在 300Ma。但在不同地区、不同时期伊犁-中天山地块南缘所处的构造环境并不是完全相同的，从西部到东部，从早石炭世到晚石炭世，构造环境逐渐从大陆岛弧环境过渡到板内大陆裂谷环境，而大陆火山岛弧自西向东逐渐消亡，直到晚石炭世时（300Ma），古南天山洋才完全关闭，当伊犁-中天山地块和塔里木板块完全拼接在一起时，伊犁-中天山地块才完全转变为处于碰撞后陆内拉张应力场下的大陆裂谷环境（朱永峰等，2006）。到二叠纪时期，伊犁-中天山微地块已经完全处于大陆裂谷环境，其形成的火山岩系主要为早二叠世乌郎组，岩性主要为具有双峰式火山岩特征的酸性流纹岩、基性杏仁状玄武岩，同时还有流纹质熔结角砾岩、玄武质凝灰砂砾岩等火山碎屑岩。而地球化学特征也证明其火山岩发育于碰撞造山后的伸展构造背景，同时在区域内二叠系还发育了大量红色磨拉石建造，且这些磨拉石建造沿造山带产出，这也表明研究区在二叠纪时期已经处于陆-陆碰撞后环境（李鸿等，2011；潘明臣等，2011）。

4.2.3 伊犁盆地中新生代盆山演化过程

1. 中新生代物源形成过程

伊犁盆地南缘中新生代时期构造演化较复杂，其沉积充填特征存在一定差异性，物源也具有一定多源性，但是在前人研究的基础上，结合高分辨率层序地层格架下的沉积物充填特征、古地理演化特征、碎屑岩元素地球化学特征、碎屑锆石年代学及微量元素特征，本书认为伊犁盆地南缘中新生代碎屑物主要来源于南缘察布查尔山石炭纪大陆岛弧环境下形成的岩石地层，且是在碰撞造山后构造环境下形成的再旋回的碎屑岩。

在石炭纪时期，古南天山洋已经向伊犁-中天山地块俯冲，伊犁盆地及南缘造山带的察布查尔山脉处于活动大陆边缘的大陆岛弧环境。早石炭世，发生的大规模岩浆侵入和喷发活动，形成了早期大哈拉军山组厚层火山岩及火山碎屑岩。随后，盆地进入火山活动相对稳定时期，并沉积了一套快速海侵的粗粒碎屑岩。晚石炭世早期虽然也发生火山活动，形成了一些火山岩系，但晚石炭世总体上为浅海陆棚环境下的碎屑岩和碳酸盐岩沉积。前人对南缘察布查尔山石炭纪大哈拉军山组火山-沉积岩系中的碎屑岩进行了碎屑锆石年代学研究，结果表明碎屑岩中77%的锆石年龄主要集中在372～321Ma，处于晚泥盆世—早石炭世，其中早石炭世占主体。而该年龄与晚泥盆世—早石炭世大陆岛弧环境下大规模火山活动的时间是相一致的(白建科等，2015)，且碎屑岩结构成熟度和成分成熟度均较低，显示其是近源堆积的结果。这些特征表明在晚泥盆世—早石炭世，察布查尔山发生了火山活动，火山活动形成的火山岩经过快速风化剥蚀后短距离运移，就近堆积形成石炭系的碎屑岩(白建科等，2015)。

侏罗系碎屑岩锆石年龄特征表明，其锆石主要形成于石炭纪(360～297Ma)，而碎屑岩的元素地球化学特征反映的是其物源区母岩的形成环境而非其沉积时的形成环境，表明其物源区母岩形成于大陆岛弧环境，同时锆石微量元素也表明碎屑岩形成于岛弧/碰撞造山环境。这些特征与伊犁盆地石炭系火山-沉积岩系形成的环境是相一致的，表明侏罗系碎屑岩物源主要是石炭系火山-沉积岩层。其物源形成过程：石炭纪早期由于古南天山洋向伊犁-中天山微地块俯冲，伊犁盆地及南缘造山带察布查尔山脉处于活动大陆边缘的大陆岛弧环境，大规模火山活动形成大量的火山碎屑岩和火山岩，部分火山岩在形成后被快速风化-剥蚀，形成近源堆积的沉积岩；到侏罗纪时期，原先石炭纪形成的成熟度较低的碎屑岩和火山碎屑岩被抬升到地表，并再次遭受风化-剥蚀作用，而被搬运到盆地中沉积下来，形成了侏罗系碎屑岩地层。

2. 盆地中新生代碎屑岩沉积充填过程

伊犁盆地在中新元古代变质结晶基底和石炭纪火山岩基底形成以后，自二叠纪以来主要有4个成盆沉积时期，即晚二叠世拗陷盆地沉积期、三叠纪湖盆萎缩期、侏罗纪盆地扩展期、渐新世—上新世盆地断陷-拗陷期。二叠纪末期由于受到南边古特提斯洋关闭、俯冲碰撞造山的影响，伊犁盆地周缘造山带如察布查尔山、阿吾拉勒山和科古琴山均发生严重褶皱变形,尤其是南缘察布查尔山开始强烈逆冲抬升,此外连尼勒克盆地、巩乃斯盆地和昭苏盆地也抬升成为剥蚀区。在三叠纪时期,盆地萎缩,沉积中心主要集中在伊犁盆地。

进入侏罗纪后,受古特提斯洋关闭、新特提斯洋打开的影响,中国西部地区和中亚均处于盆地扩展断陷时期,其沉积范围广、厚度大;同时,该时期气候湿润,是相关盆地重要成煤期。在此大地构造背景下,尼勒克盆地、巩乃斯盆地和昭苏盆地相继形成,而伊犁盆地除了继承沉积中心外,也发生了强烈断陷扩展,南缘察布查尔山因南侧昭苏盆地断陷而发生了一次强烈快速隆升,其快速隆升时间大约在早侏罗世(200～180Ma)(韩效忠等,2008)。此时,盆地南缘的察布查尔山由于强烈隆升,造成山体与盆地有较大落差,而初期基准面较低,沉积物供给量充足,流水搬运速度快,沉积物粒度粗,因此,在山前发育以粗粒碎屑为主的八道湾组扇三角洲沉积。随着断陷湖盆继续深陷扩张,基准面上升,湖平面扩张,水体变深,山体与盆地落差减小,物源区沉积物供给量减少,流水速度减慢,能量低,在研究区发育以细粒碎屑物为主的三工河组浅湖-半深湖相沉积,局部地区发育粒度变细的辫状河三角洲沉积。进入中侏罗世后,由于前期山体不断被剥蚀,盆地内沉积物不断充填,盆山相对落差逐渐减小,湖平面下降,湖泊面积缩小,水体变浅,山前及盆地主要发育粒度相对变粗的西山窑组辫状河三角洲沉积,但该时期的沉积碎屑物与盆山高落差的八道湾组沉积时的相比,粒度变细。到头屯河组沉积时,山体与盆地的落差进一步减小,由于沉积物的填平补齐作用,盆地湖平面逐步萎缩,直至消失,盆地主要沉积粒度较粗的辫状河流相披覆沉积。

总之,在侏罗纪时期,伊犁盆地处于准平原化环境,南缘造山带察布查尔山处于相对较稳定的陆内剥蚀状态,高耸的山体逐步被剥蚀,盆地低地则逐渐被沉积物填平,盆山落差逐步缩小,湖泊逐步萎缩,直至消失;其沉积环境逐渐由高落差的扇三角洲转变为低落差的辫状河三角洲,直至最后湖面消失,中晚侏罗世在局部地区发育粗粒河流相披覆沉积。

中晚侏罗世以后,受燕山运动影响,伊犁盆地两侧造山带开始向盆地内高角度逆冲,盆地构造应力环境由拉张应力场转变为挤压应力场,盆地整体抬升,从而造成伊犁盆地部分或整体缺失侏罗系中上统和白垩系(张国伟等,1999;舒良树等,2004;韩效忠等,2008)。

进入新生代以后,受印度板块向欧亚大陆碰撞导致青藏高原大幅度隆升的影响,伊犁盆地南北缘两侧造山带的山体再次发生强烈挤压隆升,逆冲推覆,使得伊犁盆地转变为再生前陆盆地,盆山地貌反差巨大,盆地边缘沉积了巨厚粗粒新生代沉积物,从而构成现今的盆山构造格局(张国伟等,1999;韩效忠等,2008;左国朝等,2008;于海峰等,2011)。

第5章　伊犁盆地南缘含铀岩系形成过程

5.1　伊犁盆地侏罗纪古气候变化

物源区碎屑物供给量除了受构造运动、古地理、层序、母岩类型等因素控制影响外，还受剥蚀-沉积时期的古气候影响。气候是现代沉积物形成的主要控制因素之一，地质历史时期亦然(任国玉等，2021)。古气候对沉积的控制和影响是全方位的，恢复沉积古气候对于理解和分析沉积特征具有重要意义。反之，地层中沉积物也是记录地质历史时期气候信息的重要载体。过去两个世纪以来整个地球气候系统正在发生显著的变暖，这对地球表层环境系统造成了重大的影响，如全球陆地与海洋平均表面温度升高、两极冰川及全球范围内低纬度山岳冰川缩小，从而导致全球平均海平面升高，地球地貌发生重大改变，由此影响了地球上大多数物种(包括人类)的生存范围。因此，这些环境和气候的变化迫使人类要对未来全球气候变化及其对环境和资源的影响有进一步的了解(王成善和孙枢，2009)。

陆相沉积形成于地圈与水圈、大气圈和生物圈的交界面，比海相沉积更能有效记录地球表层环境的信息，由于气候是陆相盆地沉积环境演化的主要内在驱动力，因此，通过对陆相沉积的研究可以为气候分析提供重要线索和指示(田馨等，2009)。然而，受地质记录保存条件和研究方法所限，对侏罗纪古气候重建的研究程度远不及其后的白垩纪和第四纪。相关侏罗纪时期古气候的研究多集中在海相地层，而对于同时期陆相沉积记录的研究明显薄弱，相关研究亟待补充。中国大陆地区在侏罗纪处于中纬度陆地环境，广泛发育陆相沉积，特别是中国北方地区早-中侏罗世时期气候整体温暖而潮湿，大型湖盆区侏罗系连续发育，多门类生物化石丰富，剖面出露完整，这为研究侏罗纪古气候变化提供了得天独厚的条件。

此外，伊犁盆地侏罗系陆相沉积还是铀矿、煤层及其他能源矿产的主要富集场所。古气候与铀矿的形成息息相关，不仅决定了含铀岩系沉积时的氧化-还原性质，同时还对地层中铀的淋滤、迁移及沉淀具有重要影响。在区域古构造等因素的协同影响下，同沉积期的古气候背景是制约铀储层砂体和成矿期间层间氧化带发育方向及规模的极为重要的地质因素(焦养泉等，2015)。因此，研究侏罗纪时期的古气候变化，不仅有助于探索气候系统变化机制，而且对煤、铀等沉积矿产的勘探和预测也有重大实践意义。

5.1.1　气候背景

中生代是全球典型的暖室期，其中侏罗纪是全球地质发展和生物演化等重大事件协同发展的一个重要时期，其气温高于现今 5～10℃，海水温度高于现今 8℃，大气 CO_2 浓度至少为现在的 4 倍(Royer，2006；Them et al.，2017；Deconinck et al.，2019)。侏罗纪时期，全球低纬度地区属于沙漠气候或季节性的夏季多雨/冬季多雨气候，中纬度大部分地区处于暖温带气候，而高纬度区域呈现温凉气候(Ditchfield.，1997)。全球处于较为均一的热带温暖气候环境，从赤道到两极温度梯度较小，且出现由干旱到潮湿的气候变化，低纬度地区以蒸发岩沉积为主，中纬度和中-高纬度地区出现大量煤层沉积，指示了更加潮湿的气候环境。伴随着气候环境的差异，侏罗纪时期全球植物分布呈现不均一性，物种生产力和最大多样性主要集中在中-高纬度地区，反映了温室期从低纬度到高纬度的生产力高峰(Sellwood and Valdes，2008)。受制于总降雨量的匮乏，植物丰度和多样性在赤道地区最低；而中纬度地区温暖湿润的气候环境为植物生长提供了良好条件，植物多样性和总量在中纬度地区达到顶峰，并向两极逐渐减少(Huber et al.，1999；Rees et al.，2004；Sellwood and Valdes，2006)。

侏罗纪早中期以风成沙丘和蒸发岩为特点的干旱天气出现在联合古陆中西部的北美洲南部、南美洲和非洲，到晚侏罗世时扩展至亚洲中南部。早侏罗世时，中国南部处在热带—亚热带湿润气候环境下，至中、晚侏罗世时逐渐处于炎热干旱的环境；而在中国北部，早、中侏罗世时气候温暖湿润，晚侏罗世时温暖潮湿区缩小。从中侏罗世晚期开始，区域性干旱气候一直延续至晚侏罗世，含煤地层被不含煤的杂色或红色沉积代替，植物化石罕见，反映植物群已经大规模衰退。

古地磁研究表明，中国西北地区在侏罗纪时期处于中纬度地区，尤其是中侏罗世晚期—晚侏罗世其纬度更低，说明气温更高(符俊辉和邓秀芹，1999)。侏罗纪初期全球绝大部分地区处于陆地环境，从早侏罗世到晚侏罗世，全球的海侵范围基本上是逐渐扩大的，但侏罗纪末期发生了急剧海退。联合古陆的不断解体和海侵范围的不断扩大，新的海陆分布和洋流体系出现，导致全球气候发生剧烈变化，决定性地影响了中国气候的形成和演化。从广义或更大区域条件来看，中国西北地区在中生代主要处于温暖潮湿的气候环境，形成众多含煤建造，产出大量煤炭资源。之后气候以炎热干旱为主，其间有多期气候变化直至现代。气候变化最有力的佐证就是在我国西北地区发育众多的不同时期内陆干旱盆地沉积(李盛富，2019)。同时，包括伊犁盆地在内的中国西北地区发育了巨厚的侏罗系沉积地层。早侏罗世区内山体夷平作用明显，大型湖泊普遍发育暗色湖相泥岩和含煤岩系；中侏罗世各大盆地出现最大湖泛面，煤层厚度和范围达到极大值；中侏罗世晚期，各大盆地煤系沉积结束；至晚侏罗世，陆相红层大规模发育，陆生动植物稀少。

5.1.2 沉积学特征

1. 宏观沉积标志

颜色是沉积物对古气候的直接反映，与古气候的变化密切相关。沉积岩颜色主要取决于两个因素：一是铁的氧化态形式；二是有机质的含量。沉积岩的颜色，按其成因可分为自生色、继承和次生色三类，自生色和继承色又称为原生色。自生色是同生沉积作用和早期成岩作用过程中形成的自生矿物所反映的颜色，它具有重要的环境分析意义；继承色是碎屑物沉积时保留的、来自源区矿物自身的颜色，它反映了物源区沉积岩第一次形成时的沉积环境特征，且与物源区碎屑物再沉积环境无关；而次生色是成岩后生作用和风化作用过程中形成的次生矿物所反映的颜色，是对原生色的改造，不具沉积环境分析意义。通常，沉积岩的红、黄、紫、紫红等明亮色被统称为红色调，而沉积岩的灰、灰黑、黑等暗深色被统称为深色调。

　　研究剖面苏阿苏沟剖面中地层颜色也具明显变化(图 5-1)。下侏罗统八道湾组地层以杂色为主，可见大量暗黑色碳质泥岩和煤层出露；下侏罗统三工河组地层主要为灰绿色、灰黄色及红色细粒岩，底部见砂岩，几乎无煤层发育；中侏罗统西山窑组地层由杂色砂岩、灰黄色细粒岩和厚层煤层组成，并且地层中出露厚度约为20m 的暗红色烧变岩(时志强等，2016)。众所周知，暗色调的煤层是潮湿气候的指示标志。相比之下，三工河组细粒沉积物(包括煤层沉积的间断)多呈红色，明显不同于八道湾组和西山窑组，直接反映了气候变化在三工河组沉积期出现的波动。类似的现象同样出现于西北地区其余盆地，如 Lu 等(2020)对柴达木盆地侏罗纪地层的研究表明，煤层沉积的中断和红色沉积的出现，均指示在早侏罗世晚期出现了一个气候干旱的短暂时期。

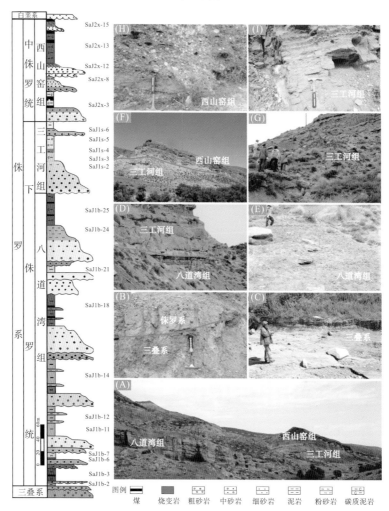

图 5-1　苏阿苏沟剖面地层接触关系及野外照片(岩层中所示颜色均为沉积物自生色)

(A)侏罗系地层野外宏观照片；(B)三叠系—侏罗系地层界线；(C)三叠系杂色砂岩；(D)八道湾组—三工河组地层界线；

(E)八道湾组碳质泥岩；(F)三工河组—西山窑组地层界线；(G)三工河组地层野外宏观照片；(H)西山窑组暗红色烧变岩野

外照片；(I)三工河组红色细粒岩照片

中国西北地区侏罗系上统大多可见红层。中侏罗统上部为暗红色与灰绿色呈交互发育的杂色条带层。北疆地区的红层与杂色层地层单元分别是喀拉扎组+齐古组和头屯河组；拜城-焉耆地区代表层分别是喀拉扎组+齐古组和恰克马克组；乌恰-叶城地区代表层分别是库孜贡苏组和塔尔尕组；北山-潮水地区代表层分别是沙枣河组和青土井组；玉门-武威地区代表层分别是苦水峡组和新和组；靖远地区代表层分别是苦水峡组和王家山组；大通河流域地区代表层分别是享堂组和红沟组；柴达木盆地代表层分别是采石岭组和石门沟组。以上杂色和红色层的出现，无疑表明西北地区中侏罗世晚期至晚侏罗世出现炎热干旱的气候特征。

张泓等(1999)指出，古气候和聚煤作用的关系首先表现在它对全球煤炭资源分布的控制上。位于赤道至极地的陆块都可能有潜在的聚煤作用发生，但是，强聚煤作用只发生在热带雨林气候带和中高纬度的常湿温带气候带。当古植物死亡之后，大量古植物遗体聚集形成泥炭地，泥炭经压缩和煤化作用转变形成煤层，而大量植被形成的前提条件是气候温暖潮湿(商晓旭，2019)。暖湿的气候条件下，植物生长旺盛，丰富的降雨量使盆地基准面上升，沉积界面上形成大面积有利于泥炭沉积的暴露-弱覆水沼泽环境，继而影响聚煤进程。相反，干热气候条件下，植被发育差，物源区基岩裸露、风化速率快，较少的降雨量会在较短的时间内形成阵发性的强地表径流，河流的侵蚀和搬运能力加大，导致聚煤作用减弱(鲁静等，2016)。沉积时期湿度大、温度高，这往往造成水系大，植物在这种潮湿炎热的环境中非常繁盛，从而形成了广泛分布的煤系烃源岩(图5-2)。

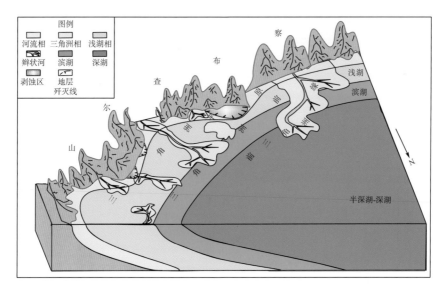

图 5-2　伊犁盆地沉积模式简图

综上所述，在构造活动较为稳定、基底沉降均匀的沉积过程中，气候变化通过盆地和植被发育演化控制了绝对湖平面变化和沉积物的产生、搬运(供给)，进而引起盆地沼泽和陆源碎屑两种体系交互演化，同时也强烈影响且控制了聚煤的过程和程度。因此，对于植物组合特征的了解对古气候的研究具有重要意义。

2. 孢粉特征

在陆相生态系统的生物组成中,植物作为生产者,很大程度上决定着陆生生态系统的功能。环境的改变促进了陆生植物演化,导致陆生植物自身的形态结构和生理功能等方面发生改变,并最终记录在植物体内。陆地植物演化过程与全球环境存在着密切的关系。植物化石作为地质时期的残片,蕴含着丰富的古环境和古气候信息,具有重要的科学价值。它们是研究地质时期大陆分布、古气候变迁和植物地理分区的主要根据,为重建古生态环境、探索地质历史时期环境和气候的变化提供了重要依据。

中国侏罗纪植物群十分繁盛,植物化石是侏罗纪最常见的化石,广泛应用于中国陆相侏罗系地层研究。早-中侏罗世中国西北地区大量发育煤系地层,这些地层含有大量植物化石,晚侏罗世的植物印痕化石相对较少但保存了大量木化石。而本次研究识别的孢粉组合中也存在指示气候温暖湿润的孢粉化石。植物死亡后,它们的根就遗留在沉积物中成为植物的根痕。根痕通常大小不一,直径可小到数毫米,大到几米,大多呈上粗下细的分叉状。在野外剖面和钻孔岩心中均可见到古植物叶片化石,煤系地层中植物根痕尤为丰富,叶茎直立,叶片宽大平直(图5-3),指示了当时温暖潮湿的古气候环境。

图5-3   伊犁盆地南缘侏罗系煤层及古植物化石特征

(A)中侏罗统西山窑组发育的煤层;(B)、(C)中侏罗统西山窑组泥岩中可见叶片化石;(D)早侏罗统八道湾组地层中可见薄层煤;(E)中侏罗统西山窑组中部砂岩下面发育厚层含炭质泥岩

研究区八道湾组样品含较丰富的孢粉化石,化石组合面貌基本一致。组合中的绝大多数为以无肋双囊类花粉为主的裸子植物花粉,蕨类植物孢子稀少。在属、种组成方面,组合中

的大部分均为中生代的常见分子，此外还有主要见于三叠纪的粒面犁形孢（*Aratrisporites granulatus*）和常见于二叠-三叠纪的具肋双囊类花粉，如透明单束细肋粉（*Protohaploxypinus limpidus*）、透明四肋粉（*Taeniaesporites pellucidus*）、叉肋粉（*Vittatina* spp.）、多肋冷杉型多肋粉（*Striatoabieites multistriatus*）等。三工河组样品中孢粉组合面貌与八道湾组所产化石面貌相近，都以无肋双囊类花粉为主，少量出现具肋双囊类花粉，如 *Striatoabieites multistriatus* 和 *Vittatina* spp.，不同的是三工河组的孢粉组合中四字粉属（*Quadraeculina*）花粉已很常见。松柏类两气囊花粉在中国北方侏罗纪地区十分常见，是早-中侏罗世时期孢粉组合特征之一（如陕甘宁盆地早侏罗世晚期富县组、辽宁地区早侏罗世北票组、准噶尔盆地早侏罗世八道湾组等）。在我国西北地区，类似犁形孢属孢子和具肋双囊类花粉在"公认"的早侏罗世地层中已累有报道，如准噶尔盆地乌鲁木齐郝家沟剖面和玛纳斯县红沟剖面八道湾组的孢粉组合中含 *Aratrisporites* 属孢子和 *Taeniaesporites*、*Parataeniaesporites*，三工河组的孢粉组合中也有 *Taeniaesporites* 等具肋双囊类花粉。在塔里木盆地库车河剖面的阿合组有 *Protohaploxypinus* 属花粉。陕甘宁盆地的富县组中也有 *Parataeniaesporites* 属花粉的记录。在准噶尔盆地的化石记录中，*Quadraeculina* 属花粉在三工河组中的含量要明显高于其在八道湾组中的含量。此外，从化石组合的面貌看，伊犁盆地的八道湾组和三工河组应可分别与准噶尔盆地的八道湾组和三工河组对比。一些三叠纪甚至二叠纪常见的孢粉类群出现在如八道湾组和三工河组等类似地层中，孢粉学界多数学者认为它们是"前朝"的孑遗，其时代已经进入侏罗纪。但是，国外早侏罗世孢粉组合中并没有这些孑遗分子的记录，这致使国内外同期孢粉植物群的对比存在一些困难，故有些学者认为将其时代归入晚三叠世似乎更合理。目前，地质学界和古生物学界均是把相关地层当作下侏罗统来处理的。

　　因此，根据本次研究中分析所得的孢粉组合特征，本书支持将八道湾组和三工河组划归早侏罗世。据李盛富等（2016a）的研究，西山窑组植物化石有 *Coniopteris hymenophylloides*、*Coniopteris*、*Czekanowskia shenmuensis* 和 *Stephenophyllum yiningenesis* sp.等孢粉组合。从表 5-1 中可以看出，在蕨类植物中，现生真蕨纲的真蕨目植物大都分布于热-亚热带，桫椤科的 *Cyathidites* 属为生长在热带或亚热带潮湿地区的阔叶树，紫萁科中的 *Osmundacidites* 属为生长于温带-亚热带潮湿地区的阔叶树。苏铁纲中苏铁科的 *Cycadopites* 属为生长于热-亚热带半干旱-半湿润地区的阔叶树。松科中的 *Pinuspollenite*、*Podocarpidites*、*Piceaepollenites*、*Piceites* 属为生长于热-温带半干旱-半湿润地区的针叶树，南美杉科中的 *Callialasporite* 属为生长于热带干旱地区的针叶树。上述陆生植物均对生态环境反应灵敏，可作为讨论古气候的指示标识。综合早-中侏罗世地层的孢粉资料及前人的研究分析可知，早-中侏罗世，伊犁盆地整体气候温暖潮湿，但局部期间具有气候波动。Deng 等（2017）通过孢粉特征分析了内蒙古锡林浩特盆地早中侏罗世植物群特征，识别出了 *Cycadopsida*、*Ginkgopsida* 等21属40种植物。同时结合沉积资料，他们进一步推断得出中国北方地区早中侏罗世气候整体上以温暖潮湿为主，但早侏罗世晚期发生了气温上升事件。

表 5-1　伊犁盆地苏阿苏沟剖面早侏罗世地层孢粉组合

组	样品	孢粉
三工河组	SaJ1s-1	*Chasmatosporites elegans*，*Vittatina* sp.，*Striatoabieites multistriatus*，*Piceites arxanensis*，*Uadraeculina limbata*，*Pinuspollenites* spp.，*Podocarpidites arxanensis*，non-striate bisaccate
八道湾组	SaJ1b-25	*Dictophyllidites mortoni*，*Densoisporites* sp.，*Cycadopites* sp.，*Chasmatosporites elegans*，*Concavisporites toralis*，*Pseudopicea* sp.，*Piceites arxanensis*，*Pinuspollenites* spp.，*Piceaepollenites* sp.，*Podocarpidites multesimus*，non-striate bisaccate
	SaJ1b-14	*Cyathidites minor*，*Concavisporites bohemiensis*，*Concavisporites toralis*，*Osmundacidites wellmani*，*Aratrisporites granulatus*，*Chadmatosporites elegans*，*Taeniaesporites pellucidus*，*Pseudopicea* sp.，*Piceites arxanensis*，*Pinuspollenites* spp.，*Piceaepollenites* sp.，*Podocarpidites multesimus*，*Podocarpidites arxanensis*，non-striate bisaccate
	SaJ1b-12	*Concavisporites toralis*，*Aratrisporites granulatus*，*Pseudopicea* sp.，*Vitreisporites* sp.，*Klausipollenites* sp.，*Pinuspollenites* spp.，*Podocarpidites multesimus*，non-striate bisaccate
	SaJ1b-7	*Stereisporites* sp.，*Vittatina* sp.，*Protohaploxypinus limpidus*，*Striatoabieites multistriatus*，*Gardenasporites* sp.，*Pseudopicea* sp.，*Vitreisporites* sp.，*Piceites arxanensis*，*Parvisaccites* sp.，*Pinuspollenites* spp.，*Podocarpidites multesimus*，non-striate bisaccate
	SaJ1b-6	*Podocarpidites* sp. non-striate bisaccate
	SaJ1b-3	*Osmundacidites wellmani*，*Perinopollenites* sp.，*Pseudopicea* sp.

3. 黏土矿物特征

黏土矿物广泛分布于各类沉积物中，系地表母岩在表生条件下受风化作用所形成。由于其颗粒细小(<2μm)，成分、结构在沉积作用和埋藏作用的过程中容易发生变化，对气候环境的变化特别敏感，因此它的形成及转变与其所处的环境有着密切的关系，蕴含着丰富的气候环境信息(洪汉烈，2010；Bozkaya et al.，2011；Bougeault et al.，2017)。一般认为，气候干燥、淋滤作用差的条件有利于伊利石的形成和保存，伊利石是一种能够指示弱风化作用的矿物(陈涛等，2003；Gao et al.，2015b)。而当处于温暖湿润的气候条件下，伊利石中的 K^+ 不断被淋滤而丢失，伊利石逐渐向伊蒙混层(I/S)矿物转变，最终形成蒙脱石。伊蒙混层是伊利石向蒙脱石过渡的中间产物，一般形成于中等程度化学风化的地表环境，代表气候环境逐渐转为潮湿的环境(翟如一，2020；Do et al.，2018)。绿泥石的性质和伊利石相似，指示了化学风化作用较弱的气候环境，一般形成于比较干燥的环境中，虽然绿泥石的增加可以代表气候向干旱条件的转换，但不能直接作为气候指标(Thiry，2000；Worden and Morad，2009)。高岭石主要是暖湿气候条件下由长石、云母和辉石在酸性介质中经强烈淋滤或低温热液交代变化形成的，它是强风化作用的产物，代表氧化环境。相比蒙脱石，高岭石的形成需要更高的湿度和温度(Singer，1984；Ruffell et al.，2002；Raigemborn et al.，2014)。

伊利石结晶度 Kübler 指数(KI)的大小可以指示气候的演化趋势，气候干燥、化学风化作用弱的环境中的伊利石结晶度较高，KI 值较小，潮湿温暖气候条件下的伊利石结晶度较低，KI 值较大。依据伊利石结晶度 Kübler 指数把变质程度分为未变质带(大于 $0.42\Delta\theta°$)、近变质带($0.25\sim0.42\Delta\theta°$)及浅变质带(小于 $0.25\Delta\theta°$)三个变质带，只有未变质带和近变质带(即 Kübler 指数大于 $0.25\Delta\theta°$)的黏土矿物才能基本上保持矿物原有的性质，以及用于指示古气候的变化(Kübler，1964；Bozkaya et al.，2011)。为了便于进行国际对

比，采用 Kübler 指数矫正的经验公式[$Y=(0.983X-0.012)/0.58$]进行校正，该公式由法国里
尔大学沉积与地球动力学实验室建立(Kisch et al.，2004；曹婷丽，2017)。

计算结果(表 5-2)表明，研究区黏土矿物矫正前的 Kübler 指数几乎均大于 0.25Δθº，除
极个别样品外，矫正后的 Kübler 指数均大于 0.42Δθº。由此可见，研究区伊利石结晶度较
高，说明研究区黏土矿物受到埋藏成岩和变质作用的影响较小，因此可以认为黏土矿物为碎
屑来源，可以指示风化条件及古气候变化(Raigemborn et al.，2014；Bougeault et al.，2017)。
Kübler 指数越小，表明伊利石的结晶程度越高，形成于低温且干燥的气候条件；反之，指
示伊利石发育于温暖湿润的气候条件下(Wang et al.，2013b；Turner and Huggett，2019)。

表 5-2 苏阿苏沟剖面黏土矿物 X 射线分析结果

样品	岩性	绿泥石(%)	高岭石(%)	伊利石(%)	伊蒙混层(%)	伊利石 KI 指数(Δθº)	伊利石矫正 KI 指数 (Δθº)
SaJ1b-2	粉砂岩	10.9	15.8	11.7	56.7	0.55	0.91
SaJ1b-3	泥岩	24.4	10.6	12.3	52.3	1.58	2.66
SaJ1b-6	粉砂岩	12.2	10.1	21.1	57.4	1.48	2.49
SaJ1b-7	泥岩	11.5	37.2	18.2	32.6	0.97	1.62
SaJ1b-11	泥岩	5.1	21.8	16.4	56.7	0.69	1.15
SaJ1b-12	粉砂岩	4.1	24.0	20.1	51.9	0.75	1.25
SaJ1b-14	泥岩	4.4	17.5	25.3	52.7	0.91	1.52
SaJ1b-18	泥岩	8.1	67.9	6.8	17.2	1.58	2.66
SaJ1b-21	泥岩	3.1	40.3	30.6	26.1	0.58	0.96
SaJ1b-24	粉砂岩	—	—	93.4	6.6	0.61	1.01
SaJ1b-25	泥岩	5.6	34.2	16.2	34.7	0.58	0.96
SaJ1s-2	粉砂岩	—	79.1	18.8	2.1	0.83	1.38
SaJ1s-3	泥岩	10.1	65.9	1.1	21.0	0.52	0.86
SaJ1s-4	泥岩	16.6	53.8	2.5	26.0	0.61	1.01
SaJ1s-5	泥岩	20.8	62.9	8.5	7.9	0.58	0.96
SaJ1s-6	泥岩	14.1	76.8	3.7	5.4	0.91	1.52
SaJ2x-8	粉砂岩	22.3	57.0	15.0	5.7	0.36	0.42
SaJ2x-12	泥岩	17.6	54.6	12.9	8.1	0.28	0.45
SaJ2x-13	泥岩	9.7	68.4	14.3	7.6	0.30	0.49
SaJ2x-15	粉砂岩	26.2	27.3	40.6	5.9	0.39	0.64

本次研究对苏阿苏沟剖面所采细粒岩样品均进行了黏土矿物扫描电镜(scanning
electron microscopy，SEM)观察与能谱分析(energy dispersive X-ray analysis，EDX)。为保
持样品新鲜度，在用扫描电镜测试前再进一步制样，以避免样品在放置过程中受到污染。
具体操作为：将样品再次破碎至约 1cm×1cm，选取新鲜的表面平滑的碎片并使用绝缘胶
布将其粘贴在样品底座之上，样品表面须与底座平行，然后使用 3%的稀硝酸清洗 30s，
再用蒸馏水冲洗，最后干燥后喷镀金，即可进行扫描电镜观察和能谱仪成分测试。

黏土矿物在扫描电镜下整体上结晶程度较低，边缘可见明显的磨蚀现象，外形不甚完
整，EDX 分析表明黏土矿物的化学成分以 Si、Al、K、Fe、Mg 和 Ca 为主。杂基中的高
岭石化较强，低正突起，一级灰白干涉色，多呈细小鳞片状集合体产出(图 5-4)。钾长石
高岭石化相对于杂基来说比较弱，是一种源自物源区岩石的蚀变。SEM 照片中可见高岭

石为六边形鳞片状，且多分布于颗粒孔隙或颗粒表面，鳞片状高岭石相互叠置成蠕虫状。在显微镜下可见伊利石多在斜长石碎屑中，表明其来自物源区的蚀变，即物源区岩石发生伊利石化，后又被剥蚀搬运沉积于此，并不是沉积后发生的蚀变；而在 SEM 照片中，伊利石多附着于碎屑颗粒表面，部分填充于碎屑颗粒孔隙中，为细小片状集合体。研究区绿泥石根据产出形态可以分为两种类型：第一种绿泥石多见于杂基中，为鳞绿泥石，显微镜下为浅绿色，具褐色干涉色，中正突起，以细小的玫瑰花朵状和鳞片状集合体产出，这类绿泥石被推测为是在成岩期或受后期还原作用影响形成的产物；第二种绿泥石来自碎屑黑云母的蚀变，主要为叶绿泥石，显微镜下为浅绿色，可见显著的多色性，干涉色为靛蓝色和紫色，中正突起，正延长，少数见负延长，说明是以铁质含量较高的绿泥石为主，而含镁的绿泥石相对较少，该类绿泥石多为叶片状，代表的是物源区岩石的蚀变。

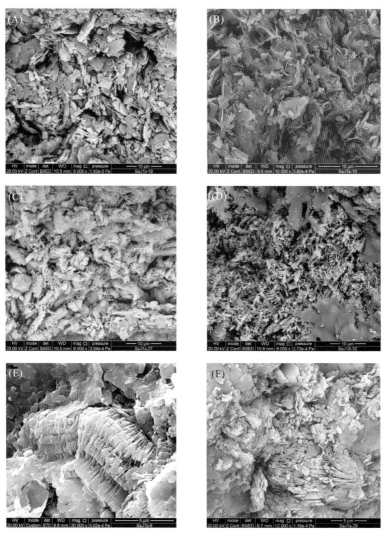

图 5-4　伊犁盆地南缘早中侏罗世地层黏土矿物 SEM 照片

(A)八道湾组晚期高岭石；(B)片状、片絮状伊蒙混层；(C)三工河组伊利石；(D)三工河组针状绿泥石　(E)八道湾组早期高岭石；(F)西山窑组高岭石

　　研究区样品黏土矿物的 X 射线衍射（X-ray diffractcon，XRD）分析结果（图 5-5）显示，小于 2μm 粒径的黏土矿物主要有伊利石、绿泥石、伊蒙混层和高岭石 4 种，基本不含蒙脱石（极个别样品中偶见极少量蒙脱石）。绿泥石含量为 3.1%～26.2%，高岭石含量为 10.1%～79.1%，伊利石含量为 1.1%～93.4%，伊蒙混层含量为 2.1%～57.4%（表 5-2）。研究区苏阿苏沟剖面中黏土矿物含量变化范围较大，含量以高岭石最高，其次为伊蒙混层。

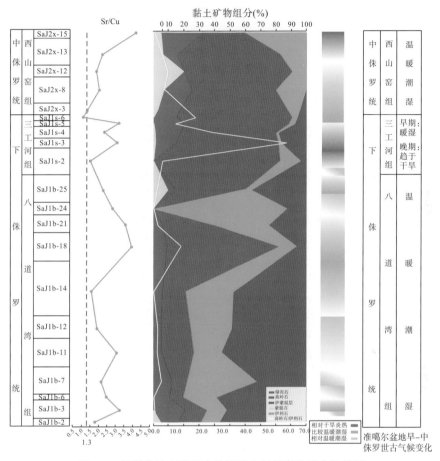

图 5-5　伊犁盆地南缘早中侏罗世古气候变化综合柱状图

　　早侏罗世八道湾组地层中黏土矿物以伊蒙混层为主，伊利石和高岭石含量相近，并有少量绿泥石。K/I 比值经常被用作气候潮湿/干旱变化的指标（Hermoso and Pallenard，2014；Zeng et al.，2021），但高岭石在成岩作用过程中会出现向伊利石转化的现象，而高岭石伊利石化现象通常与埋藏深度具有相关性（Ashraf et al.，2010；Turner and Huggett，2019）。在本次研究剖面中，K/I 比值在沉积过程中变化速度较快，表明是受气候控制影响的结果，因此可以用于讨论古气候变化。

　　自早侏罗世八道湾组开始，高岭石含量和 K/I 比值向上逐渐增大，而伊蒙混层含量向上逐渐减小，说明潮湿程度在增加（Worden and Morad，2009）。样品 SaJ1b-18 层位的高岭石含量和 K/I 比值的急剧增加可能是气候转为温和湿润的结果（Bougeault et al.，2017）。而在早侏罗世三工河组，高岭石含量的骤增表明处于相对较炎热的气候环境，明显增加的绿泥石含量也表明气候逐渐趋于干热。同时，三工河组沉积的红色细粒岩也是气候半干旱条件下的产物(Kisch et al.，2004)。至中侏罗世西山窑组后，伊蒙混层含量降低，但高岭石仍是主要的黏土矿物，说明为亚热带湿润气候环境。

5.1.3　地球化学特征

元素地球化学主要包括主量元素地球化学、微量元素地球化学和稀土元素地球化学。在沉积岩形成过程中，地壳中的元素发生了再分配和重新组合，在后来的风化作用、大气降雨淋滤、成岩作用及沉积物搬运过程中，沉积物中的元素同样会发生许多规律的分异和聚集。此外，研究区的古气候背景、区域构造运动和盆地的几何形状等同样会对沉积物中元素的迁移和聚集有重要影响。岩石所含元素的性质和数量受到其本身的物理化学性质及古气候、古环境的综合影响。泥岩中的元素一旦随沉积物沉积下来之后，在后续成岩过程中其性质和相对含量基本不会发生改变。因此，元素的相对含量及其比值携带了其原始沉积位置的古气候信息，可以用于其沉积期古气候和古环境的讨论(邓宏文和钱凯，1993)。

1. 主微量元素指标

微量元素是沉积物地球化学成分的重要组成部分，沉积物中的微量元素主要受陆源碎屑或者沉积/成岩过程中多种因素影响(Bhatia and Crook，1986)。本书采用多变量统计法对 22 个样品的微量元素进行聚类分析，当相似系数为 15 时，得到 3 个主要类别(图 5-6)，用于证明元素之间的相似性。①类元素相关性最高，包括 Zr、Th、Hf、Ta、Nb 等，均主要存在于较为稳定的碎屑态中，且在表生环境中不易迁移(Bach and Irber，1998)，因此可以作为判断气候条件的指标。

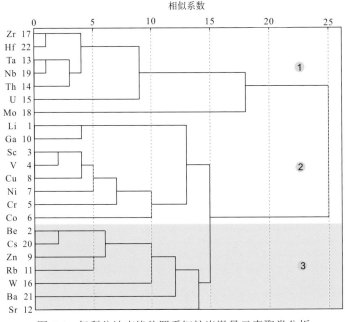

图 5-6　伊犁盆地南缘侏罗系细粒岩微量元素聚类分析

潮湿气候条件下，沉积地层中 Cs、Hf、Rb、Th 等元素含量较高。而干燥气候条件下蒸发作用增强，水介质中 Ca、Mg、Mn 和 Sr 等被大量析出形成各种盐类并在水底沉积，造成这些元素在地层中的含量相对较高。P 元素对古气候变化较为灵敏，在干燥的环境下，某些低等生物因水体蒸发、盐度剧增而死亡，从而使 P 元素相对富集。Mn 含量一般用于指示气候的干湿程度，Mn 含量越高，表示蒸发作用越强（谭聪等，2019）。Cu 属于外源元素，会随河流进入沉积水体中，潮湿环境中 Cu 在水体中处于未饱和状态，不会从水体中析出；而当气候干燥时，水的蒸发作用会导致 Cu 在水体中逐渐由未饱和状态过渡到饱和状态，此时 Cu 会从水体中析出，沉积物中的 Cu 含量上升，故 Sr/Cu 比值可指示气候变化。通常，Sr/Cu 比值在 1.3～5.0 时为温湿气候，Sr/Cu 比值大于 5.0 则为干热气候。本次研究剖面中所采样品的 Sr/Cu 比值在 0.6～4.1，平均值为 2.1，表明伊犁盆地南缘早中侏罗世沉积整体处于相对温暖潮湿的气候环境（图 5-5）。但是，任何单一的地球化学指标都不足以完全反映绝对的变化，因此应该结合其他影响因素（如沉积学特征）进行综合分析（Dera et al.，2011）。

2. 化学风化作用

碎屑岩遭受风化作用（尤其是化学风化作用）的强度也与古气候密切相关，温暖潮湿的气候环境有利于化学风化作用的进行，而干旱条件下的化学风化作用强度则相对较弱，气候条件控制着沉积物的化学风化程度（Roy and Roser，2013）。细粒岩（如泥页岩）中碱金属和碱土金属在化学风化作用中对古气候的变化反应比较灵敏，基本原理如下：Cs、Rb 和 Ba 等离子半径较大的碱金属离子容易被黏土吸附或者交换，而 Na、Ca 和 Sr 等离子半径较小的则容易被选择性淋滤掉，因此，在潮湿的气候环境下，Na、Ca 和 Sr 等离子半径较小的元素含量常常表现为亏损状态（Funakawa and Watanabe，2017）。例如，Wronkiewicz 和 Condie（1987）对处于热带潮湿气候环境下区域构造稳定的 Congo 河和 Mekong 河的悬移载荷沉积物进行了研究，在将样品经过上地壳标准化后，这些悬移载荷沉积物表现为明显的 Na、Ca 和 Sr 亏损，而来自气候较干旱环境下的 Ganges 河的悬移载荷沉积物则表现为较弱的 Na、Ca 和 Sr 亏损。本书对来自研究区的 6 件泥岩样品进行了地球化学测试，取泥岩碱性金属含量的平均值，然后经上地壳标准化后作图（图 5-7）。结果显示，泥岩表现出较强的 Na、Ca 和 Sr 亏损，其曲线变化特征与 Congo 河和 Mekong 河的悬移载荷沉积物的变化特征相似，表明碎屑沉积物在经历剥蚀-沉积时，其古气候环境为温暖潮湿的环境，且风化作用较强。

风化蚀变指数（CIA）可定量判断化学风化作用的强度（Nesbitt and Young，1984），其基本原理是将碎屑沉积物中稳定的氧化物 Al_2O_3 与不稳定氧化物的比值作为反映化学风化作用强度的指标。其计算公式为 $CIA = [Al_2O_3/(Al_2O_3 + CaO^* + Na_2O + K_2O)] \times 100$，式中矿物化学式均表示其摩尔分数，$CaO^*$ 为校正后的摩尔分数（CaO 摩尔分数 ≤ Na_2O 摩尔分数时，采用 CaO 摩尔分数；CaO 摩尔分数 > Na_2O 摩尔分数时，CaO 摩尔分数=Na_2O 摩尔分数）。前人的研究成果表明，当 CIA 值>80 时，化学风化作用强；当 CIA 值处于 60～80 时，化学风化作用强度中等；当 CIA 值处于 55～60 时，化学风化作用强度较弱；当 CIA 值<55 时，风化作用主要为机械风化作用（Nesbitt and Young，1984；Liu et al.，2012）。

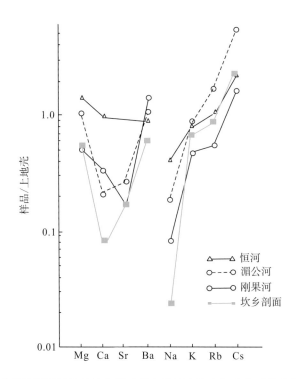

图 5-7 伊犁盆地南缘侏罗系泥岩碱性金属元素含量经上地壳标准化后的分布特征图(Taylor and
Mclennan,1985)

通过对研究区 19 件细粒碎屑岩样品的 CIA 值的计算可知,泥岩 CIA 值变化范围为
85.48～91.53,平均值为 87.39;粉砂岩 CIA 值变化范围为 79.33～93.15,平均值为 86.06;
细砂岩 CIA 值变化范围为 69.33～97.57,平均值为 79.04。从数据中可以分析出,泥岩
和粉砂岩 CIA 值要高于细砂岩,这可能与细砂岩的粒度较粗、化学风化作用不彻底和风
化作用程度相对较弱有关,表明 CIA 值会受到碎屑物粒度大小的影响,而泥岩和粉砂岩
的高 CIA 值更能真实反映碎屑物当时遭受的风化作用的强度。因此,研究区粉砂岩和泥
岩的高 CIA 值反映了沉积物遭受强的化学风化作用。将研究区细粒碎屑岩 CIA 值投点
到 Al_2O_3 - (CaO^*+Na_2O) - K_2O(即 A-CN-K)摩尔比图解上(Nesbitt and Young,1984,1989),
大多数样品位于靠近 Al_2O_3 端点的区域,其中泥岩和粉砂岩比细砂岩更靠近 Al_2O_3 端点
(图 5-8),反映出研究区细粒碎屑岩经历了强的化学风化作用,同时也表明在强的化学
风化作用环境下,细粒碎屑岩会富集 Al_2O_3 而淋滤掉 CaO、Na_2O 和 K_2O。大多数样品分
布趋势平行于 A-K 边界,表明化学风化作用优先淋滤 CaO 和 Na_2O,然后才淋滤 K_2O(Liu
et al.,2012)。总之,研究区细粒碎屑岩 CIA 值计算表明,研究区碎屑物经历了强的化
学风化作用,反映了伊犁盆地在侏罗系沉积期处于温暖潮湿的古气候环境,其构造抬升
活动也相对较弱。

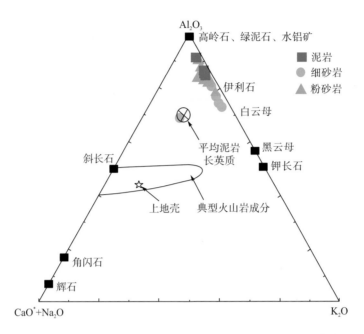

图 5-8　伊犁盆地南缘侏罗系细粒碎屑岩 Al_2O_3-(CaO^*+Na_2O)-K_2O 图解（Nesbitt and
Young，1984，1989）

5.1.4　古气候变化及对铀成矿的意义

1. 古气候变化

气候往往是古地理分布格局、大气组成、太阳辐射等各种因素相互作用后的综合性结果。早、中侏罗世时，在高压信风带及大地体的联合驱动下，受联合古陆干燥带波动及季风循环的相互消长影响，中国西北地区早侏罗世和中侏罗世早期，在强大季风的作用下，其气候温暖湿润，植物生长茂密，适宜于煤的聚集和形成。但在早侏罗世晚期由于干燥带扩张作用的增强，中国中西部地区受到一定的影响，如柴达木盆地该时期沉积的小煤沟组上段杂色岩系产出的 *Clasopollis* 平均含量为 25%～30%，个别样品可达 50% 以上（符俊辉和邓秀芹，1999）。但是，这次干燥带向东扩张之势并不是很盛，区内无论是岩石方面还是生物方面均没有较为明显的反映，而且无论在西伯利亚南部或南欧都没有蒸发岩发育，*Clasopollis* 含量与晚侏罗世相比大为逊色。中侏罗世晚期，区内在干燥气候带的影响下，气温升高，从而导致聚煤作用终止。到晚侏罗世，由于温室效应的进一步加强，季风循环减弱，区内长期受干燥影响，气候因而进入了干旱阶段。早侏罗世晚期，中国北方地区出现了明显的升温，而且有趋于干旱的现象，其中，西部地区气候变化要比东部更为强烈，究其原因可能是东部临近西太平洋，其受到了来自太平洋的潮湿气流的影响，因而比西部内陆地区相对更加潮湿一些。

基于对位于伊犁盆地南缘的侏罗系露头苏阿苏沟剖面进行野外样品采集，本书通过岩石学特征、黏土矿物特征、孢粉特征，并结合地球化学分析，得出以下结论：伊犁盆地在侏罗纪时气候整体上呈现出温暖潮湿的特点，但其中也有一定的局部气候波动。早侏罗世八道湾组和中侏罗世西山窑组表现为温暖潮湿的气候环境，在这种环境下植物繁茂，促成了高沉积速率以及致使植被形成煤炭的高生产力，而大量发育的煤层为最好的证明。与之相反，早侏罗世三工河组是个气候条件相对略显干旱的时期，红色细粒岩层的发育和煤层的中断同样提供了最佳的依据。

2. 古气候对铀成矿的影响

气候可以通过影响地层中的还原容量制约地层的成矿能力，且影响范围十分广泛。在区域古构造等因素的协同影响下，沉积期的古气候不仅制约了潜在铀储层砂体的发育，而且制约了铀储层和整个含铀岩系内部的还原介质类型、丰度和分布，继而在成矿期协同盆缘造山带物源区的抬升程度等构造因素，联合控制层间氧化带的发育规模、形态和空间定位特征，进而约束层间氧化带型铀矿的形成条件与重要特征。

古气候由温湿转向干旱既有利于氧化-还原序列的形成，也有利于形成后生铀矿床，尤其是温湿-半干热气候条件有利于富有机质、黄铁矿等还原性砂体的形成及铀的预富集作用，为后生改造叠加铀成矿创造了条件。半干旱-干热气候有利于后生氧化作用发育及铀成矿，潮湿气候条件则不利于形成后生铀矿床。炎热干旱、半干旱的交替气候有利于后生铀矿床的形成，岩石在旱季强烈机械风化，有利于地表水的淋滤，植被发育差，黏土矿物少，水中的铀免于分散，地下水位较低，氧化作用和水的淋滤作用较强，大量铀进入地下水中，并能以较为稳定的铀酰碳酸络合物形式进行长距离迁移，由于蒸发作用，水中铀含量增高，当高铀含量的水溶液进入潮湿气候条件下形成的还原性砂体，经过长期持续作用形成后生铀矿床。

古气候潮湿、雨量充沛，有利于植被发育，是煤层形成的决定性条件。气候干旱少雨，植被不发育，形成大量红层，有利于铀的氧化、搬运及迁移。焦养泉等(2015)对中国西北地区主要赋铀盆地的沉积模式及其与气候的相互关系进行了总结，认为潮湿的古气候环境下，铀储层砂体中的还原介质丰富且分布均匀，矿体位于盆地边缘且多为卷状矿体(伊犁-吐哈模式)；潮湿-干旱古气候转换背景下，古气候由潮湿向干旱转换，铀储层砂体中的还原介质丰度有限且垂向分布不均匀(在垂向上具有逐渐减少的趋势)，矿体形态呈少量的卷状和大量的板状(鄂尔多斯东胜模式)；干旱气候环境下，"红层相控模式"干旱气候背景下发育的含铀岩系，因"红层"中还原介质不足且垂向分布不均匀，矿体多呈板状(松辽盆地钱家店模式)。

5.2 含铀岩系层序地层结构特征

层序地层学研究作为当前沉积学与盆地分析中的主要研究方法，在沉积盆地的油气勘探中发挥了重要作用，但是在砂岩型铀资源勘查中的应用研究目前仍不多见。伊犁盆地南缘作为我国重要的砂岩型铀矿生产基地，在盆地盖层、含矿目的层侏罗系中开展有关层序地层的研究却不多，制约了我国对该地区沉积演化与铀矿成作用的全面认识。因此，对伊犁盆地南缘含矿目的层侏罗系开展高分辨率层序地层学研究对探讨层序对铀成矿的控制作用及指导下一步铀矿勘查工作具有十分重要的科学和现实意义。

5.2.1　基准面界面识别

1. 基准面旋回识别标志

钻孔岩心及三维露头剖面较测井、地震反射剖面具有更高的分辨率，因而是基准面旋回，特别是短期基准面旋回(成因层序)识别的基础。露头剖面识别主要涉及以下几点。

(1)冲刷侵蚀作用面：地层剖面中的冲刷现象及上覆地层底部的滞留沉积物，其产出位置或代表基准面下降于地表之下的侵蚀冲刷面，或代表基准面上升时的水进冲刷面。后者与前者的区别是冲刷面幅度较小，且多见盆内碎屑。两者在垂向剖面上表现为岩性和岩相突变关系(陈洪德等，2013)。

(2)超覆面：包括上超面、下超面和顶超面。其中，作为层序界面的滨岸上超，常表现为深水沉积物直接覆盖于较浅水沉积物之上，而向盆地方向的下超，则常表现为浅水沉积物直接覆盖于较深水沉积物之上，如河流或浊流砂砾岩直接覆盖于深水泥岩之上。层序界面的超覆面代表着浅水和深水环境的两类沉积之间往往呈缺失过渡环境沉积作用的岩性突变关系(陈洪德等，2013)。

(3)岩性转换面：岩相类型或者相组合在垂向剖面上转换位置，如向上水体变深、粒度变细相序或者相组合向水体逐渐变浅、粒度变粗相序或者相组合的转换处，其转换处代表着基准面上升达到最高点位置的洪泛面(陈洪德等，2013)。

(4)渣状层：又称渣土层，是海平面下降导致前期沉积暴露并遭受风化剥蚀、淡水淋滤、溶解等地质作用所形成的异常疏松、似炉渣状的土壤(陈洪德等，2013)。

(5)河流回春作用面：由于海平面的快速下降，陆棚的一部分或者全部暴露地表，河流推进至陆棚并下切陆棚，形成河流相沉积，其与下伏海相沉积之间的界面即为河流回春作用面，属于典型的层序界面(陈洪德等，2013)。

除此之外，碳酸盐岩地层中发育的古岩溶作用面、火山事件作用面等均可作为基准面旋回的典型层序界面标志。

2. 研究区层序界面识别

岩心资料和野外露头是识别高频层序界面及进行短期旋回识别行之有效的方法，研究区所识别出的岩心标志主要有以下四种。

1) 古暴露面标志

古暴露面标志有很多种，常见的有钙质结核、铁质结核、古土壤层、红土层、干裂、根茎化石等，它们代表基准面下降到最低点，沉积物暴露于地表时遗留的"痕迹"，可作为鉴别层序界面的标志。研究区中可见到一些暴露于地表的渣土层(图5-9)。

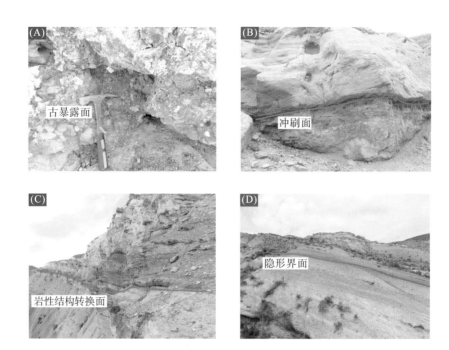

图 5-9　伊犁盆地南缘侏罗系苏阿苏沟剖面典型层序界面类型图

(A)八道湾组底部的古暴露面；(B)西山窑组中部分流河道底部冲刷面；(C)三工河组岩性结构转换面；(D)三工河组隐形界面

2) 冲刷面及河床滞留沉积

地层剖面中的冲刷现象及上覆的河道滞留沉积，其产出位置或代表基准面下降到地表以下引起的侵蚀冲刷作用，或代表基准面上升初期时的水进冲刷面，后者与前者的区别是水进冲刷面之上多见盆内碎屑，且幅度较小。不同成因和不同规模级别的侵蚀冲刷面，是划分不同级次层序界面的重要证据。冲刷界面上下有明显的岩性、岩相突变差异，有时也有滞留砾石或下伏地层的扁平砾石存在。研究区内西山窑组和三工河组之间多为此种界面，另外，西山窑组内部砂岩中也常发育此种类型的界面(图 5-9)。

3) 岩性结构转换面

这类界面多出现于剖面结构发生明显转化的地方，这种转化可以是两个由粗→细的正向结构的转化，或者两个由细→粗的逆向结构的转化，也可以是由细→粗的逆向结构向正向结构的转化，在界面上可以见到岩性的突变。研究区可见浅水沉积物直接覆盖于深水沉积物之上，或者深水沉积物直接覆盖于浅水沉积物之上，分别代表两种沉积环境之间往往呈缺失过渡状态而呈突变接触关系(图 5-9)。

4) 沉积间断面及相关的整合面

此类界面发育在中-短期旋回层序中，主要表现为韵律性沉积旋回的退积→进积、连续叠加的进积→进积，或退积→退积组合的相转换面。在研究区的非河道沉积区(如泛滥平原、分流间湖泊和沼泽），界面主要表现为沉积间断面及相关整合面，这种界面上下主要沉积的是由泥、粉砂组成的细粒物质，识别标志不清楚，也有研究者将其称为隐形界面。

5.2.2　高分辨率层序地层划分方案

在前人研究的基础上，本书通过野外露头剖面、钻井岩心识别出了不同级次的基准面旋回，并将研究区划分为若干个短期旋回（SSC）、8 个中期旋回（MSC）和 4 个长期旋回（LSC）。各级次层序识别标准如下。

（1）短期旋回：主要为一套低幅度水深变化、彼此间成因联系密切或由相似岩性、岩相地层叠加组成的湖进-湖退沉积序列，表现为多个韵律式叠覆的退积-进积式沉积组合，或连续叠加的进积式和退积式沉积相组合的转换面。界面表现为局部发育沉积不整合面和与之相关的整合面、小型冲刷面、相似岩性和岩相组合的分界面[图 5-10（A）]。

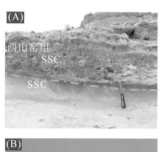

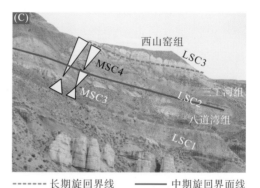

图 5-10　伊犁盆地南缘不同级次基准面旋回界面特征

（2）中期旋回：主要为一套水深变化幅度不大、彼此间成因联系密切的地层所叠加组成的湖进-湖退沉积序列，其界面多发育在剖面结构由粗→细→粗的正向粒序结构到逆向粒序结构的转换面，界面表现为间歇暴露面、较大规模的侵蚀冲刷面和与之相关的整合面[图 5-10（B）]。

（3）长期旋回：主要为区域性湖（海）退作用形成的界面，界面表现为地层之间的大型冲刷面、岩相突变面，其形成主要与次级构造活动引起的周期性模式变化有关[图 5-10（C）]。

其中，八道湾组下段可划分为 1 个长期旋回（LSC1）和 2 个中期旋回（MSC1 和 MSC2）；八道湾组上段和三工河组为第 2 个长期旋回（LSC2），可进一步划分为 2 个中期旋回（MSC3 和 MSC4）；西山窑组下段和中段为第 3 个长期旋回（LSC3），其上段和头屯河组为第 4 个长期旋回（LSC4），同时可进一步将西山窑组划分为 3 个中期旋回（MSC5、MSC6 和 MSC7），头屯河组为第 8 个中期旋回（MSC8）。中期旋回中 MSC1 顶底界、MSC2 顶底界、

MSC3 底界、MSC4 顶界、MSC5 底界、MSC6 顶界、MSC7 顶底界、MSC8 顶底界均以冲刷面作为层序界面，而 MSC3 顶界、MSC4 底界、MSC5 顶界、MSC6 底界以沉积间断面或与之整合的界面为界(图 5-11 和图 5-12)。

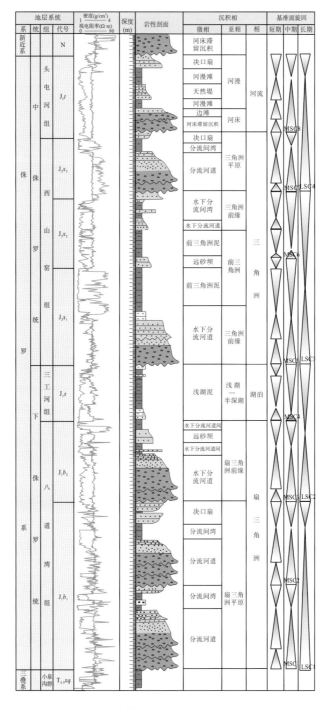

图 5-11　伊犁盆地南缘库捷尔太 ZK6877 井侏罗系层序综合柱状图

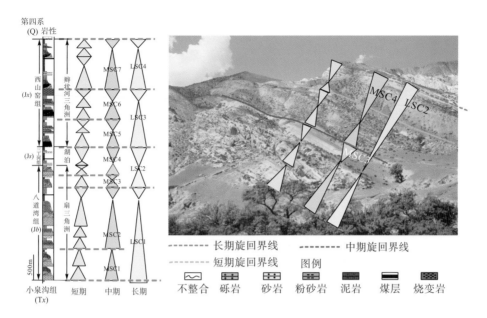

图 5-12 伊犁盆地南缘苏阿苏沟剖面高分辨率层序地层划分

5.2.3 基准面旋回结构特征

基准面旋回结构主要受控于可容纳空间和沉积物供给量之间的变化关系(即 A/S 比值)。A/S 比值受到沉积环境的水动力条件、构造活动强度、气候等多种因素的影响。前人将基准面旋回结构划分为以下 3 种基本类型。

(1)向上变深非对称型(A 型):该类型主要形成于低可容纳空间和高沉积物供给量的沉积环境,具有较强水动力条件,其 A/S 比值往往小于 1,常以冲刷面为层序底界,粒度向上变细,缺少下降半旋回,可进一步划分为低可容纳空间亚型(A1 型,A/S 比值<<1)和高可容纳空间亚型(A2 型,A/S 比值<1)。A1 型主要出现在水道化砂体彼此叠置的部位,上升半旋回晚期发育的溢流沉积往往被冲刷侵蚀掉而没有保存下来,只保存底部粗粒沉积物,如沉积旋回早期发育河流相河道底部、三角洲分流河道底部或冲积扇扇道沉积底部等。A2 型不仅保存底部粗粒沉积物,而且保存上升半旋回晚期发育的细粒溢流沉积物。

研究区中八道湾组短期旋回主要为 A 型,其中中期旋回底部主要发育 A1 型,中部为A2 型,表明八道湾组沉积时期(MSC1、MSC2、MSC3)基准面低,盆地可容纳空间小,物源区大面积向盆地方向扩展,沉积物供给量充沛,水动力强。西山窑组下段(MSC5)和上段(MSC7)底部、头屯河组(MSC8)底部也主要发育 A 型短期旋回。

(2)向上变浅非对称型(B 型):该类型主要保存下降半旋回沉积记录,上升半旋回多被水进冲刷掉或者为无沉积的间断面,沉积物粒度具有向上变粗的逆粒序,沉积物供应量不足,沉积处于弱补偿-欠补偿状态,水动力条件较弱,一般位于湖(海)泛面附近。其发育位置主要是三角洲前缘的远砂坝、河口坝及前缘席状砂等沉积环境。

研究区中该类型主要发育在三工河组(MSC4)顶部、西山窑组下段顶部(MSC5)和中段顶部(MSC6),表明该时期基准面上升,盆地可容纳空间扩大,并发生了广泛的湖侵作用,物源向陆地方向迁移,沉积物供应量不足。

(3)向上变深复变浅对称型(C 型):该类型保存了相对较完整的上升半旋回和下降半旋回沉积记录,主要发育在可容纳空间大的环境下,即 A/S 比值>1。在垂向上,沉积物的粒序具有由粗变细复变粗的特征,旋回结构具有对称性。根据洪泛面两侧的沉积序列、岩相组合和沉积厚度,该类型可进一步划分为 3 种亚类型,即以上升半旋回发育为主的不完全对称型(C1 型)、上升半旋回与下降半旋回厚度近相等的近完全-完全对称型(C2 型)和以下降半旋回为主的不完全对称型(C3 型)。

研究区中各组上部的短期旋回均发育 C 型旋回,其中八道湾组、西山窑组上段和头屯河组以 C1 型为主,西山窑组中下段和三工河组以发育 C3 型和 C2 型为主。中期旋回和长期旋回均发育 C 型,其中中期旋回中 MSC1、MSC2、MSC3、MSC7、MSC8 为 C1 型,MSC5 为 C2 型,MSC4 和 MSC6 为 C3 型;长期旋回中 LSC1 和 LSC4 为 C1 型,LSC2 和 LSC3 为 C2 型。

5.2.4　中短期旋回格架下等时地层对比

本书在单井沉积相和高分辨率层序地层分析与划分的基础上,以中期旋回层序为等时地层格架单元,进行中短期旋回等时地层对比。具体对比方法如下:首先对研究区钻孔剖面进行精细中短期旋回划分,并将各短期旋回层序按照其发育顺序和旋回结构特征标定在中期旋回的上升半旋回和下降半旋回的两个时间单元中,同时选取普遍发育的层序界面和洪泛面作为等时地层对比的标志;然后,以中期旋回的洪泛面为起点,中期旋回的顶底界面为终点,分别对处于中期上升半旋回的短期旋回进行自上而下的逐层对比,对处于下降半旋回的短期旋回进行自下而上的逐层对比。本书选取东西向和南北向连井剖面进行中短期旋回等时地层格架对比,如图 5-13 和图 5-14 所示。

1. 东西向等时地层格架地层对比特征

在中期旋回格架下,研究区各钻孔显示在 MSC4 时期(三工河组),主要发育一套厚层稳定泥岩,其中期旋回 MSC4 大多数以下降半旋回为主,上升半旋回不发育,即发育不完全对称型(C3 型),少数发育近完全-完全对称型(C2 型),短期旋回多数为向上变浅非对称型(B 型)和以下降半旋回为主的不完全对称型(C3 型),表明 MSC4 时期为研究区最大洪泛面发育时期。而其上下地层均发育湖退的三角洲和扇三角洲沉积,发育沉积相类型具有相似性和对称性。

据钻孔资料,在 MSC1、MSC2 时期,短期旋回主要为向上变深非对称型(A 型),下降半旋回不发育,沉积一套厚层砂砾岩,砂体呈相互叠置切割形态,水道横向上迁移频繁,砂体连通性较好,表明该时期沉积物物源供给充足,但可容纳空间增量有限,受沉积物体积分配的影响,溢出相细粒沉积物都被搬运到湖盆中心方向沉积,而只保留下未被冲刷掉的粗粒碎屑物质。

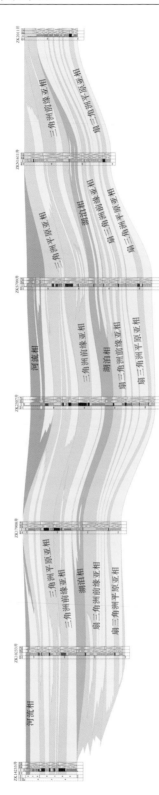

图5-13　伊犁盆地南缘东西向高分辨率层序地层中短期旋回及连井剖面沉积相对比图

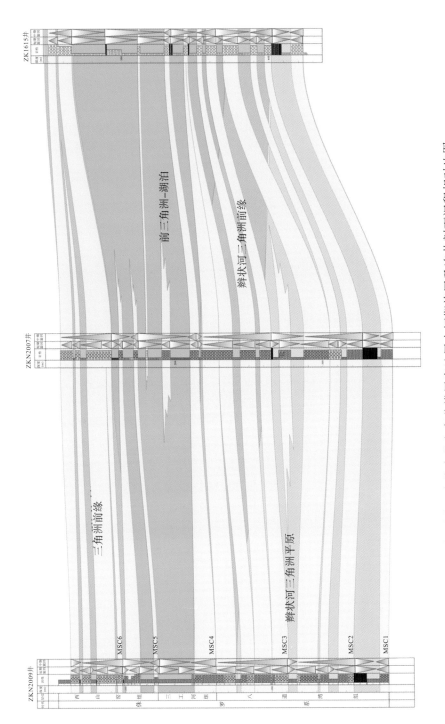

图5-14 伊犁盆地南缘南北向高分辨层序地层中短期旋回及连井剖面沉积相相对比图

在 MSC3、MSC5 时期，短期旋回主要为近完全-完全对称型(C2 型)和以下降半旋回为主的不完全对称型(C3 型)，少数为向上变浅非对称型(B 型)。MSC3 时期底部发育一套厚层稳定砂砾岩，连通性较好，但大多数砂体仍呈孤立状态，表明其可容纳空间与 MSC1、MSC2 时期相比有所扩大，增加可容纳空间能够完全或大部分容纳沉积物供给量，因此，其溢出相细粒沉积物得以保存下来。

在 MSC6、MSC7 和 MSC8 时期短期，旋回主要为向上变浅非对称型(B 型)和近完全-完全对称型(C2 型)，少数发育以下降半旋回为主的不完全对称型(C3 型)，砂体多数呈叠置连通状态，表明与 MSC3、MSC5 时期相比，其可容纳空间有所缩小，沉积物供给量增大，部分溢流相细粒沉积物被冲刷掉(图 5-13)。

2. 南北向等时地层格架地层对比特征

从南向北(即从 ZKN2009 井到 ZK1615 井)，各钻孔短期旋回具有与东西向剖面相似的特征，底部 MSC1、MSC2、MSC3 时期的短期旋回大多数为向上变深非对称型(A 型)，尤以 A2 型最常见，部分为近完全-完全对称型(C2 型)，该类型主要集中在北边 ZK1615 井；中部 MSC4、MSC5 时期的短期旋回是以下降半旋回为主的不完全对称型(C3 型)，部分为近完全-完全对称型(C2 型)，该类型主要集中在南边 ZKN2009 井；上部 MSC6 时期的短期旋回也为向上变深非对称型(A 型)，A1 型和 A2 型均可见。

从南向北，该对比剖面的中期旋回变化具有一定的规律性。例如，MSC2 时期由以上升半旋回为主的不完全对称 C1 型(ZKN2009 井)变化为近似完全对称 C2 型(ZKN2007 井)，再变为以下降半旋回为主的不完全对称 C3 型(ZK1615 井)；MSC3 时期由向上变深非对称 A 型(ZKN2009 井)变化为以上升半旋回为主的不完全对称 C1 型(ZKN2007 井)，随后再变为近完全-完全对称 C2 型(ZK1615 井)；MSC4 时期由近完全-完全对称 C2 型(ZKN2009 井)变为以下降半旋回为主的不完全对称 C3 型(ZKN2007 井)，再变为向上变浅非对称 B 型(ZK1615 井)；MSC5 时期则由以下降半旋回为主的不完全对称 C3 型(ZKN2009 井、ZKN2007 井)变为向上变浅非对称 B 型(ZK1615 井)(图 5-14)。前人的研究表明，自陆上物源区向湖盆中心方向，大部分沉积体系的中长期基准面旋回结构具有由 A 型向 C 型，或者由 A 型向 C 型再向 B 型或由 C1 型向 C2 型再至 C3 型的连续变化规律，而研究区 MSC2、MSC3、MSC4、MSC5 时期旋回结构由南向北显示此规律，表明研究区的物源搬运方向是由南向北的。

5.3　含铀岩系沉积环境特征

沉积体系是指受同一物源和同一水动力系统控制的、在成因上有内在联系的沉积体或沉积相在空间上有规律的组合。其主要建立在沉积相及沉积相模式分析的基础上，重点对沉积盆地的大型充填形式进行分析，是盆地分析中的主要内容之一。

本书通过对伊犁盆地南缘野外露头剖面的观察及测量和对盆地内钻井岩心的观察，建立起岩石学特征、岩石颜色与结构、沉积构造、粒度、古植物等系列沉积相标志。此外，依据沉积相标志，对单井和单剖面各组的沉积相进行分析，并进行连井剖面沉积相对比及平面沉积相展布刻画，本书认为研究区在侏罗纪主要发育扇三角洲-湖泊-辫状河三角洲-辫状河流相的沉积体系，各时期主要发育的沉积相及其时空分布见表5-3。

表 5-3　伊犁盆地南缘侏罗纪不同时期发育的沉积相类型及其时空分布特征

层位	扇三角洲相		辫状河三角洲相		湖泊相		辫状河流相	
	平原	前缘	平原	前缘	滨浅湖	半深湖-深湖	河道	河漫
头屯河组 J$_2$t							■	■
西山窑组 J$_2$x			■	■	■	■		
三工河组 J$_1$s			■	■	■	■		
八道湾组 J$_1$b	■	■			■		■	

5.3.1　沉积相鉴别标志

沉积相是指沉积环境，以及在该环境下形成的沉积岩(物)特征的综合。沉积岩的特征包括岩石学特征、沉积构造特征、岩石组合类型特征和粒度特征等，均是各种沉积环境的物质记录。通过对这些沉积特征进行研究，可以认识沉积物形成时的环境。

1. 岩石学特征

通过对研究区野外露头剖面和钻井岩心进行观察，可知八道湾组底部主要发育厚层杂色砾岩和含砾粗砂岩，粒度粗，颗粒分选性和磨圆度为中等-较差，呈次棱角状-次圆状，砾石层粒度粗，厚度大 [图5-15(A)]；自下而上可划分为多个向上变细的沉积旋回，旋回顶部发育薄层细砂岩、粉砂岩等，夹有少量煤线。砂岩类型主要为岩屑砂岩和岩屑石英砂岩，其成分成熟度和结构成熟度均较低，显示其近物源的特征。三工河组主要发育灰色粉细砂岩与粉砂岩薄互层，夹有煤层 [图5-15(B)]，同时发育灰黑色泥岩 [图5-15(C)]。西山窑组主要发育灰色中细粒砂岩-粉砂岩-泥岩组合，含有煤层，砂岩也主要为岩屑砂岩和岩屑石英砂岩，颗粒之间的充填物主要为黏土矿物，部分颗粒之间为钙质胶结，颗粒的磨圆度和分选性较差-中等；自下而上可划分为三个沉积旋回，旋回底部发育含砾粗砂岩或砾岩，中部可见大量烧变岩 [图5-15(D)]。总体来说，与八道湾组相比，西山窑组砂岩粒度变细，成分和结构成熟度变高。

图 5-15　伊犁盆地南缘侏罗系苏阿苏沟剖面各组岩石学特征

(A)八道湾组底部厚层砾石；(B)三工河组粉细砂岩与泥岩、煤线互层；(C)三工河组中部发育厚层泥页岩；(D)西山窑组中部发育中厚层砂岩及烧变岩

2. 沉积构造特征

沉积物在搬运和沉积时，由于介质(水、风)的流动，沉积物的内部及表面会形成一些特殊的构造，而这些构造可以有效反映沉积介质的应力及流动状态，从而有利于对沉积环境的分析。研究区主要发育流动成因的沉积构造，包括层面构造和层理构造，其主要发育的沉积构造类型及特征如下。

1)层面构造

冲刷面构造：主要是由于水的流速增大，造成对下伏相对细粒沉积物冲刷、侵蚀而形成起伏不平的层面构造，主要发育于河流相和三角洲相的河道沉积中。研究区八道湾组和西山窑组常见该构造(图 5-16)。

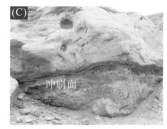

图 5-16　伊犁盆地南缘侏罗系中发育的冲刷面构造特征

(A)八道湾组底部发育冲刷面构造，ZK13027 井；(B)、(C)西山窑组发育冲刷面构造，苏阿苏沟剖面

2)层理构造

块状层理和正粒序层理：块状层理通常是由沉积物流快速堆积而形成的，正粒序层理则通常是因流动强度降低，沉积物按粒度大小依次先后沉降而形成的，它们通常指示其重力流成因。研究区八道湾组沉积旋回底部砂砾岩中常可见厚层块状层理和正粒序层理，显示其具有重力流成因[图 5-17(A)和(C)]。

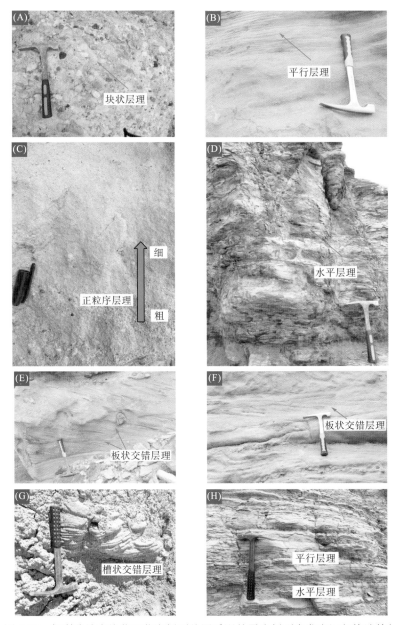

图 5-17 伊犁盆地南缘苏阿苏沟剖面侏罗系野外露头剖面中发育沉积构造特征

(A)块状层理，八道湾组；(B)平行层理，西山窑组；(C)正粒序层理，八道湾组；(D)水平层理，三工河组；(E)板状交错层理，八道湾组；(F)板状交错层理，西山窑组；(G)槽状交错层理，西山窑组；(H)细砂岩与泥岩互层，细砂岩中发育平行层理，泥岩中发育水平层理，西山窑组

　　交错层理：主要包括大型槽状和板状交错层理，细层面呈倾斜状，与层面或层系界面呈倾斜相交，其多形成于水动力较强的环境中，如辫状河三角洲中的辫状河道、河流相中的主河道等。研究区西山窑组中常见，通常发育在中厚层状中粗粒砂岩中，多位于沉积旋回的中下部[图 5-17(E)～(G)]。

水平层理和平行层理：水平层理形成于较弱的水动力条件下，由悬移物直接沉积而成，多形成于细粒碎屑岩(泥岩、粉砂岩)中。平行层理主要形成于砂岩中，是在较强的水动力条件下形成的。研究区三工河组砂泥岩互层中，砂岩可见平行层理，泥岩可见水平层理[图 5-17(B)、(D)和(H)]。

3. 岩石组合类型特征

通过对野外露头剖面的实测和钻井岩心的观察，本书对研究区岩石组合类型进行了详细的研究，共识别 3 种典型的岩相组合，其特征如下。

(1)组合类型 A：底部主要为具有块状层理的砾岩、具有槽状或板状交错层理的砂岩、具有水平层理的粉砂岩和泥岩。底部通常为厚层砾岩层，与下伏地层泥岩呈冲刷-充填接触关系，砾岩颜色通常为红黄色、杂色，显示为辫状水道中河床滞留沉积特征。向上过渡为具有大型槽状或板状交错层理、平行层理的砂岩，其厚度一般较大，砂体内部通常具有冲刷面，表明其河道多次迁移，砂体被反复冲刷，多次叠置，砂体中间常夹有薄层粉砂岩、泥岩，显示为辫状河道沉积特征。再往上，顶部则为粉砂岩与泥岩薄互层、泥岩，显示为河道间漫滩沉积特征，顶部粉砂岩、泥岩往往因被冲刷掉而保存得不完整，厚度较薄[图 5-18(A)]。该组合类型在八道湾组和西山窑组中旋回底部较常见，其中八道湾组与西山窑组相比，其底部砾岩明显厚度更大，砾石粒度更粗，碎屑物质来源更充沛。西山窑组中组合类型 A 中部分砂岩呈红色，可能为辫状河三角洲平原亚相分流河道沉积，而呈灰色则可能为辫状河三角洲前缘亚相水下分流河道沉积。

图 5-18　伊犁盆地南缘苏阿苏沟剖面侏罗系岩石组合类型特征

(A)八道湾组；(B)西山窑组；(C)三工河组

(2)组合类型 B：底部为含砾砂岩、粗砂岩-中细粒砂岩-粉砂岩、泥岩。底部含砾砂岩、粗砂岩，通常具有块状或大型槽状、板状交错层理，与组合类型 A 相比，其底部砂砾岩厚度变薄且粒度变细，向上为具有板状或平行层理的中细砂岩，顶部为具有水平层理的粉砂岩、泥岩。组合类型 B 进一步可划分为两种亚类型，即近源型和远源型。近源型主要分布在三角洲平原或前缘靠近陆上物源的方向，底部砂体相互叠置切割，砂体内部发育各种形式的冲刷面，砂体呈叠置型；远源型底部砂体粒度变细，颜色通常呈灰色，显示水下砂体特征，砂体厚度总体变薄，通常为单一砂体，砂体呈孤立型，中上部粉砂岩、泥岩较发育[图 5-18(B)]。

(3)组合类型 C：具有水平层理的粉砂岩、泥岩与具有平行层理或波纹层理的中细粒砂岩呈薄互层状[图 5-18(C)]。主要发育于前三角洲或浅湖-半深湖亚相，在三角洲前缘水下分流河道间也较发育此类型岩石组合。

4. 粒度特征

碎屑岩的粒度特征能够直接有效地反映沉积物沉积时的水动力强度，是衡量搬运介质搬运能力的尺度，也是判别碎屑物沉积环境的良好指标，因此，粒度特征分析在物源区分析和判断沉积环境方面有着重要作用。本书通过选取野外露头剖面、钻孔岩心的不同层位和不同类型的砂岩样品(共 48 件)进行粒度特征分析，以对其形成时的沉积环境和水动力条件进行判断。

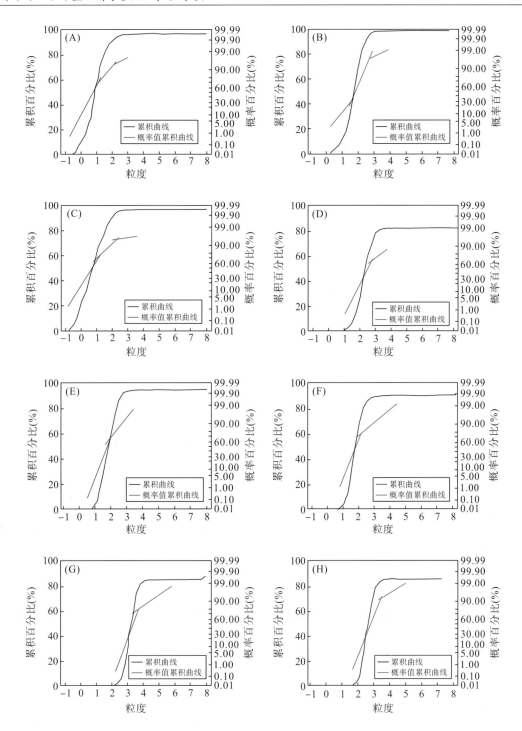

图 5-19　伊犁盆地南缘侏罗系砂岩粒度分析特征

(A)、(C) 八道湾组粗粒碎屑岩典型粒度分布图；(B) 西山窑组粗粒碎屑岩典型粒度分布图；(D)、(E) 八道湾组中-细粒砂岩典型粒度分布图；(F) 西山窑组中-细粒砂岩典型粒度分布图；(G) 西山窑组细粒砂岩典型粒度分布图；(H) 八道湾组细粒砂岩典型粒度分布图

1) 累积曲线和概率值累积曲线特征

从图 5-19 可以看出，粒级较粗的粒度分布范围较宽，累积曲线表现较平缓，而粒级较细的累积曲线表现较陡，表明研究区粗粒碎屑物的分选性比细粒碎屑物差。

在概率值累积曲线图上，总体主要表现为三段式和两段式。其中，在粗砂粒级以上碎屑颗粒中，八道湾组的粗粒碎屑岩(尤其位于沉积旋回底部)主要表现为明显的三段式，且推移次总体百分含量占比较大，总体上占比 60%左右[图 5-19(A)和(C)]，斜率较缓，表明其推移颗粒较多，分选性差，其沉积时坡度较陡。而发育在西山窑组的粗粒碎屑岩(主要位于沉积旋回底部)，总体上也表现出较明显的三段式，但其粒度变细，分布范围变窄，推移次总体所占百分含量较低，占比约为 45%[图 5-19(B)]，斜率变陡，表明粗粒碎屑物在西山窑组沉积时期分选变好，推移颗粒组分变少，沉积时坡度变缓。

在中-细砂粒级中，八道湾组和西山窑组中细砂岩均表现为两段式，滚动次总体不发育，跃移次总体和悬移次总体发育，其所占百分含量比较大，其中跃移次总体占比为 50%～65%，悬移次总体占比为 10%～20%[图 5-19(D)～(F)]，显示出明显的河道沉积特征。与粗砂粒级相比，中-细砂粒级的累积曲线变窄，概率累积曲线斜率变大，表明其分选性有所变好。

在细砂粒级中，其概率值累积曲线也表现为两段式，缺少滚动次总体，主要为跃移次总体和悬移次总体，概率值累积曲线斜率陡，表明其分选性好[图 5-19(G)和(H)]，表现为次级河道或天然堤沉积特征。

2) 粒度判别函数

早在 20 世纪 60 年代，不同学者就通过总结现代不同沉积环境下的大量碎屑岩沉积物样品粒度分布特征，以及计算粒度参数值，求得了各类沉积环境下的判别函数(表 5-4)。

表 5-4　不同沉积环境下粒度参数判别特征

沉积环境	判别公式	判别值	函数平均值
浅海(湖)与河流(三角洲)	$Y_1=0.2852M_2-8.7604\sigma^2-4.8932SK+0.0482K_G$	$Y_1[浅海(湖)]>-7.4190$	$Y_1[浅海(湖)]=-5.3167$
		$Y_1[河流(三角洲)]<-7.4190$	$Y_1[河流(三角洲)]=-10.4418$
河流(三角洲)与浊流	$Y_2=0.7215M_2-0.4030\sigma^2+6.7322SK+5.2927K_G$	$Y_2[河流(三角洲)]>9.8433$	$Y_1[河流(三角洲)]=10.7115$
		$Y_2(浊流)<9.8433$	$Y_2(浊流)=7.9791$

本书主要通过对来自八道湾组和西山窑组的不同沉积旋回位置的 24 件砂岩样品进行粒度参数计算，然后再进行判别公式计算，其结果见表 5-5。

从表 5-5 中可以看出，研究区总体上表现为河流(三角洲)环境下河流(三角洲)沉积，部分为浅湖相浊流沉积，少量为过渡类型。其中，八道湾组旋回底部含砾粗砂岩多表现为浅湖相浊流沉积，上部为河流(三角洲)相河流 [河流(三角洲)] 沉积；西山窑组中基本上为河流(三角洲)相河流［河流(三角洲)］沉积,少数为浅湖相浊流沉积。这表明在八道湾组沉积时期,尤其在旋回底部粗粒碎屑物沉积时,流体性质具有重力流特征,而向上逐步过渡为牵引流沉积;西山窑组沉积主要为牵引流沉积。值得注意的是,一些细粒沉积物也表现出浅湖相浊流沉积特征,这可能与其粒度较细且直接由悬移质沉积形成有关。

表 5-5　伊犁盆地侏罗系砂岩粒度参数特征值

样品	层位	岩性	粒度参数				Y_1	Y_1 判别环境	Y_2	Y_2 判别环境	判别结果
			平均值(MZ)	标准偏差(σ)	偏度(SK)	峰度(Kg)					
JB-1	八道湾组	中砂质粗砂岩	0.95	0.73	0.07	1.23	-4.68	浅湖	7.45	浊流	浊流
JB-2	八道湾组	细砂质中砂岩	1.76	0.51	0.17	1.17	-2.55	浅湖	8.50	浊流	浊流
JB-3	八道湾组	中砂质细砂岩	2.32	1.40	0.42	3.91	-18.38	河流	24.41	河流	河流(三角洲)
JB-4	八道湾组	极细砂岩	3.33	0.47	0.13	1.18	-1.56	浅湖	9.43	浊流	悬移质沉积
JB-5	八道湾组	细砂岩	2.55	1.29	0.45	4.42	-15.84	河流	27.59	河流	河流(三角洲)
JB-6	八道湾组	细砂质中砂岩	1.95	0.62	0	1.32	-2.75	浅湖	8.24	浊流	浊流
JB-7	八道湾组	细砂质中砂岩	1.88	0.69	0.22	1.41	-4.64	浅湖	10.11	浊流	河流(三角洲)
JB-8	八道湾组	细砂岩	2.39	0.42	0.18	1.00	-1.70	浅湖	8.16	浊流	悬移质沉积
JB-9	八道湾组	中砂质细砂岩	2.21	0.57	0.25	1.79	-3.35	浅湖	12.62	河流	河流(三角洲)
JB-10	八道湾组	细砂岩	2.22	0.44	0.14	1.29	-1.69	浅湖	9.29	浊流	悬移质沉积
JB-11	八道湾组	中砂质细砂岩	2.09	1.41	0.44	4.46	-18.76	河流	27.27	河流	河流(三角洲)
JB-12	八道湾组	中砂岩	1.50	0.57	-0.02	1.15	-2.27	浅湖	6.90	浊流	浊流
JB-13	八道湾组	中砂质粗砂岩	0.62	0.93	0.03	1.03	-7.50	浅湖	5.75	浊流	过渡类型
JB-14	八道湾组	中砂岩	1.62	1.48	0.42	3.62	-20.61	河流	22.27	河流	河流(三角洲)
JB-15	八道湾组	细砂岩	1.95	0.62	-0.07	1.29	-2.41	浅湖	7.61	浊流	悬移质沉积
JB-16	八道湾组	中砂岩	1.76	0.65	0.28	1.73	-4.49	浅湖	12.14	河流	河流(三角洲)
JX-1	西山窑组	粗砂质中砂岩	1.13	1.80	0.37	3.28	-29.71	河流	19.36	河流	河流(三角洲)
JX-2	西山窑组	不等粒砂岩	0.99	1.37	-0.06	0.70	-15.83	河流	3.26	浊流	过渡类型
JX-3	西山窑组	粗砂质中砂岩	1.14	1.56	0.34	2.36	-22.54	河流	14.62	河流	河流(三角洲)
JX-4	西山窑组	中砂质粗砂岩	0.67	0.84	0.14	0.94	-6.63	浅湖	6.12	浊流	浊流
JX-5	西山窑组	中砂质粗砂岩	0.66	0.82	-0.07	0.98	-5.31	浅湖	4.92	浊流	浊流
JX-6	西山窑组	中砂岩	1.50	1.21	0.26	2.61	-13.54	河流	16.06	河流	河流(三角洲)
JX-7	西山窑组	不等粒砂岩	1.52	1.82	0.39	2.88	-30.35	河流	17.63	河流	河流(三角洲)
JX-8	西山窑组	含细粉砂和黏土的细砂质中砂岩	1.84	1.64	0.42	3.19	-24.94	河流	19.95	河流	河流(三角洲)

5.3.2　沉积相类型

在总结前人研究的基础上,综合上述沉积相标志发育的特征,并通过单井相及单剖面相分析和连井相剖面对比,本书认为研究区发育的主要沉积相类型为扇三角洲相、湖泊相、辫状河三角洲相、辫状河流相,其主要特征如下。

1. 扇三角洲相

该相类型主要发育在靠近物源区的山口出处，由冲积扇直接入湖形成。其沉积物主要为近物源的粗粒碎屑物。根据沉积物展布特征，扇三角洲相可进一步划分为扇三角洲平原亚相、扇三角洲前缘亚相和前扇三角洲亚相。其在研究区主要发育在八道湾组沉积时期。

扇三角洲平原亚相主要为辫状河道和重力流的粗粒碎屑物沉积。在八道湾组旋回底部常可见到分选性差、呈次圆状到次菱角状的、具块状层理或局部具不明显递变层理的泥石流沉积[图 5-15(A)，图 5-17(A)和(C)]。沉积物粒度粗、厚度大，主要为砾岩、含砾粗砂岩等，砾石直径可达到 4～8cm，最大可达到十几厘米以上。砂岩层中常有不明显的交错层理和平行层理，砾石层和砂岩层呈互层状。砂体颜色多呈杂色甚至红色，局部还可见河道间泥质、煤层。

扇三角洲前缘亚相主要发育具牵引流构造的辫状河道和分流河道间沉积。旋回底部局部可见少量重力流沉积。与扇三角洲平原亚相相比，扇三角洲前缘亚相沉积物粒度变细，岩性主要为含砾砂岩、砂岩等，且分选性和磨圆度变好，主要呈次棱角-次圆状；牵引流构造发育，可见大中型槽状、板状等交错层理[图 5-17(E)]，同时，分流河道间粉砂质、泥质也较发育。

前扇三角洲亚相主要发育细砂岩、粉砂岩、泥岩等，且主要发育在八道湾组上部。

2. 湖泊相

研究区湖泊相主要发育浅湖-半深湖亚相的细砂、粉砂质、泥质等沉积物，同时也发育一些沼泽亚相的薄层煤层或煤线。其主要发育在三工河组和西山窑组下段沉积时期，岩性主要表现为细砂岩、粉砂岩与泥岩或煤线呈薄互层状[(图 5-15(B)和(C)，图 5-17(D)]。常与前三角洲亚相细粒沉积物难以区分。

3. 辫状河三角洲相

该相类型主要发育在研究区西山窑组沉积时期，其根据沉积特征可进一步划分为辫状河三角洲平原亚相、辫状河三角洲前缘亚相和前辫状河三角洲亚相，其主要发育特征如下。

辫状河三角洲平原亚相主要发育在西山窑组中上部，主要由辫状河道和河漫流沼泽沉积组成。与研究区扇三角洲平原亚相沉积相比，其辫状河道沉积砂体粒度变细，岩石类型主要为中细砾岩、含砾粗砂岩、中砂岩等，且分选性和磨圆度有所变好，沉积构造主要为牵引流构造，如大中型交错层理、平行层理[图 5-17(B)]，底部常发育冲刷面构造[图 5-16(B)和(C)]，河道迁移摆动也较频繁，砂体常呈切割叠置的形态，但缺少重力碎屑流沉积。砂岩颜色多呈杂色甚至红色[图 5-16(B)和(C)]，同时，由于研究区在侏罗纪处于潮湿气候条件，因此河漫沼泽沉积也较发育，其在研究区主要由暗色泥质粉砂岩、泥岩和煤层组成。

辫状河三角洲前缘亚相主要发育水下分流河道、河口坝、席状砂和水下分流河道间等沉积微相。其中水下分流河道沉积为平原亚相的辫状河道在水下的延伸，它们的砂体结构相似，但水下分流河道沉积物粒度变细，单层砂体厚度变薄。同时，由于流速降低，在河口处常发生沉积，形成河口砂坝，具有下细上粗的反粒序层理。此外，还可见到一些由波浪改造作用形成的细砂岩、粉砂岩与泥岩薄互层的前缘席状砂[图 5-17(H)]。水下分流河道间沉积主要为暗色泥岩、粉砂质泥岩、粉砂岩等。总体来说，前缘岩相发育砂体的连通性与平原亚相砂体相比变差，沉积物颜色以暗灰色、深灰色，灰黑色等暗色为主。泥质沉积物也较发育。

前辫状河三角洲亚相主要发育暗色泥岩、泥质粉砂岩、粉砂岩薄互层，颜色较深，与半深湖相粉砂岩和泥岩较难区别。

4. 辫状河流相

该相类型主要发育在研究区头屯河组沉积时期，主要为辫状河道沉积和漫流沉积。头屯河组在研究区发育不完整，大多数钻孔中只有底部一部分，少数发育齐全。其底部主要为一套含砾粗砂岩、砂岩，呈块状层理，与下伏地层的泥岩呈侵蚀冲刷接触关系，其上为具有大型槽状、板状等交错层理的砂岩，再向上为具有小型板状交错层理的细砂岩，顶部为具有水平层理的粉砂岩和泥岩。部分地区河流二元结构的底层沉积保存较好，砂砾岩相互叠置，厚度较大，而上部的细粒沉积物被冲刷掉而不发育。沉积旋回主要为向上变细的正韵律。砂体颜色主要呈褐黄色或红色，显示其形成于水上的氧化环境。

5.3.3　砂体厚度及沉积相平面展布特征

本书通过对研究区 60 余口钻孔资料数据进行整理和分析，以及对伊犁盆地南缘侏罗系各套地层发育时期的砂体和砂地比进行统计，在平面上绘制出了研究区各时期砂体平面展布等厚图；并结合研究区沉积发育特征，以及单井相分析和连井剖面沉积相对比分析，绘制了研究区各时期沉积相平面展布图。

1. 砂体厚度展布特征

八道湾组砂体厚度总体表现出西薄东厚特征。东边蒙其古尔和乌库尔其地区砂体厚度在 50～70m，且发育较稳定；西边墩买里地区发育砂体厚度相对薄一些，为 40～60m。砂体呈椭球形，总体上从南向北砂体厚度逐渐变薄[图 5-20(A)]。

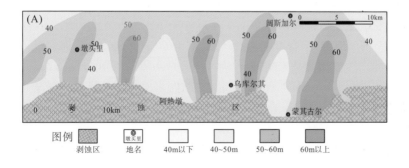

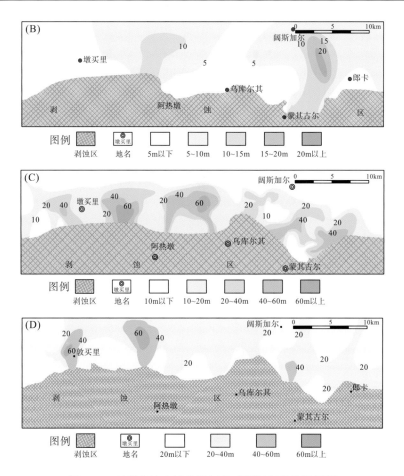

图 5-20 伊犁盆地南缘侏罗纪各时期沉积砂体等厚图

三工河组总体上砂体不发育,厚度较薄。在东部蒙其古尔—阔斯加尔地区发育较稳定的砂体,且砂体厚度较大,为 10~30m;在西边,阿热墩北边也发育较薄的砂体,砂体厚度为 5~20m;其他地区均以粉砂质、泥质沉积为主[图 5-20(B)]。

西山窑组砂体也较发育,且分布范围较广,从西边墩买里到东边蒙其古尔均有砂体发育,且分布较稳定,大多数砂体厚度为 20~40m,局部可达到 60~70m[图 5-20(C)]。

头屯河组砂体总体来说也较发育,砂体厚度也多为 20~40m,部分地区达到 40~60m。砂体在西边较厚,在东边较薄[图 5-20(D)]。

综上所述,不同地区、不同时期砂体发育厚度不同,但各时期砂体厚度总体上从南向北逐渐变薄,表明沉积物搬运方向为从南向北。

2. 沉积相平面展布特征

八道湾组主要为扇三角洲沉积,从西向东连续发育多个扇三角洲"朵叶体",其中以乌库尔其—蒙其古尔发育的扇体规模最大;扇三角洲前缘亚相发育,且水下分流河道砂体在湖中连成片状,砂体连通性好。从南向北依次发育扇三角洲平原亚相—扇三角洲前缘亚相—前扇三角洲亚相(图 5-21)。

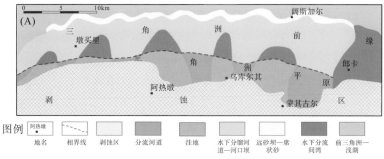

(A)伊犁盆地南缘八道湾组沉积相平面图

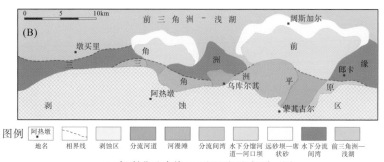

(B)伊犁盆地南缘三工河组沉积相平面图

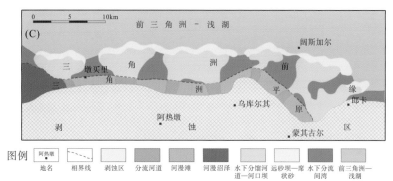

(C)伊犁盆地南缘西山窑组沉积相平面图

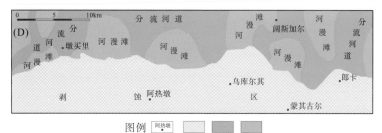

(D)伊犁盆地南缘头屯河组沉积相平面图

图 5-21　伊犁盆地南缘侏罗纪各时期沉积相平面展布特征图

　　三工河组主要为湖泊相沉积,湖平面处于上升期,物源区供给量不足,只湖盆东部边缘(乌库尔其-蒙其古尔地区)发育辫状河三角洲沉积,而湖盆西边缺少辫状河三角洲砂体沉积,且多为浅湖-半深湖相粉砂岩-泥岩沉积。自湖盆边缘向北往湖盆中心方向,主要为浅湖-半深湖亚相沉积,该时期湖盆范围明显超过八道湾组沉积时期(图 5-21)。

　　西山窑组主要为辫状河三角洲沉积,湖平面下降,物源区供给量充足,沉积砂体在整个侏罗纪时期最为发育,从西向东发育多个辫状河三角洲"朵叶体",而且在平面上展布相对连续和稳定。辫状河三角洲前缘亚相在研究区最为发育,水下分流河道砂体延伸较远,且连通性较好。其中,尤其在乌库尔其-蒙其古尔地段发育较好(图 5-21)。

　　头屯河组主要为辫状河相沉积,由于构造抬升,湖面萎缩、消失,盆地整体上以河流相沉积为主,辫状河道主要发育在墩买里以西一直到乌库尔其的地区,其次是在阔斯加尔地区西南部。河道与河道之间亦发育较大规模洪泛平原沉积(图 5-21)。

第6章 伊犁盆地砂岩型铀矿大规模聚集作用

伊犁盆地是我国最重要且最早投入生产的砂岩型铀矿勘探开发基地之一，盆地南缘有我国第一个特大型层间氧化带砂岩型铀矿田，这也是我国第一个开展工业化地浸开发的可地浸砂岩型铀矿床，被视为我国可地浸砂岩型铀矿床的经典范例。相比我国其他盆地，伊犁盆地中多个砂岩型铀矿床具有形成时间跨度较长、期次多、蚀变矿物独具特色等特征，是研究层间氧化带砂岩型铀矿床形成机制，尤其是蚀变-成矿作用过程的最佳样本之一。本章在已有研究的基础上，从蚀变矿物组合、成矿条件、控矿要素及成矿模式等方面探讨了伊犁盆地铀成矿作用，并提出和论述了煤层自燃对铀矿成矿的促进作用，在此基础上，针对地质工作程度较低的盆地北缘开展了找矿预测。

6.1 铀成矿作用

伊犁盆地目前已发现的层间氧化带砂岩型铀矿床(金景福和黄广荣，1991；陈戴生等，1996；黄以，2002；王保群，2002；张映宁等，2006)均在盆地南缘构造活动相对稳定的区域。与铀元素富集有关的层间氧化带尖灭带一般位于岩相过渡部位，即反映出砂体粒度变细、渗透率降低的部位，并且往往出现一定量的有机质、碳质(刘陶勇和毛永明，2006)。

成矿物质的来源和性质问题在学术界一直存在较大争议。以往对成矿流体来源的认识多是基于对传统测试方法获得的同位素数据的综合分析，而对于流体成矿过程缺乏系统的精细刻画。目前研究多局限于单个矿床(单条剖面)，对伊犁盆地整个矿田的研究还有待进一步总结。相对于其他产铀、富油气盆地，伊犁盆地砂岩型铀矿床中有机质总量少、直接参与成矿的痕迹少，这使得伊犁盆地无论是在铀成矿理论研究方面，还是在铀资源开发利用方面，都比其他盆地更加优越。

本章进行了伊犁盆地主要砂岩型铀矿床成矿相关蚀变作用研究(矿物组成、岩石化学组成和沉积地球化学研究)。对伊犁盆地侏罗系含矿层位开展研究工作，进行了系统的岩相学工作，探讨了含铀岩系在成矿作用下的变化特征，对层间氧化带形成过程中黏土矿物的类型及组合、成矿意义进行了详细分析，研究了氧化带、过渡带和还原带中主要黏土矿物的形态、成分、结构标型及同位素标型的特征，探讨了蚀变作用及矿物组成对铀的迁移、转化、富集的作用，以及砂岩型铀矿床层间氧化带中黏土矿物与铀成矿作用的关系及成矿机理。

6.1.1　铀矿床蚀变矿物组合特征

伊犁盆地南缘侏罗系层间氧化带可划分为三个基本地球化学分带——氧化带、过渡带、原生带(还原带),它们具有不同的蚀变矿物组合特征。其中,过渡带为铀沉淀富集的部位,是氧化-还原地球化学障,黏土化强烈,可见石英次生加大现象。氧化带中可见长石黏土化较强,生成次生高岭石(图 6-1),铁镁矿物氧化蚀变生成次生蒙脱石、绿泥石等黏土矿物。伊犁盆地砂岩型铀矿床中,黏土矿物种类包括高岭石、伊利石、蒙脱石、伊蒙混层及绿泥石等。黏土矿物的形成具有多阶段、多形态的特征(宋昊等,2016)。黏土矿物对铀具有一定的吸附能力,但不同种类的黏土矿物对铀的吸附能力又存在一定差异(张晓等,2013)。前人通过扫描电镜和 X 射线衍射定量分析黏土矿物含量发现伊利石含量变化不大,说明层间氧化带蚀变发育过程中温度没有升高且压力没有增大(刘章月等,2015;刘红旭等,2017),而高岭石、伊蒙混层在赋矿过渡带含量的变化(修晓茜等,2015),反映了过渡带中酸碱交替的特点及部分黏土矿物与铀的沉淀富集关系密切。黏土矿物的多少和种类影响着砂体物理性质,对砂岩渗透性的影响表现为高岭石<绿泥石<伊利石<蒙脱石。黏土矿物特殊的物理化学性质(巨大的表面自由能)决定了黏土矿物可以吸附 UO_2^{2+},不同黏土矿物对铀的吸附能力是不同的,表现为高岭石<绿泥石<伊利石<蒙脱石。黏土矿物组合特征和含量同样受控于层间氧化带分带,随着层间氧化带的发育和地球化学环境的变化,流体携带 UO_2^{2+} 迁移并发生蚀变,铀完成迁移并在氧化还原障中沉淀富集。

铀矿石结构疏松,透水性好,含有大量炭质碎屑和浸染状黄铁矿,岩石类型为长石砂岩或石英岩屑砂岩。铀矿物主要为显微状沥青铀矿+铀石(含少量再生铀黑和钛铀矿),铀矿物大小为微米级以下(0.01~0.30μm),甚至更小,多数呈显微状颗粒(分散吸附状态)形式存在。通过对代表性样品进行地球化学元素测试,可知矿床具有 U-Co-Ni-Se-Pb-Ti 多金属元素富集的特征。铀与其他金属元素基本没有赋存在同一矿物中,局部与 Se 和 Pb 有一定共生关系。碳酸盐岩是部分含铀岩石的填隙物,且是铀成矿的有利矿物组合;黏土矿物与铀成矿具有空间共生关系,在铀成矿作用中起到了吸附和界面的作用(宋昊等,2016),有利于赋矿空间的形成及定位。

通过伊犁盆地南缘的铀矿床中黏土矿物对铀成矿的控制作用研究,特别是富矿砂体中黏土矿物的种类、粒度、成分、结构、成因等研究,对铀成矿作用进行了分析。伊犁盆地砂岩型铀矿床中黏土矿物代表了一种重要的蚀变现象,在黏土化蚀变作用过程中,矿物与水的同位素交换较弱,强氧化带中的黏土化蚀变作用期次较单一,而过渡带中的蚀变作用则可能存在多期次的叠加。黏土氢氧同位素研究表明黏土矿物流体主要来源为大气降水(宋昊等,2016),铀成矿与黏土矿物具有较为显著的空间共生关系。无论黏土矿物是陆源黏土成因(蚀源区搬运而来)、改造成因(如长石溶蚀改造),还是转化成因(如伊利石和蒙脱石之间相互转化)等,成矿作用均晚于(或同时期)黏土矿物的形成。黏土矿物受到蚀变时地球化学环境的控制,但反过来又改变了成矿的地球化学环境,并对铀有一定的吸附作用。其在氧化还原成矿过程中起到的作用远不及有机质对成矿起到的作用明显(秦明宽等，1999；张晓等，2013)，但在铀成矿作用中可以起到界面吸附的作用。考虑到黏土矿物总量远高于有机质，所以其成矿潜力和成矿总量仍然较为可观(宋昊等，2016)。

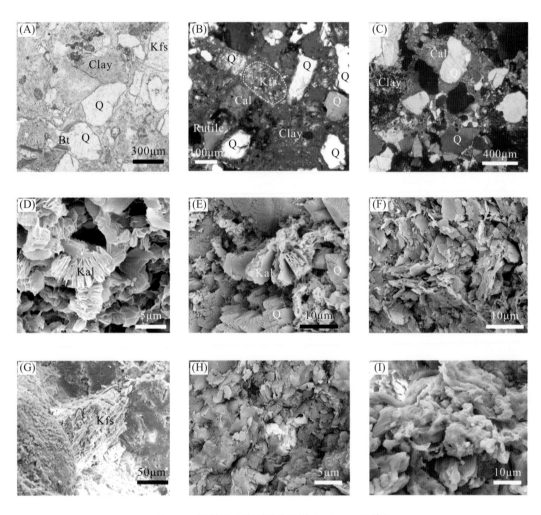

图 6-1　伊犁盆地典型矿床矿物组成及显微特征

Q-石英；Kfs-钾长石；Bt-黑云母；Clay-黏土矿物；Cal-方解石；Kal-高岭石；Rutile-金红石

　　本书对不同蚀变分带的黏土矿物和方解石分别进行了同位素组成对比研究(图6-2)，并结合沉积作用、地球化学特征、构造活动和后期流体蚀变作用等分析了蚀变成因和成矿作用：赋矿层位中的黏土矿物、沉积岩性组合和后生构造等其他成矿条件共同控制了铀成矿作用。氢氧同位素组成指示层间氧化带各亚带具有不同的地球化学特征；各亚带黏土化蚀变作用过程中，形成黏土矿物的流体主要来源为大气降水(图6-2)。对不同亚带中方解石等矿物的含量的研究表明，黏土矿物在部分带中与碳酸盐化程度具有较好的正相关性。结合前人的研究，根据不同分带 C-O 同位素变化规律，可知成矿作用是在多种流体混合作用下形成的(Song et al., 2019)。因此, 矿物学及地球化学特征显示, 碳酸盐化与黏土化蚀变具有一定成因联系, 二者所代表的流体共同作用, 影响了伊犁式砂岩型铀矿床的形成和保存。除此之外, 多因素叠加对成矿作用显著, 其他成矿条件[如岩性(赋矿层和铀源层)和构造]对铀矿化的促进作用、对地下水径流及铀矿体的空间控制作用等共同控制形成了伊犁盆地主要的砂岩型铀矿床——蒙其古尔铀矿床。

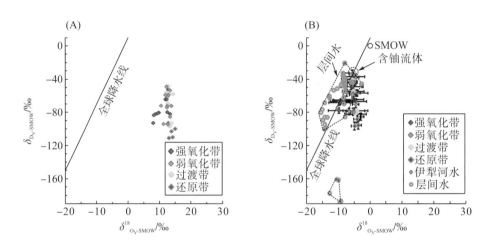

图 6-2   伊犁盆地黏土矿物氢氧同位素组成[底图据 Sheppard(1986)]

(A)黏土同位素; (B)流体同位素

雨水线: $\delta_D=8\delta^{18}O+10$; 高岭石风化: $\delta_D=7.6\delta^{18}O-220$

6.1.2   成矿条件与成矿模式

伊犁盆地产铀层位——水西沟群具备典型的泥-砂-泥结构, 是铀矿的容矿空间和有利层位。在伊犁盆地许多砂岩型铀矿床中, 不同的地层岩性接触界面变化很大, 形态复杂多变, 往往表现为接触界面平缓、陡变和弯曲三种类型。伴随着地层局部地段的岩性突变, 界面往往发育有透水层, 而这往往也是有利于铀成矿的空间部位; 这种岩性界面包括前述(第 5 章)的古暴露面、冲刷面及河床滞留沉积、岩性结构转换面、沉积间断面及相关的不整合面等。此外, 黏土矿物在层间氧化带中分布较为广泛, 特别是在作为主要成矿部位的过渡带中, 砂岩层具有强烈的黏土化蚀变且铀含量较其他层位要高, 反映出黏土矿物与铀成矿具有成因关联。以蒙其古尔 P0 号线矿体剖面图为例, 各层位间有着明显的泥-砂-泥岩性组合, 地层岩性界面接触形态变化的地方也存在着岩性突变的现象(图 6-3)。例如, ①号矿体所在的砂岩层与下部所沉积的泥岩层之间存在一个较明显的地层岩性接触带, 岩性由上部较细的砂岩突变为较粗的砂岩, 这种变化一般是由沉积作用导致的, 而这个部位往往也是有机质及黏土含量增高的部位。当到②号矿体位置时, 地层接触面变缓, 岩性变为较细的砂岩和泥岩, 铀元素在岩性突变的部位聚集成矿。③号矿体所在层位同样也存在着明显的岩性突变界面，其控制了矿体的形成、展布和滚动迁移再富集(Song et al.，2019)。沉积岩性突变部位也是一个地球化学条件突变的部位，而顶、底板泥岩层透水性差、元素化学性质不活泼，从而形成了有利的地层圈闭组合及地球化学壁障系统，促使含矿流体在有利的岩性段层位中透水空间内发生富集、沉淀与成矿。由于地层岩性整体上较为稳定，因此形成规模较大的铀矿体。

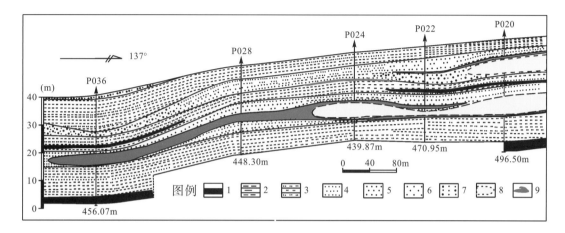

图 6-3　P0 号线铀矿体剖面示意图

1-煤；2-泥岩；3-粉砂岩；4-细砂岩；5-中砂岩；6-粗砂岩；7-砂砾岩；8-层间氧化带；9-铀矿化

本书还对不同蚀变分带中方解石等矿物的含量进行了测试分析，同时进行了系统的方解石碳氧同位素研究，结果显示了不同分带 C-O 同位素变化规律，再结合 H-O 同位素分带特征，可知成矿作用是在多种流体混合作用下形成的。此外，通过总结赋矿层位中蚀变矿物对铀矿成矿的控制作用及与铀矿的空间联系，获得了有关伊犁盆地砂岩型铀矿产出控矿层序及黏土矿物-碳酸盐岩蚀变组合模式。本书认为水文地质条件改变引起的可移动"水头"决定了持续成矿过程中振荡往复的氧化还原界面，层间氧化带+岩性突变控制形成了铀的富集，并决定了铀复杂的且持续受改造的形态特征。这种宏观和微观的共同作用使得层间氧化带内的矿化复杂，矿体主要呈复杂的卷状、板状、透镜状、蛇状、带状展布(王果等，2000)，而且许多已经不是经典的。

前已述及，矿体所在层位(图 6-4)存在着明显的岩性突变，地层岩性界面与铀矿化存在较为重要的联系，有效控制了流体的活动及矿体的分布。伊犁盆地南缘砂岩型铀矿的控矿层序及蚀变组合模式可以为今后的找矿勘查提供有效依据。

综上所述，伊犁盆地铀矿成矿受铀源、沉积层序、构造和流体等因素的联合控制，良好的地势坡度和水文地质条件、较为稳定的矿后构造、持续的后期流体活动、有利的层间氧化带+岩性突变等，为伊犁盆地铀的富集提供了良好条件。

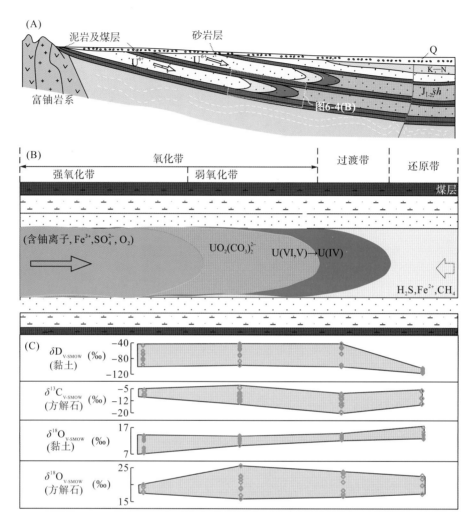

图 6-4　伊犁盆地砂岩型铀矿的控矿层序及蚀变组合综合模式(Song et al.，2019)

6.1.3　控制因素及成矿过程

　　值得一提的是，伊犁盆地层间氧化带砂岩型铀矿床的形成是一个溶解—沉淀—再溶解反复迁移沉淀的多期成矿过程(Song et al.，2019)，受到多种因素的综合控矿，是一个复杂的成矿过程，而形成这个过程的前提是要有相对稳定的成矿环境，以及构造运动盆地掀斜所实现的基本流体动力条件，因此构造运动与砂岩型铀矿床的形成关系密切。在此基础上，本书提出了成矿模式图(图 6-5)，其中，物源、铀源条件、水动力条件和沉积岩系的特征对成矿具有重要作用。前人对伊犁盆地砂岩型铀矿床的成矿年龄研究表明，蒙其古尔铀矿床的形成主要经历了 4 个阶段，且最近一个阶段以来(中新世以来)，为铀成矿的主要时期(Zhang and Liu，2019)，这与青藏高原隆升对天山地区造成影响之间具有重要联系——喜马拉雅运动以来，印度板块不断向北俯冲，致使中亚地区形成了广泛的挤压变形，其中很大一部分俯冲力通过天山造山带释放，从而形成了与青藏高原隆升有关的远程铀成矿效应。前人的研究表明，印度-亚洲板块碰撞作用对天山造山带构造变形的影响及铀成矿作用可分为 4 个阶段(Wang et al.，1999)。

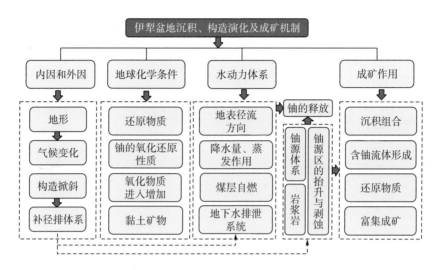

图 6-5　伊犁盆地铀成矿模式及控矿因素图

　　第一阶段(45～35Ma)开始于印度-亚洲板块碰撞汇聚之后(Zhang and Liu，2019)，在这一阶段形成了初始的青藏高原。虽然这一阶段没有给天山造山带带来明显的影响，但也导致了地壳的缩短和隆起，盆地南缘部分侏罗系出露于地表，并开始接受含氧水的氧化作用，这使沉积层位中 Fe^{2+} 被氧化为 Fe^{3+}，形成初始的层间氧化带，同时也形成了早期较弱的铀矿化。其中，出露于盆地南北缘的石炭-二叠系中酸性火山岩、火山碎屑岩，以及前寒武纪结晶和变质基底(图 2-1)及与古生代造山运动有关的岩浆岩(包括眼球状花岗岩、片麻状花岗岩、混合岩、云母片岩、石英岩等岩石)(Alexeiev et al.，2011；Cao et al.，2017；Huang et al.，2018)，可以为铀成矿提供良好的、持续的铀源。

　　第二阶段(35～21Ma)的碰撞作用导致天山山脉强烈挤压抬升，也造成察布查尔山体快速隆升，同时作为山间盆地的伊犁盆地继续发生断陷作用，不断接受新生代粗粒碎屑沉积(韩效忠等，2008)，导致伊犁盆地南缘侏罗系发育大量断裂和褶皱，造成侏罗系大面积出露于地表，使得含氧流体开始大量渗入侏罗系中，进一步活化之前聚集形成的 U^{6+}(由先期形成的 Fe^{3+} 氧化砂体中的 U^{4+} 所形成)，并与 Fe^{3+} 共同作用，持续氧化砂体中的 U^{4+}。当遇到还原性流体时，成矿流体中大量的 Fe^{3+} 沉淀下来形成黄铁矿，黄铁矿形成后会与还原性流体共同作用，最终使 U^{6+} 还原沉淀在黄铁矿周围。

　　第三阶段(21～15Ma)发生在印度-亚洲板块挤压停止后(Wang et al.，1999)，可能与帕米尔高原和天山地块的初始碰撞相关(Liu et al.，2017c)，使天山在中新世隆起变形，形成扎基斯坦向斜，F_3 断裂也在此时形成，这使得扎基斯坦河大量河水顺着 F_3 断裂进入扎基斯坦向斜东翼，并在蒙其古尔东部形成层间氧化带。

第四阶段(8～0Ma)发生在晚中新世以来(Wang et al.，1999；Liu et al.，2017c)，印度板块持续向北俯冲，导致现今的青藏高原形成，最终导致天山地区快速隆起，伊犁盆地南缘煤层自燃及烧变岩的形成也主要发生于这一时期。表生热液(时志强等，2016)从煤层及烧变岩中淋滤出铀离子，加之先期形成的 F_1 断裂开始向盆地内俯冲，盆地南缘侏罗系地层倒转，形成天然的补水窗口，携带铀元素运移，进而使铀矿化更加富集，品位提高，形成现今的蒙其古尔铀矿床，并且成矿作用一直持续至今。

综上所述，蒙其古尔铀矿床的形成受多种因素控制，在空间上主要受铁质矿物的制约，铁质矿物指示了地球化学环境的变化与铀矿物具有明显的空间共生关系。在氧化带，铁氧化物的形成与含氧流体共同作用于砂体中的 U^{4+}，促进了砂体中活性铀的氧化迁移，使砂体中的活性铀成为砂岩型铀矿成矿的主要铀源之一；在过渡带，铁硫化物的形成促使 U^{6+} 还原并沉淀富集成矿，多期成矿过程控制了铀矿化形成较为复杂的空间分布特征。在时间上，主要受构造运动的控制：成矿时代研究表明伊犁盆地砂岩型铀矿床形成于新生代，中新世至今为盆地内砂岩型铀矿床的主成矿期，这与青藏高原隆升对天山地区的影响相对应。铁质矿物的演化和青藏高原的隆升对伊犁盆地砂岩型铀矿床的控制主要体现在构造环境的改变上，并从根本上控制着伊犁盆地砂岩型铀矿床的时空定位。

6.2　新生代煤层自燃对铀成矿的促进作用

砂岩型铀矿储量大，开采成本较低，在世界范围内的铀矿勘探与开发中占据重要地位。绝大多数砂岩型铀矿成矿时代较新(主要集中在新生代，赋存于中生代盆地的盖层中)，矿集区多位于新老地台内、外边缘(李巨初等，2011)。砂岩型铀矿是我国铀资源勘查与开发中的重要类型之一，在鄂尔多斯、准噶尔、伊犁等中国北方陆相盆地内，侏罗系—白垩系砂岩型铀矿广泛分布，赋铀砂岩层常与煤层共生，且埋深一般小于1000m。关于这些砂岩型铀矿的成因，一般认为与氧化-还原条件有关，并可进一步划分为层间氧化带、潜水氧化带等砂岩型铀矿类型。基于伊犁盆地南缘侏罗系地质实际，笔者发现砂岩型铀矿与煤层自燃形成的烧变岩在空间距离上有相关性，且烧变岩与"氧化带"褐、红色调砂岩在成分及颜色上有相近之处。Gavshin 和 Miroshnichenko(2000)曾指出在西西伯利亚地区 Kansk-Achinsk 盆地内有正在燃烧的下侏罗统煤层，烧变岩之下的褐色蚀变煤层中出现铀异常。他们认为燃烧有机质提供的铀源由大气水运载，并在蚀变煤层中沉淀。基于此，本书进一步提出煤层自燃及形成烧变岩的过程促进了铀成矿的科学设想，并引入表生热液的新概念(时志强等，2016)，试图用新的观点解释中国北方陆相含煤盆地部分"层间氧化带""潜水氧化带"砂岩型铀矿的成因，厘清找矿标志，以指导中国北方砂岩型铀矿勘探。

6.2.1　关于煤层自燃与烧变岩

1. 煤层自燃

煤层自燃及其相伴而生的烧变岩是世界范围内普遍存在的地质现象(黄雷,2008)。在世界范围内,内陆干燥气候条件下可见到正在燃烧的煤层,如在我国西北地区很多埋藏较浅的煤层正在发生自燃;而新生代煤层自燃产物——烧变岩也较为常见。一般在有自燃煤存在的地方均可见烧变岩,埋藏条件下的煤层自燃主要取决于与空气接触的条件及煤的湿度。赵俊峰等(2005)认为煤的自燃主要受三个条件的控制:煤本身的自燃倾向、不断供给适量的氧气和热量得以聚集的环境。黄雷(2008)认为构造运动、地形切割程度及气候条件决定着煤层与氧气的沟通程度,煤层的厚度、产状等是决定热量能否聚集的主要因素,煤层的埋藏深度、地温、煤的粒度及人为因素等也都影响着煤的自燃。

2. 烧变岩

烧变岩是煤层自燃烘烤围岩而导致围岩热变质变形形成的一类特殊岩石(Sokol and Volkova,2007;Stracher et al.,2015)。在煤层自燃过程中,其上覆岩层经受高温烘烤作用致使其外观、岩石学特征发生改变形成烧变岩。王玉山(1986)将烧变岩归为一种特殊而少见的变质岩,刘志坚(1959)认为烧变岩兼具三大类岩的特点,可将其作为三大类岩间的一种新型岩类。烧变岩又称燃烧变质岩,由燃烧煤炭时产生足够的能量烘烤或烧熔邻近的岩石而产生。烧变岩经历高温-低压变质作用,因氧化和脱水作用而导致岩石质地、结构和颜色发生变化(Stracher et al.,2015),形成多色的燃烧变质复合物(Kuenzer and Stracher,2012;Stracher et al.,2015)。由于受高温的影响,烧变岩可以提供古煤火的潜在证据(Heffern and Coates,2004;Sokol and Volkova,2007)。热变质作用使得烧变岩的外观呈彩色、钢灰色或红色的玻璃状、瓷质或砖状(Novikov et al.,2008;Žáček et al.,2010)。作为一种特殊的高温变质岩(王玉山,1986),烧变岩质地坚硬,相对抗侵蚀,常形成悬崖和阶地地貌(Heffern et al.,2007;Riihimaki et al.,2009)。受古气候控制的大气降水影响,烧变岩在中国北方大量分布,而在南方未见报道。国外所见煤层自燃所致的深时烧变岩主要分布于北美地区(Heffern and Coates,2004;Reiners and Riihimaki,2011;Zilberfarb,2014)及与中国新疆毗邻的中亚地区(Novikov et al.,2008)。鉴于深时烧变岩在我国北方分布广泛,其地质意义不容忽视。

我国深时烧变岩分布于以昆仑山—秦岭—大别山为界的北方,而在气候更为湿润的南方未见报道。其主要见于西北地区(韩德馨和孙俊民,1998;陈凯等,2020),主要分布于伊犁、准噶尔、塔里木、吐哈、鄂尔多斯、二连等沉积盆地边缘有煤层出露的地方(图6-6),在天山等山脉的山前地带(即盆地边缘)、黄河沿岸也有较为广泛的报道。笔者近年来实地考察了国内多个沉积盆地边缘的深时烧变岩地质露头,这些野外调查及前人研究显示,无论地表煤层的厚薄,有煤层出露的地方都可能发育烧变岩。其分布范围在我国北方东西横跨35°经度(从伊犁盆地到太行山南麓)、南北跨度大于15°纬度(从鄂尔多斯盆地到准噶尔盆地),其分布区域与我国现今干旱化-半干旱化地区基本一致。

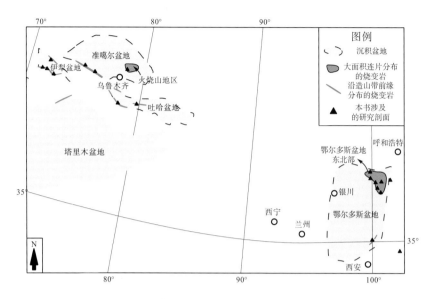

图 6-6　中国北方已知的深时烧变岩分布

伊犁盆地常见的烧变岩主要为侏罗系煤层自燃所致，见于西北地区的八道湾组、三工河组和西山窑组(图 6-7～图 6-9)，自燃煤层的燃烧产物是煤灰，其颜色一般为灰色或灰白色，质地疏松，轻压即碎，具有滑感，厚度通常为 1～20cm，煤灰的成分以玻璃为主，含有少量莫来石、尖晶石、硫酸盐和其他矿物(Hower et al., 2017; 陈彬, 2021)。根据其特征及受热温度，研究者通常将烧变岩进一步细分为烘烤岩、烧烤岩、烧结岩和烧熔岩(管海晏等, 1998; 黄雷, 2008; Kuenzer and Stracher, 2012; 时志强等, 2016; 陈彬, 2021)。伊犁盆地烧变岩发育普遍，尤以盆地南缘为甚，从达拉地到洪海沟都发育着烧变岩 (图 6-7)。上述这 4 种类型的烧变岩在伊犁盆地都被广泛发现，通常根据距离燃烧中心的远近，垂向向上依次为烧熔岩、烧结岩、烧烤岩和烘烤岩，在燃烧煤层的下部通常发育烧烤岩。

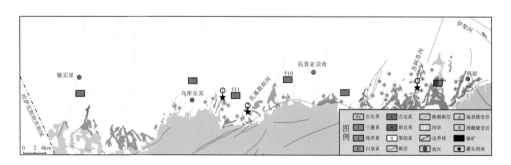

图 6-7　伊犁盆地南缘烧变岩及砂岩型铀矿的分布

(1)烘烤岩：常表现为受到低温烘烤，受热变质程度最低，其形成在距离煤层燃烧中心最远处或煤层阴燃处。相比正常沉积岩，其颜色略微发生改变，但结构和构造未发生改变，裂隙相对增加，与正常围岩过渡(张渝等, 2016; Chen et al., 2020)。在伊犁盆地南缘，烧变岩分布区常见灰白色砂岩，毗邻红色烧变岩 [图 6-8(E)和(G)]，为煤层自燃过程中形成的表生低温热液改造所致(Chen et al.，2020)，被认为是低温烘烤岩的一种类型(时志强等，2016；陈彬，2021)。在显微镜下，褐色、白色烘烤岩颗粒与原岩相比变化不大，填隙物中可见铁质填隙物，白色烘烤砂岩中填隙物主要为高岭石，并可见表生热液(时志强等，2016)蒸腾岩石所生成的气体通道。

(2)烧烤岩：受热变质程度较低，一般为浅红色、红褐色或砖红色[图 6-8(A)和(B)]，硬度略有增大，岩石层理清晰，结构和构造未改变，基本上保留了原始砂岩或泥岩的层理特征[图 6-8(D)和(E)]，常见保留结构清晰的植物痕迹(Novikov et al.，2008；Žáček et al.，2010)。其显微特征以浸染状或广泛分布的褐铁矿等三价铁矿物填隙物为主要特征(Shi et al.，2020)。

(3)烧结岩：变质程度加剧，原岩轻微发生了塑变，但未完全发生熔融(Kuenzer and Stracher，2012)。其最为显著的特征是岩石多呈不同色调的鲜艳红色[图 6-8(A)和(B)，图 6-9(A)~(E)]，结构和构造有改变，仅部分保留了原岩的特征，质地较为坚硬，主要呈现片状或板状构造。随着烧变温度的升高，烧结岩会变硬变脆(陈彬，2021)，从而致使裂隙发育，局部出现熔融迹象。其在中国北方烧变岩区最为常见，原岩为泥质岩的烧结岩常发育柱状节理、瓷化结构等。

(4)烧熔岩：是原岩因煤的燃烧而高温熔化后快速冷凝形成的一种变质岩，主要呈黑色、钢灰色或暗红色，具有明显的玻璃质流动构造和迅速冷凝的外观，以及金属光泽(Grapes et al.，2009)。在鄂尔多斯、准噶尔、伊犁等盆地的多个地区，可见烧熔岩表面光滑，具有水滴状下垂体。其较高的变质温度可使岩石呈熔融结构状、炉渣状、角砾状、蜂窝状，显微镜下可见熔融特征。

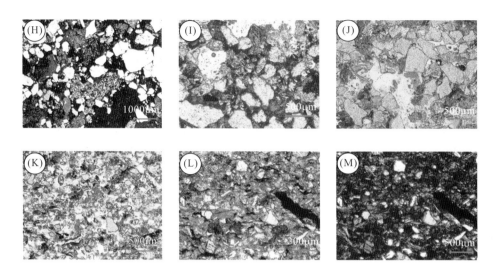

图 6-8　伊犁盆地烧变岩宏观与微观特征

(A)盆地南缘蒙其古尔，红色烧砂岩之下见煤层；(B)盆地南缘加格斯台见以红色色调为主的烧烤岩；(C)盆地南缘加格斯台附近河沟里发育烧变岩；(D)、(E)盆地南缘乌库尔其，烧变岩之下发育浅棕色、灰白色砂岩；(F)、(G)盆地南缘苏阿苏沟，烧变岩之下发育棕红色、灰白色砂岩；(H)盆地南缘加格斯台烧变砂岩中见褐色铁质矿物(单偏光)；(I)盆地南缘乌库尔其白色砂岩中见丰富的方解石胶结物(单偏光)；(J)盆地南缘乌库尔其浅棕色砂岩微观特征(单偏光)；(K)盆地南缘蒙其古尔，白色烧变粉砂岩微观特征(单偏光)；(L)、(M)盆地南缘蒙其古尔，烧变粉砂岩基质中褐色铁质矿物发育 [(L)为单偏光，(M)为正交偏光]

图 6-9　伊犁盆地南缘侏罗系中烧变岩颜色与类型

(A)加格斯台河沿岸炉渣状、角砾状烧熔岩；(B)加格斯台河沿岸蜂窝状、炉渣状烧熔岩；(C)、(D)加格斯台河沿岸高温烧烤岩；(E)加格斯台河沿岸中低温烧烤岩；(F)加格斯台河剖面烧变岩底部中低温炭质烘烤岩，见褐黄色黄铁矿富集层，其有机质 R_o 有所升高

在伊犁盆地，烧熔岩和高温烧烤岩常是疏松多孔的(图 6-9)。中低温烧烤岩完全保持了原岩结构构造，因受到中-较低温度(300~800℃)的改造而脱水、氧化，颜色主要呈红、褐色[图 6-8(H)~(M)，图 6-9(F)]，其发育在烧熔岩及高温烧烤岩附近，或者沿渗透性砂岩层发育成砂岩型铀矿的"层间氧化带"及"潜水氧化带"红色砂岩。本书将煤层自燃与砂岩型铀矿的"氧化带"砂岩联系起来，认为"层间氧化带"及"潜水氧化带"红色砂岩为一种特殊类型的烧变岩，即加热的表生流体改造的产物(时志强等，2016；Shi et al.，2020)，其与前人文献中提及的中低温烧烤岩(Bentor et al.，1981；Cosca et al.，1989；管海晏等，1998；黄雷，2008)形成条件类似，且二者在矿物组成上有相似性，形成温度、改造程度也类似，但可能在孔隙水参与程度上有较大差异。此外，本书认为"层间氧化带"及"潜水氧化带"附近的"褪色带"白色、灰白色砂砾岩亦为一种特殊类型的烧变岩——低温烘烤岩，为表生热液低温(100~350℃)改造条件下黏土矿物转化、填隙物轻微色变、长石高岭石化的产物[图 6-8(E)]。在伊犁盆地南缘，烧变岩剖面中可见该类(白色)低温烧变岩位于红色相对高温烧变岩附近，且沿渗透性砂岩层分布较广(图 6-10)。

图 6-10　伊犁盆地南缘蒙其古尔煤矿烧变岩剖面特征

Ⅰ-最早一期烧变岩；Ⅱ-第二期烧变岩，底界明显，显示为新生代大气降水已经浇灭了该次煤层自燃过程；ⅡA-第二期烧变岩的高温烧烤岩；ⅡB-第二期烧变岩的中低温烧烤岩；ⅡC-第二期烧变岩的低温烘烤岩，主要为热褪色白色砂泥岩，其沿渗透性砂砾岩层延伸较远；Ⅲ-最新一期的煤层自燃过程，正在小规模燃烧；ⅢC-由于煤层自燃规模小，最新一期煤层自燃仅在自燃层上方形成少量低温烘烤岩

3. 表生热液

表生热液又称为表生热流体，为时志强等(2016)提出的概念。干旱气候条件下自燃煤层在气候变化后的湿润气候条件下被大气降雨影响，致使高温流体沿渗透性砂岩层流动，形成表生热流体，其流动过程也是温度降低、所携带的不易迁移的铀等金属元素析出的过程。笔者推测表生热流体的温度为 100~800℃，应是饱含水蒸气的流体，其流动受限于渗透性砂岩层顶底板，主要的流动路径为渗透性极好的烧熔岩和孔渗性较好的高温烧烤岩、未完全固结的疏松砂岩等，流动距离受烧变岩规模、大气降水、砂体发育规模和渗透性控制，推测在连通性好的海相砂岩中最远可达数十公里。因温度不同，表生热流体对砂岩的改造可分为两个方面：一，相对高温的热流体(340~800℃)对渗透性砂岩，特别是砂岩填隙物的热改造，使其三价铁矿物(如褐铁矿、钛铁矿、赤铁矿等)非常丰富而呈红色，由此形成"层间氧化带"或"潜水氧化带"褐、红色砂岩；二，相对低

温的热流体（100～400℃）对砂岩的改造较弱，可造成黏土矿物的转化及岩石的"褪色"而呈白色。

Gavshin 和 Miroshnichenko（2000）认为西西伯利亚地区坎斯克-阿钦斯克（Kansk-Achinsk）盆地燃烧的煤层可提供铀源，铀元素被大气降水运载，在蚀变煤层中沉淀。Pearson（2002）曾发现美国怀俄明州保德河盆地烧变岩附近的煤灰含拉长的方解石及重晶石、钙长石、菱镁矿等，并推测其为地表水经上覆烧变岩渗透后沉淀而来的。基于此，本书进一步提出与煤层自燃有关的高温（近）地表渗滤水沿渗透性砂岩层流动形成表生热液，其在疏松多孔的烧熔岩中为高温热液（高于600℃），流动速率快，因此从高温烧变岩渗滤时可携带铀、铼、镓、锗、钡等常温下不易迁移的元素，在砂岩层中渗滤一段距离后，在流动受阻、温度降低时此类金属元素卸载成矿。本书推测这些金属元素富集成矿主要发生于相对低温热流体（100～300℃）改造的砂岩中，位于相对高温热流体（300～600℃）改造后的渗透性褐、红色砂岩上下及其流动低势区。

如图 6-10 所示，不同期次的烧变岩将形成多期次的表生热流体，这将致使与煤层自燃有关的砂岩铀成矿有多期次的特点，且新的一次烧变岩发育过程会改造前一期次的中低温烧变砂岩。伊犁盆地北缘及南缘均发育侏罗系煤层自燃后形成的烧变岩，盆地南部的蒙其古尔及扎基斯坦铀矿位于扎基斯坦河两侧，在河流上游约 6km 处发育规模宏大的烧变岩（图 6-7）。

6.2.2　煤层自燃促进铀富集的表生热液成矿模式

按现今砂岩铀成矿理论，铀被地下水或地表水携带至砂岩层中有利的部位聚集成矿，其形成时代晚于主岩，成矿以渗入作用为主（李巨初等，2011）。当含氧地下水沿渗水性较好的砂岩层（其上下均为泥岩隔水层）运移时，沿途发生氧化作用，这种氧化作用发育的深度较一般地表氧化大很多，其顺层形成层间氧化带，在氧化-还原过渡带铀沉淀富集成矿，此种类型的铀矿为层间氧化带型（李巨初等，2011）。由潜水氧化作用或层间-潜水氧化作用形成的潜水氧化带型砂岩型铀矿床，其发育深度较浅，一般在近地表附近，氧化作用过程将随上覆盖层的形成而终止（李巨初等，2011）。本书认为在含煤盆地中前人述及的"氧化-还原带"砂岩型铀矿成因应归结为不同种类、不同温度烧变岩的反应，即"氧化带"红、褐色砂岩为中低温烧变岩，"还原带"白色砂岩为低温烧变岩，铀的富集成矿实际上为流经自燃煤层的表生热液在渗透性砂岩层中其温度降低过程的化学反应，与深部热液上涌相关的热液型铀矿有成因上的相似性，但是热液的来源和性质有差别。

1. 表生热液铀成矿过程

1）第一步：蚀源区提供的铀元素分散（或曾集中）分布于侏罗系含煤岩系中

在伊犁盆地，石炭系—二叠系火山碎屑岩＋花岗岩建造主要为一套中酸性火山岩建造和侵入岩建造（刘武生和贾立城，2011），中酸性火山岩和花岗岩中铀的质量分数高，能够为伊犁盆地铀矿的形成提供良好的物质基础（陈戴生等，1996）。此外，伊犁盆地南缘的煤层通常是高含铀的。从物源区被淋滤、搬运后在沉积岩中存在的铀元素一般分散分布于侏罗系水西沟群砂、泥岩中，或被煤层吸附，但丰度一般较低，难以形成可进行工业开采的铀矿床。

2）第二步：煤层自燃

大规模的侏罗系煤层自燃使得燃烧的煤层本身及上覆岩层物质重组，煤层自燃的规模和持续时间取决于煤层的厚度、品质、燃烧条件及(古)气候条件。在高温条件下铀元素从赋铀岩石(煤层、砂岩层或以前形成的铀矿)中析出，并主要以 U^{6+} 离子状态存在，可被表生热液携带、搬运。现有的文献资料对煤层自燃的时代研究较少，笔者推测煤层自燃与干旱的古气候条件有关，主要发生于白垩纪及新生代，而上新世以来的煤层自燃对铀成矿有着最为显著的影响。伊犁盆地南缘的砂岩铀成矿年龄主要集中于新生代，12Ma、6.7～5Ma、2～1Ma(夏毓亮等，2003)可能预示着煤层自燃的年代。

3）第三步：表生热液携带铀元素运移

如前所述，自燃煤层在相对湿润的气候条件下受大气降雨影响，致使高温流体沿多孔烧变岩及渗透性砂岩层流动。对烧变岩的研究显示，烧熔岩及高温烧烤岩多是疏松多孔的(黄雷，2008)，其在鄂尔多斯盆地北部常被视为煤矿的蓄水层(侯启勋，1996；杜中宁等，2008)。表生高温热液首先在高温烧变岩(烧熔岩及高温烧烤岩)中流动，因此渗滤时可携带铀、铼、镓、锗、钡等常温下不易迁移的元素，并继续流经中低温烧烤岩("氧化带"砂岩)。该过程中将有大量水蒸气形成，近地表或沿活动断层向上流动的表生热液将引起大规模的水汽逸散(图 6-11)。

4）第四步：铀矿富集

表生热液的流动过程也是温度降低、所携带的不易迁移的铀等金属元素析出的过程。从高温烧变岩、中低温烧烤岩中运移来的富含铀元素的高温-中低温热液，在渗滤一段距离后其流动受阻，温度也逐渐降低，演变为低温热流体，所影响的砂岩即为"褪色带"白色砂岩，此时铀等金属元素因热液温度降低而卸载，成矿于"氧化带"(中低温热液影响的红、褐色砂岩)前缘的"还原带"(低温热液影响的砂岩)。这一过程与热液型铀矿的形成过程相似。

5）第五步：再次表生热液作用及铀元素的再迁移

从伊犁盆地南缘水西沟群及鄂尔多斯盆地东北部延安组自燃煤层露头剖面观察，煤层自燃及其形成的烧变岩均为多期次的，而不同期次的烧变岩将形成多期次的表生热流体，这将致使与煤层自燃有关的砂岩型铀矿具多期次成矿的特点，且新的一次烧变岩发育过程会改造前一期次的中低温烧变砂岩，并使得铀矿富集部位有所变化，推测最强烈的一次表生热液发育过程决定着砂岩型铀矿的富集地点。这也是东胜等地区铀矿多期成矿的因素之一。

2. 伊犁盆地表生热液铀成矿模式

图 6-11 显示了煤层自燃引发的表生热液铀成矿模式。表生热液的形成取决于两个基本条件，即煤层自燃及大气降水，其在煤层自燃区域形成后一般沿渗透性砂岩层流动，流动距离的长短取决于砂岩渗透性、砂体延伸性及非渗透性地层的阻碍等。温度的降低及非渗透性地层的阻碍是影响铀元素从热液中析出并富集成矿的主要因素。表生热液可沿活动断层穿层流动，并在主要的渗透性砂岩层之上形成规模较小的砂岩型铀矿体或矿化点。除渗透性砂岩层和断层外，不整合面及其下的渗透性岩层也可能是表生热液流动的主要途径。

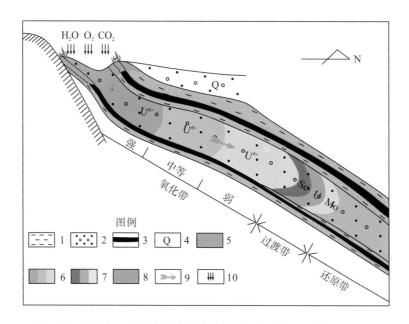

图 6-11　伊犁盆地与煤层自燃有关的表生热液流体砂岩型铀矿成矿模式图(Shi et al.，2020)

1-页岩；2-砂砾岩；3-煤层；4-第四系；5-烧变岩；6-氧化带；7-过渡带；8-原岩/还原带；9-流体流动方向；10-大气降水

伊犁盆地南部"层间氧化带"砂岩型铀矿的分布特征(图 6-12)直观地反映了与煤层自燃有关的表生热液砂岩型铀矿成矿模式。其红、褐色"氧化带"砂砾岩体(实为中低温烧变岩)与盆地边缘侏罗系烧变岩方位一致，越靠近盆地边缘中低温烧变岩厚度越大，向盆地方向则厚度变小，并有分叉(图 6-12)，显示热流体流动势能减弱，流动路径分化，温度的降低则发生在"氧化-还原带"(实际为中低温烧变岩与低温烧变岩界线处，该温度为表生热液携带的铀元素的析出温度，推测为 150℃左右)。在伊犁盆地蒙其古尔地区，存在于三工河组及西山窑组中的砂岩"氧化带"均发端于盆地南缘露头区(李宝新和陈永宏，2010)的烧变岩分布区，并向盆地内延展数千米后尖灭，反映着煤层自燃对"氧化-还原带"的重要影响。

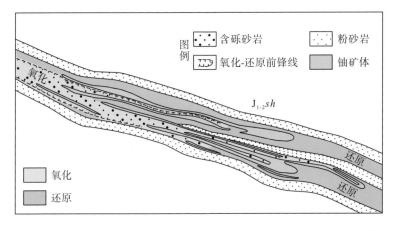

图 6-12　伊犁盆地南缘库捷尔太水西沟群($J_{1-2}sh$) V 旋回 38 线南北向剖面

6.2.3　相关证据

1. 烧变岩与铀矿在空间上的相关性

1) 平面上的相关性

中国北方中生代陆相盆地通常是含煤的，已知的砂岩型铀矿床基本都和煤存在共生关系，甚至哈萨克斯坦下伊犁煤铀矿床、戈立贾特后生-渗入型砂岩型铀矿床也是如此，但由于对烧变岩的关注度不够，烧变岩与铀矿之间的相关性未引起足够重视。在伊犁盆地南缘，侏罗系砂岩型铀矿和烧变岩在空间上距离较近，砂岩型铀矿与烧变岩露头区在平面上的距离一般小于 5km，显示二者有成因上的联系。表生热液铀成矿理论可以合理解释中国南方缺乏砂岩型铀矿(深部热液砂岩型铀矿除外)的原因，即新生代中国南方湿润的气候不利于煤层的自燃，因此难以形成表生热液砂岩型铀矿。

2) 纵向上的相关性

除"氧化带"红、褐色砂岩之外，在伊犁盆地南缘和鄂尔多斯盆地东北部侏罗系赋矿砂体之上常见低温烧变岩(显示为杂色、紫色泥岩)，另见渣状烧变岩和气孔状杂色泥岩，而刘志坚认为气孔状构造是烧变岩构造之一，气孔是由烧变岩中的水分及易挥发的物质逸出后形成的。在伊犁盆地南缘钻井岩心和野外剖面均可发现，具气孔的杂色泥岩或烧熔岩之下常发育褐色砂岩，显示出烧变岩和"氧化带"砂岩铀在成因上的关系，这一关系在井下亦可见(图 6-13)。此类烧变岩在鄂尔多斯盆地东北部亦可见，推测为烧变产物。此外在个别井的岩心中可见沿裂缝分布的红色矿物[图 6-14(A)]，为表生热液带来的三价铁质矿物沉淀所致。这一系列证据显示烧变岩与铀矿在纵向上有密切的关系，或者说铀矿与中低温表生热液关系密切。

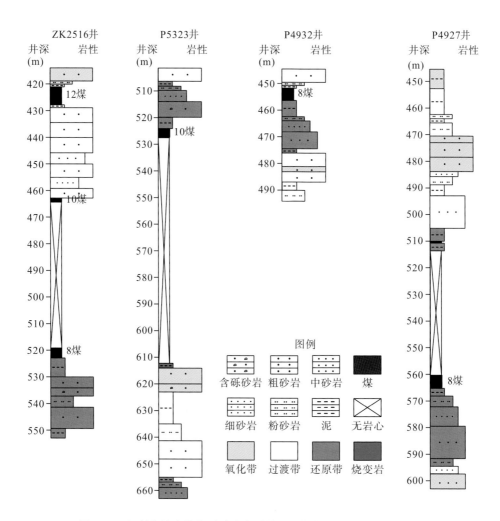

图 6-13　伊犁盆地南缘侏罗系砂岩型铀矿沉积中氧化带、过渡带岩石

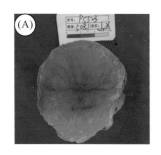

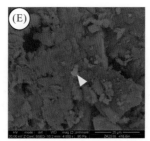

图 6-14　伊犁盆地南缘侏罗系砂岩型铀矿沉积中的褐色砂、泥岩特征

(A)岩心中西山窑组泥岩见三价铁质矿物沿小裂缝分布，显示为(中温)表生热液的影响；(B)浅褐色砂岩岩心特征；(C)浅褐色砂岩微观特征，可见褐色铁质矿物对碎屑颗粒(蓝色三角形所指)及填隙物的交代，填隙物中见丰富的高岭石，ZK2516 井，418.6m，单偏光；(D)浅褐色砂岩微观特征，可见褐色铁质矿物对碎屑颗粒及填隙物的交代和黑色有机质，ZK2516 井，419.0m，单偏光；(E)铬铁矿(黄色三角形所指)背散射电子图像，ZK2516 井，418.6m；(F)蠕虫状高岭石微有向伊利石转化，ZK2516 井，418.6m

2. "氧化-还原带"砂岩微观特征

1) "氧化带"红、褐色砂岩、泥岩

伊犁盆地下-中侏罗统赋矿砂岩层附近的"层间氧化带"褐色砂岩中普遍见褐色铁质矿物(褐铁矿、铬铁矿、钛铁矿等)不规则分布[图 6-14(C)~(E)]，相比"褪色带"白色砂岩，其伊蒙混层黏土含量较低，蠕虫状高岭石常见，且显示有伊利石化。在泥岩及粉砂岩中亦可见红色或棕色氧化物质，呈结核状，或沿微裂缝发育[图 6-14(A)]，显示氧化-还原条件与原生沉积环境无关，而是(中温？)表生热液影响的结果。此类砂岩中广泛分布的铬铁矿、钛铁矿等铁质矿物常在烧变岩露头区红色烧变岩中发育，显示"氧化带"红、褐色砂岩与露头区红色烧变岩有成因上的联系。岩石薄片在显微镜下可见铁质矿物对碎屑颗粒的交代[图 6-14(C)]，可解释为表生热液的中高温烧灼痕迹。

2) "褪色带"白色砂岩微观结构

在伊犁盆地，侏罗系"褪色带"白色砂岩[图 6-15(A)和(B)]中可见褐色铁质矿物呈浸染状分布[图 6-15(C)]，或沿微裂缝分布[图 6-15(D)]，显示为(低温)热液的影响。在白色砂岩的填隙物中，高岭石及伊利石、伊蒙混层黏土常见[图 6-15(F)]，偶见白云石[图 6-16(D)~(F)]，另有黄铁矿[图 6-15(E)]、黄铜矿、磷铈矿[图 6-15(F)]等自生金属矿物充填粒间，亦见具环带的鞍形白云石胶结矿物。磷铈矿等金属矿物和鞍形白云石常出现于热液影响的砂岩中(时志强等，2014)。尽管目前的研究还未排除深部热液的影响，但白色砂岩与来源于烧变岩露头区的红、褐色"氧化带"砂岩(实际为中低温烧变岩)共生，且在烧变岩露头区可见在红色烧变岩侧向位置产出该类砂岩，这都让笔者有理由相信其为表生热液所致。考虑到盆地内地层倾角小且北倾，单斜地层中断层不甚发育，本书认为该类低温热液和不到一千米至几千米外自燃煤层形成的烧变岩有成因上的联系。

图 6-15　伊犁盆地南缘侏罗系砂岩铀矿中的热褪色白色砂岩宏观与微观特征

(A)、(B)岩心中白色砂砾岩宏观特征；(C)砂质泥岩中见褐色矿物浸染，ZK2516 井，443.3m，单偏光；(D)砂岩磨圆度差，杂基含量高，沿微裂缝有浸染状铁质矿物分布，与有机质共生，ZK2516 井，439.0m，单偏光；(E)莓球状黄铁矿(黄色三角形所指)及伊利石，ZK2516 井，455.85m；(F)磷酸铈(黄色三角形所指)存在于伊蒙混层黏土中，ZK2516 井，443.3m

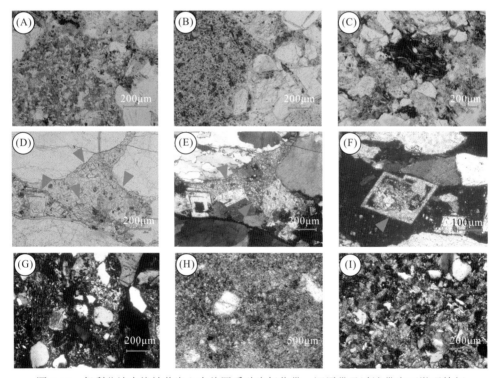

图 6-16　伊犁盆地南缘钻井岩心中侏罗系砂岩氧化带、还原带及过渡带岩石微观特征

(A)~(C)氧化带红色、褐色烘烤岩中见褐色铁质矿物，单偏光；(D)、(E)过渡带白色砂岩中见高岭石及白云石填隙物，其中图(D)为单偏光，图(E)为正交偏光；(F)过渡带白色砂岩见白云石环带包绕颗粒，正交偏光；(G)、(H)还原带砂岩微观特征，其中图(G)为正交偏光，图(H)为单偏光；(I)还原带砂岩中见丰富的菱铁矿交代矿物

3）有机质成熟度

伊犁盆地侏罗系正常沉积的煤等有机质成熟度相对较低，镜质体反射率 R_o 大多介于 $0.42\%\sim0.53\%$（表 6-1），有机质普遍为半成熟的。但个别煤层的 R_o 值达到 0.85%，与露头区烧变岩之下仅 10cm 的煤的有机质成熟度相近（表 6-1），显示出高温（流体）的影响。Gavshin 和 Miroshnichenko（2000）曾指出在西西伯利亚地区下侏罗统烧变岩之下的褐色蚀变煤层中出现了铀异常，并认为燃烧有机质提供的铀源由大气水运载，并在蚀变煤层中沉淀。伊犁盆地蒙其古尔煤矿及附近的烧变岩之下 1m 厚度内的碳质泥岩层中可见丰富的黄铁矿，野外测试显示其有放射性异常，且有机质成熟度有向下远离烧变岩而变低的趋势（表 6-1），这显示了与大气降水和煤层自燃有关的表生热液的影响。该碳质泥岩层为烧变岩露头区表生热液流动的底板，从疏松的高温烧变岩中流出后，表生热液将进一步沿着渗透性砂岩层或断层流动，影响附近的煤层或碳质层，致使其有机质成熟度升高，而未被表生热液影响或影响程度较低的有机质其成熟度保持了原岩的特点。此外，对盆地南缘库捷尔太、乌库尔其矿床水西沟群含矿砂岩矿石及围岩中的油气包裹体饱和烃气相色谱分析显示，CPI、OEP 值分别为 $1.16\sim1.45$、$0.67\sim1.02$，不具有奇数碳优势的特征，反映出有机质成熟度较高（李胜祥等，2006），也显示着表生热液的影响。

表 6-1　伊犁盆地南缘煤等有机质镜质体反射率（R_o）测试数据

序号	井号及剖面	井深(m)或位置	岩性	R_o(%)	测点数	标准离差
1	49783	588.17	煤	0.42	30	0.01
2	P4924	448.87	碳质层	0.45	30	0.01
3	ZK2516	421.80	煤	0.46	30	0.05
4	P5323	613.40	碳质泥岩	0.47	30	0.02
5	P5323	528.00	M8 煤层	0.85	35	0.06
6	蒙其古尔煤矿	烧变岩底界之下 10cm	煤	0.86	30	0.03
7	蒙其古尔煤矿	烧变岩底界之下 80cm	煤	0.53	30	0.02

4）流体包裹体测试数据

在伊犁盆地南缘库捷尔太矿床和乌库尔其矿床中，方解石自生矿物的流体包裹体均一温度为 $102.5\sim117.0℃$（Shi et al.，2020）。李胜祥等（2006）根据水西沟群油气包裹体饱和烃气相色谱分析结果认为其有机质（油气成分）成熟度较高，主峰碳为 $C_{16}\sim C_{18}$，且均为单峰型，这些特征表明伊犁盆地含矿层的油气来源于深部较成熟的烃源岩。当认识到表生热液的作用，本书认为这些成熟度高的流体包裹体也可被解释为煤层遭受高温热液改造后排烃的结果。

砂岩型铀矿在世界上分布广泛，"层间氧化带"和"潜水氧化带"砂岩型铀矿常与烧变岩空间距离近，在成因上有密切联系，因此烧变岩是表生热液砂岩型铀矿的找矿标志之一，可首先从含煤盆地露头区的烧变岩进行识别，而露头区烧变岩通常为高温烧变岩，从颜色、结构、构造等方面极易识别。"层间氧化带"和"潜水氧化带"砂岩型铀矿的红、褐色"氧化带"砂岩层为中低温烧变岩，而热褪色白色砂岩（或称为漂白砂岩）为低温热液改造的烧变岩，应属广义的烧变岩，也是找矿标志之一。规模宏大的烧变岩（如在鄂尔多斯盆地东北部）可形成多期次、大流量的表生热液，铀成矿作用则更为显著。

6.3 伊犁盆地北缘砂岩型铀矿预测

伊犁盆地南缘砂岩型铀矿床的赋矿层位为侏罗系砂岩，其铀源主要来自盆地南缘铀含量较高的岩浆岩，稳定展布的厚层砂体是铀矿形成的重要条件（李盛富等，2016b）。侏罗系的沉积相特征直接影响砂体的发育，从而影响砂岩型铀矿床的形成和展布（王永文，2015）。目前虽然我国在伊犁盆地南缘矿床地质、基础地质、成矿机制、找矿勘查等方面取得了很多重要的成果，但是对伊犁盆地北缘砂岩型铀矿的勘探却少有进展。部分学者认为，与盆地南缘相比，伊犁盆地北缘层间氧化带发育不好、流体活动时间短、富集程度低，不利于大型铀矿床的形成（李盛富，2019），再加上一系列勘探井位的失败，预示着应用新的成矿理论指导铀矿勘探已成为趋势。近年来煤层自燃与砂岩型铀矿的成因联系被提出（时志强等，2016），而侏罗系煤层自燃的产物——烧变岩被认为是伊犁盆地南缘铀矿找矿标志之一，因此用（与煤层自燃有关的）表生热液铀成矿理论指导伊犁盆地北缘，可验证该理论的可靠性。本书提出了用该理论指导铀矿勘探的实例，并预测了伊犁盆地远景勘探区和勘探井位。

6.3.1 伊犁盆地北缘地质概况

伊犁盆地北缘含煤系厚约 900m，其岩性特征与南缘大致相似，显示出砂岩与泥岩互层或砂质泥岩夹煤层（煤线）的沉积特征，但也有一些特殊的现象。例如，砂岩中含有较多菱铁矿；含泥灰岩或含钙泥岩；西山窑组处于相对稳定的、水动力不强的沉积环境，其砂岩大部分为钙质胶结物，具有类似于石灰岩地区的地貌特征；还发育水平层理、微斜层理（黄以，2002）。八道湾组岩性为灰白色砂砾岩，含褐红色、暗红色泥质斑块（图6-17），为扇三角洲、湖泊、泥炭沼泽相沉积；三工河组以灰色、深灰色、黄褐色粉砂岩、泥岩为主，砂岩与煤层互层，下部以中砂岩为主，也有含砾中砂岩，为典型的浅水湖泊-湖泊三角洲相沉积；西山窑组地层底部为灰白色-浅褐黄色砾岩，中部为灰色中、细砂岩和粉砂岩，上部由粉砂岩、泥岩、煤层夹碳质泥岩组成，为河流-沼泽沉积环境（李盛富等，2016b）。伊犁盆地北缘地质简图如图6-18所示。

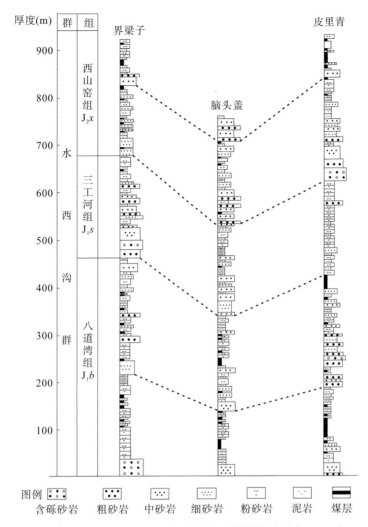

图 6-17　伊利盆地北缘水西沟群岩性对比图(据李盛富，2019)

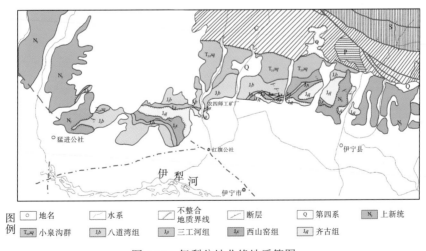

图 6-18　伊犁盆地北缘地质简图

6.3.2　伊犁盆地北缘赋铀砂岩存在的基础与证据

1. 铀异常

在伊犁盆地南缘陆续探明和发现了多个铀矿床及一大批铀异常、矿化点(宋昊等，2016)。通过对盆地北缘苏拉宫附近的烧变岩取样测试，发现经高温改造的煤层铀元素含量出现异常，为 $460×10^{-6}$，显示盆地北缘沉积岩中也有较为丰富的铀源，这是表生热液砂岩型铀矿形成的物质基础。时志强等(2016)认为侏罗系煤层的大规模自燃导致燃烧煤层本身及上覆岩层物质重组，在高温条件下，铀元素从赋铀岩石(煤层、砂岩层或以前形成的铀矿)中析出，这是砂岩型铀矿形成的主要过程之一。

2. 烧变岩

时志强等(2016)和陈彬(2021)将烧变岩分为低温烘烤岩(层状烘烤岩)、烧烤岩(层状烧烤岩和板状烧烤岩)、烧熔岩三类，并认为伊犁盆地和鄂尔多斯盆地砂岩型铀矿常与烧变岩空间距离近，在成因上有密切联系(时志强等，2016；Shi et al.，2020)。伊犁盆地南缘烧变岩分布广泛，主要分布于盆地边缘露头区，在其下延至盆地地腹埋深数百米的地层内可发生阴燃。在烧变岩分布区之南数公里范围内分布有蒙其古尔、达拉地、扎基斯坦、库捷尔太、乌库尔其、洪海沟等多个砂岩型铀矿床，其分布层位为西山窑组、三工河组及八道湾组。在伊犁盆地北缘侏罗系露头区，烧变岩也极为发育(在多个剖面、多个层位均有发育，分布较广)，主要出现在中侏罗统西山窑组中，烧熔岩、烘烤岩和层状低温烘烤岩均可在露头剖面中见到(图 6-19)。伊犁盆地北缘烧变岩的形成过程(即煤层自燃过程)可伴随四价铀向六价铀的转变，铀由此变得更易迁移，预测盆地北缘可以形成与盆地南缘成因类似的砂岩型铀矿。

图 6-19　伊利盆地北缘苏拉宫剖面出露的侏罗系烧变岩宏观特征

(A)呈灰白色的多层低温烘烤岩；(B)低温烘烤岩；(C)低温烘烤影响的煤层；(D)、(E)蜂窝状烧熔岩；(F)较厚煤层完全燃烧后形成的烧熔岩；(G)、(H)高温烧熔岩；(I)高温烘烤岩

3. 构造因素

伊犁盆地的形成与南北两侧相邻的不同性质的造山带密切相关，南侧塔里木板块和北侧哈萨克斯坦板块在剪切挤压应力作用下造成巨大山间拗陷(张国伟等，1999)。盆地在侏罗纪后期经历了一个长期而缓慢的抬升作用过程，导致侏罗系与白垩系之间有明显的不整合接触关系，而新构造运动造成的背斜与向斜使得地表氧化水得到持续、稳定的补给，有利于铀矿化的形成(陈戴生等，1996；陈奋雄等，2016)。伊犁盆地北缘褶皱发育，单斜的构造背景和背斜、向斜造成了侏罗系地层的倾斜，在向斜核部出露的地层或被第四系覆盖，伴随着构造活动，表生热液可因此进入渗透性强的砂岩层，在流动受阻的条件下，铀元素从表生热液流体中析出、富集而成矿。伊犁盆地北缘砂岩型铀矿成矿示意图如图 6-20 所示。

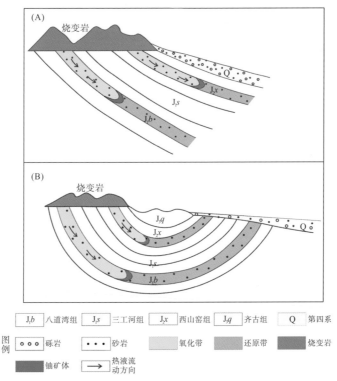

图 6-20　伊犁盆地北缘砂岩型铀矿成矿示意图

4. 侏罗系砂岩沉积背景

伊犁盆地中-下侏罗统暗色含煤碎屑岩建造沉积环境主要为冲积扇-三角洲,其有机质含量高,具有多层泥-砂-泥(煤)岩性结构,是伊犁盆地南缘砂岩型铀矿最主要的含矿层(刘家铎和林双幸,2003)。在伊犁盆地北缘下侏罗统八道湾组沉积时期,盆地整体为泛滥平原环境,大面积的冲积扇和扇三角洲裸露,而扇三角洲砂体发育稳定,厚度大,延伸远,有利于含铀表生热液的渗入;中侏罗统西山窑组沉积时期,辫状河、曲流河及沼泽发育,形成厚而稳定的煤层和砂岩体,主要岩性为含砾砂岩(图6-17),岩石胶结疏松,孔隙发育,这也有利于铀矿的沉淀、富集。

6.3.3 伊犁盆地北缘砂岩型铀矿找矿预测

1. 预测依据

根据上述有利因素,本书推断伊犁盆地北缘也可能存在砂岩型铀矿,且具有较为良好的勘探前景,预测的依据有以下几个方面。

1)烧变岩分布范围

伊犁盆地南缘发育侏罗系煤层自燃后形成的烧变岩,盆地南部的扎基斯坦及蒙其古尔铀矿床位于扎基斯坦河两侧,绵延河流上游数公里(Shi et al.,2020)。而在伊犁盆地北缘西山窑组中,烧熔岩、低温烘烤岩和烧烤岩均有大规模分布,形成了与盆地南缘类似的表生热液成矿条件。

2)砂岩层分布

在伊犁盆地南缘中侏罗统地层的八道湾组、三工河组、西山窑组、齐古组是盆地内铀、煤矿产的赋存层位,其(煤)泥-砂-泥的地层结构为成矿提供岩相条件和岩性组合(王德富等,2014)。而这些地层也分布于伊犁盆地北缘露头区的南端,并且砂岩的粒度由粗逐渐变细,砂泥比值由大变小,大套的砂岩可为含矿流体的渗透和流动运移提供通道。

3)构造控制的地层产状

在伊犁盆地南缘,中等强度的构造运动环境为铀成矿提供了动力条件(侯惠群等,2010),后期形成的层间氧化带及对铀矿化的改造作用使得层间氧化带及铀矿化复杂多变,影响和控制着矿床的形成和发育。伊犁盆地北缘有单斜[图6-20(A)]和向斜[图6-20(B)]的构造组合,构造运动相对较弱,地层产状相对平缓,背斜、向斜局部发育,为表生热液渗流提供了空间和通道。

4)水系走向

伊犁盆地隆起地区属于渗入型自流盆地,为地下水补给区,新构造运动使盆地内断裂活化,形成了良好的补给-径流-排泄循环体系,为地下水的排泄提供了通道(林双幸，1995；李胜祥等，2000）。伊犁盆地北缘现代水系走向为南北向，盆地中部的伊犁河为地下水的排泄区，新生代盆地北缘水系分布与现代水系类似，上游河流携带来自燃煤层及附近高温烧烤岩层中释放的铀元素，在渗透性较好的新生代砂岩层中迁移、富集（图 6-20）。

2. 远景勘探区预测

基于盆地的成矿模式和对盆地内表生热液成因的砂岩型铀矿的认识，本书对伊犁盆地北缘的砂岩型铀矿进行了有利区勘探预测，共分为三级有利区域，并大致圈定了 9 个勘探井位以供下阶段勘探证实，具体如图 6-21 所示。根据表生热液成矿理论，新近系覆盖的地区侏罗系煤层难以自燃，因而难以提供高温铀源来形成砂岩型铀矿床，有利的远景勘探区主要位于烧变岩分布区，即侏罗系煤层出露区及其附近地区。

（1）Ⅰ型区域：为最有利勘探区，位于盆地北缘的中段。在Ⅰ型区域中有较少的断层，具备向斜构造，有充足的来源于上游流至伊犁河的水系，且水系上游可见广泛发育的烧变岩，与之有关的铀元素通过表生热液运移、聚集，从而富集成矿。

（2）Ⅱ型区域：为次有利勘探区，位于盆地北缘的东段，烧变岩广泛可见。此地区侏罗系滨湖三角洲相发育，砂体有一定厚度且稳定，值得进行下一步的研究与勘探。

（3）Ⅲ型区域：该地区地层产状较缓，有向斜发育或预测有第四系覆盖的地腹向斜构造，有侏罗系烧变岩发育和渗透性砂岩层分布；可能受到新生代水系的影响，可作为远期勘探区。

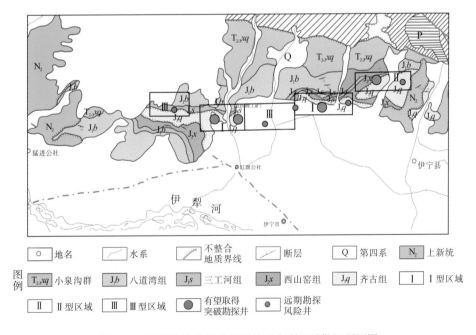

图 6-21　伊利盆地北缘砂岩型铀矿有利区域勘探预测图

6.3.4 小结

(1)伊犁盆地北缘侏罗系煤层自燃形成的烧变岩是寻找砂岩型铀矿的标志，渗透性砂岩层和构造运动产生的褶皱为铀矿的运移、富集提供了有利条件。根据烧变岩分布、煤层铀异常、构造因素及沉积背景，本书认为伊犁盆地北缘存在砂岩型铀矿赋存的基本地质条件，具备一定的勘探前景。

(2)根据伊犁盆地南缘的表生热液成矿理论模式，本书预测了伊犁盆地北缘砂岩型铀矿远景勘探区，并认为有利勘探区可分为三类：①Ⅰ型区域，为最有利勘探区，断层可见，还有向斜构造和充足的水源，可着重进行勘探；②Ⅱ型区域，为次有利勘探区，烧变岩广泛分布，有大套的砂岩存在，具有勘探的价值；③Ⅲ型区域，受水系和构造因素的影响，为相对有利勘探区，若有条件也可对此区域适当展开勘探工作。

结　　语

伊犁盆地是我国首个特大型可地浸砂岩型铀矿的发现地,是研究砂岩型铀矿成矿机制的理想场所。相比以往集中在对砂岩型铀矿成矿机理的单一研究,本书结合赋铀砂体盆地类型、基底属性、沉积环境、物源分析、成矿机理等研究,从盆地尺度阐明了砂岩型铀矿大规模聚集的规律,取得了以下主要认识。

(1)只有稳定的结晶基底或变质基底,才可能有稳定的盖层,才能有稳定沉积的大型盆地,才可能有稳定的大砂体沉积。本书查明了伊犁盆地的基底可能与塔里木克拉通没有亲缘关系,而与科克契塔夫-北天山和 Erementau-尼亚孜微陆块构成的哈萨克斯坦地块之间存在很好的亲缘关系,二者有相似的基底属性、盖层和结构特征,说明伊犁盆地是一个跨越中国和哈萨克斯坦,面积可达 $18×10^4km^2$ 的大型富砂岩型铀矿的陆相盆地。

(2)精细的沉积物源和盆山关系研究表明,伊犁盆地经历了晚泥盆世—晚石炭世弧后前陆盆地、二叠纪—三叠纪断陷盆地,以及侏罗纪拗陷盆地及随后的准平原化演化转变的过程。盆地转换的动力机制与晚石炭世古亚洲洋的闭合有关。早侏罗世,由于南缘物源区察布查尔山快速隆升,盆山落差较大,形成八道湾组扇三角洲粗碎屑物沉积。随后,随着湖盆面积扩大,水体变深,形成三工河组细粒湖泊相沉积。进入中侏罗世后,随着山体不断被剥蚀,盆地不断被充填,盆山落差变小,湖盆面积逐渐萎缩,形成粒度较粗的辫状河三角洲沉积,到头屯河组沉积时,湖面消失,形成河流相披覆沉积。进入新生代以后,印度板块向欧亚大陆碰撞,导致青藏高原的大幅度隆升,伊犁盆地南北缘两侧造山带山体再次发生强烈挤压隆升,逆冲推覆,使得伊犁盆地转变为再生前陆盆地,盆山地貌反差巨大,盆地中边缘沉积了巨厚粗粒新生代沉积物,从而构成现今的盆山构造格局。古生代与俯冲-碰撞,以及与碰撞后伸展作用相关的富铀中酸性岩浆岩是赋铀砂体的主要物质来源。水西沟群辫状河三角洲砂体是砂岩型铀矿富集的主要场所。

(3)侏罗纪是铀矿、煤层等重要能源矿产的主要成矿成藏期,包括伊犁盆地在内的中国西北地区发育了大量陆相沉积。从广义来看,中国西北地区在中生代整体处于温暖潮湿的环境下,但在区域上仍存在一定的气候波动。基于对来自伊犁盆地南缘的样品进行岩石学分析、矿物学特征分析、孢粉组合分析及地球化学测试,并结合前人的研究资料,综合探讨得出伊犁盆地在侏罗纪时期气候条件以温暖潮湿为主,但是相比早侏罗世早期(八道湾组)丰富的煤层,在早侏罗世晚期(三工河组)却发育了红色细粒岩,类似的现象同时期识别于柴达木盆地、准噶尔盆地等西北地区陆相盆地,而至中侏罗世(西山窑组),大量煤层重新出现。煤层沉积的中断和红色沉积的出现,均指示在整体呈温暖潮湿的气候背景下,早侏罗世晚期出现了一个短暂的气候干旱时期,结合前人研究综合分析后,推断伊犁盆地在侏罗纪正处于暖湿的大气候背景,但在此基础上,早侏罗世晚期该区域甚至全球发生了一次趋于干旱的气候波动。古气候的变化对于铀成矿具有至关重要的影响。由此，在温暖潮湿的气候环境下，伊犁盆地的铀储层砂体中的还原介质丰富且分布均匀，矿体也多位于盆地边缘，且多为卷状矿体，形成其极具区域特色的赋铀沉积模式。

(4) 伊犁盆地铀矿成矿受物源、层序、构造和流体的联合控制，良好的地势坡度和水文条件转变、较为稳定的矿后构造、较弱的后期流体活动、有利的层间氧化带+岩性突变等因素，为伊犁盆地铀的富集提供了良好条件。可移动的"水头"决定了振荡往复的界面；层间氧化带+岩性突变控制形成了铀的富集和成矿，并决定了铀复杂的、受改造的形态特征。

(5) 煤层自燃及烧变岩形成过程进一步促进了铀矿富集。基于伊犁盆地南缘侏罗系砂岩型铀矿露头剖面与岩心观察、扫描电镜和显微薄片测试与分析、有机质成熟度测试及前人研究成果，认为砂岩铀矿中部分红、褐色"氧化带"砂岩及"褪色带"白色砂岩属于烧变岩，首次提出表生热液的概念，由此将煤层自燃与砂岩型铀矿的形成联系起来，提出伊犁盆地煤层自燃促进铀富集成矿的科学设想，即煤层在新生代干旱气候条件下自燃，在相对湿润气候条件下大气降水影响煤的自燃，形成表生热液，携带从自燃煤层及附近高温烧烤岩层中释放的 U^{6+} 沿渗透性岩层流动，在流动遇阻及温度降低条件下铀元素从(已经降温的)表生热流体中析出，并富集成矿。

已有研究表明，全球发育两条巨型砂岩型铀矿成矿带，一条为纵贯南北美洲近南北走向的巨型铀成矿带，另一条为近东西向展布的欧亚巨型铀成矿带。世界最大的砂岩型铀矿床——哈萨克斯坦的英凯矿床即位于欧亚铀成矿带，已探明资源量 32.99 万 t。中国北方砂岩铀成矿带地处欧亚铀成矿带东段。在鄂尔多斯盆地东北部、伊犁盆地南缘发现的砂岩型铀矿床资源量丰富，表明我国具有优越的铀成矿地质条件和资源潜力。中国北方砂岩型铀矿成矿带所处的欧亚铀成矿带东段，具有优越的成矿地质条件和资源潜力。与欧亚成矿带中西段的海相砂岩型铀矿和北美海相、陆相砂岩型铀矿不同，我国砂岩型铀矿陆相盆地沉积环境复杂，成矿强度不均衡且多期次成矿。国外的经典成矿理论已不再适合指导当前我国新一轮铀矿找矿工作，亟须建立符合我国北方陆相盆地的砂岩型铀矿成矿新理论。

本书从盆地基底、盆地演化、物源分析、沉积环境、古气候和成矿机理等方面对伊犁盆地成盆成山过程与砂岩大规模聚集开展了相关研究，相关研究成果对伊犁盆地铀矿的进一步勘探可起到重要的指导意义，对我国乃至中亚等地质特征类似的地区砂岩型铀矿的勘探开发亦有借鉴意义。在西起伊犁盆地、东至松辽盆地的我国北方广大区域分布有诸多沉积盆地，其侏罗系—白垩系砂岩普遍沉积，具备砂岩型铀矿勘探潜力，本书关于伊犁盆地铀矿的认识将有助于深刻认识我国北方一系列沉积盆地的勘探潜力。已有的勘探表明，伊犁盆地南缘侏罗系碎屑岩中铀矿含量丰富，主要赋存于白色(含砾)砂岩中，使得伊犁盆地南缘成为我国最重要的砂岩型铀矿工业性开采基地；系统总结该地区砂岩型铀矿成矿规律及沉积演化特征，厘清构造及沉积背景与铀矿在砂岩中富集的关系，很有必要。同时伊犁盆地北缘也有铀异常显示，预示着盆地北缘亦具备勘探潜力，值得在今后的工作中予以重视。

参 考 文 献

艾尔提肯·阿不都克玉木，宋昊，陈友良，等，2021. 捷克波西米亚盆地斯特拉砂岩型铀矿床成矿特征及成矿模式[J/OL]. 中国地质. http://kns.cnki.net/kcms/detail/11.1167.p.20210302.1759.007.html.

白建科，李智佩，徐学义，等，2015. 新疆西天山伊犁地区石炭纪火山——沉积序列及盆地性质[J]. 地质论评，61(1)：195-206.

曹婷丽，2017. 陕西镇安二叠系碳酸盐岩粘土矿物特征及其对古气候指示[D]. 合肥：合肥工业大学.

陈彬，2021. 中国西北地区侏罗系中烧变岩的特征、形成时代及地质意义[D]. 成都：成都理工大学.

陈戴生，王瑞英，李胜祥，等，1996. 伊犁盆地砂岩型铀矿成矿机制及成矿模式[J]. 华东地质学院学报，19(4)：321-331.

陈奋雄，聂逢君，张成勇，2016. 伊犁盆地南缘中新生代构造样式与铀成矿关系[J]. 地质与勘探，52(3)：480-488.

陈洪德，胡思涵，陈安清，等，2013. 鄂尔多斯盆地中央古隆起东侧非岩溶白云岩储层成因[J]. 天然气工业，33(10)：18-24.

陈凯，王文科，商跃瀚，等，2020. 生态脆弱矿区烧变岩研究现状及展望[J]. 中国矿业，29(3)：171-176.

陈涛，王欢，张祖青，等，2003. 粘土矿物对古气候指示作用浅析[J]. 岩石矿物学杂志，22(4)：416-420.

陈祖伊，郭庆银，2010. 砂岩型铀矿床层间氧化带前锋区稀有元素富集机制[J]. 铀矿地质，26(1)：1-8.

丹契夫 В И，斯特列梁诺夫 Н П，1984. 外生铀矿床——形成条件与研究方法[M]. 史维浚，译. 北京：原子能出版社.

邓宏文，钱凯. 沉积地球化学与环境分析[M]. 兰州：甘肃科学技术出版社.

杜中宁，党学亚，卢娜，2008. 陕北能源化工基地烧变岩的分布特征及水文地质意义[J]. 地质通报，27(8)：1168-1172.

符俊辉，邓秀芹，1999. 西北地区侏罗纪升温事件及其形成机制[J]. 西北地质科学，(1)：10-14.

古抗衡，1997. 新疆伊犁盆地铀成矿特征及其形成地质条件[J]. 华东地质学院学报，20(1)：19-24.

古抗衡，陈祖伊，2010. 正向构造对层间氧化带砂岩型铀矿成矿和定位的控制[J]. 铀矿地质，26(6)：361-364.

管海晏，冯·亨特伦，谭永杰，等，1998. 中国北方煤田自燃环境调查与研究[M]. 北京：煤炭工业出版社.

韩德馨，孙俊民，1998. 中国煤的燃烧变质作用与煤层自燃特征[J]. 中国煤炭地质，10(4)：15-16，56.

韩琼，弓小平，马华东，等，2015. 西天山阿吾拉勒成矿带大哈拉军山组火山岩时空分布规律及其地质意义[J]. 中国地质，42(3)：570-586.

韩效忠，李胜祥，蔡煜琦，等，2008. 伊犁盆地南缘隆升剥蚀及其盆地南部的沉积响应——利用磷灰石裂变径迹分析[J]. 岩石学报，24(10)：2447-2455.

洪汉烈，2010. 黏土矿物古气候意义研究的现状与展望[J]. 地质科技情报，29(1)：1-8.

侯惠群，韩绍阳，柯丹，2010. 新疆伊犁盆地南缘砂岩型铀成矿潜力综合评价[J]. 地质通报，29(10)：1517-1525.

侯启勋，1996. 神府、东胜矿区浅层地下水对煤炭开采的影响及地面水源保护问题[J]. 煤矿设计，(4)：15-19.

胡霭琴，韦刚健，江博明，等，2010. 天山0.9Ga新元古代花岗岩SHRIMP锆石U-Pb年龄及其构造意义[J]. 地球化学，39(3)：197-212.

黄净白，李胜祥，2007. 试论我国古层间氧化带砂岩型铀矿床成矿特点、成矿模式及找矿前景[J]. 铀矿地质，(1)：7-16.

黄雷，2008. 鄂尔多斯盆地北部延安组烧变岩特征及其形成环境[D]. 西安：西北大学.

黄世杰，1994. 层间氧化带砂岩型铀矿的形成条件及找矿判据[J]. 铀矿地质，10(1)：6-13.

黄以，2002. 新疆伊犁盆地南缘层间氧化带及铀矿化特性[J]. 新疆地质，20(22)：141-145

黄宗莹，2017. 中国天山地区前寒武纪地质演化过程[D]. 广州：中国科学院大学(中国科学院广州地球化学研究所).

简晓飞，秦立峰，1996. 浅谈中亚地区层间氧化带砂岩型铀矿成矿作用[J]. 铀矿地质，12(2)：65-70.

姜常义，吴文奎，谢广成，等，1993. 西天山北部石炭纪火山岩特征与沟弧盆体系[J]. 岩石矿物学杂志，12(3)：224-231.

焦养泉，吴立群，彭云彪，等，2015. 中国北方古亚洲构造域中沉积型铀矿形成发育的沉积-构造背景综合分析[J]. 地学前缘，22(1)：189-205.

金景福，黄广荣，1991. 铀矿床学[M]. 北京：原子能出版社.

金若时，张成江，冯晓曦，等，2014. 流体混合对砂岩型铀矿成矿作用的影响[J]. 地质通报，33(2)：354-358.

李宝新，陈永宏，2010. 新疆伊犁盆地蒙其古尔地区层间氧化带成因分析[J]. 四川地质学报，30(4)：395-396，398.

李宝新，徐建国，王冰，等，2008. 新疆伊犁盆地南缘新生代构造特征及其对砂岩型铀矿的控制作用[J]. 新疆地质，26(3)：297-301.

李大鹏，杜杨松，庞振山，等，2013. 西天山阿吾拉勒石炭纪火山岩年代学和地球化学研究[J]. 地球学报，34(2)：176-192.

李鸿，周继兵，胡克亮，等，2011. 西天山阿吾拉勒地区下二叠统乌郎组火山岩地球化学特征及构造环境[J]. 新疆地质，29(4)：381-384.

李继磊，苏文，张喜，等，2009. 西天山阿吾拉勒西段麻粒岩相片麻岩锆石 Cameca U-Pb 年龄及其地质意义[J]. 地质通报，28(12)：1852-1862.

李继磊，高俊，王信水，2017. 西南天山洋壳高压-超高压变质岩石的俯冲隧道折返机制[J]. 中国科学：地球科学，47(1)：23-39.

李巨初，陈友良，张成江，2011. 铀矿地质与勘查简明教程[M]. 北京：地质出版社.

李胜祥，陈戴生，王瑞英，等，2000. 伊犁盆地层间氧化带砂岩型铀矿成矿地质特征及找矿预测[C]//中国地质学会. "九五"全国地质科技重要成果论文集. 北京：地质出版社.

李胜祥，韩效忠，蔡煜琦，等，2006. 伊犁盆地南缘西段中下侏罗统水西沟群沉积体系及其对铀成矿的控制作用[J]. 中国地质，33(3)：582-590.

李盛富，2019. 伊犁盆地中下侏罗统多种能源矿产富集特征与成藏条件分析[D]. 成都：成都理工大学.

李盛富，颜启明，王新宇，等，2006. 伊犁盆地水西沟群冲积扇-扇三角洲沉积体系研究[J]. 新疆地质，24(3)：297-304.

李盛富，陈洪德，周剑，等，2016a. 新疆伊犁盆地南缘中新生代以来构造演化与聚煤规律研究[J]. 西北地质，49(2)：220-228.

李盛富，陈洪德，周剑，等，2016b. 沉积盆地源-汇过程及其演化对砂岩型铀矿成矿的制约——以新疆伊犁盆地南缘蒙其古尔铀矿床为例[J]. 铀矿地质，32(3)：137-143.

李婷，徐学义，李智佩，等，2012. 西天山科克苏河大哈拉军山组火山岩形成年代和岩石地球化学特征[J]. 地质通报，31(12)：1929-1938.

李婷，李智佩，白建科，等，2015. 伊犁地块达根别里新元古代花岗岩的锆石年代学、地球化学及其地质意义[J]. 西北地质，48(3)：96-111.

李子颖，方锡珩，秦明宽，等，2019. 鄂尔多斯盆地北部砂岩铀成矿作用[M]. 北京：地质出版社.

廖世南，1992. 伊犁盆地生成发展概述[J]. 新疆石油地质，13(2)：108-114.

林双幸，1995. 新疆伊犁盆地南缘侏罗系层间氧化带发育条件及铀矿远景评价[J]. 铀矿地质，11(4)：201-206.

刘池洋，吴柏林，2016. 油气煤铀同盆共存成藏(矿)机理与富集分布规律[M]. 北京：科学出版社.

刘红旭，丁波，刘章月，等，2017. 伊犁盆地蒙其古尔铀矿床含矿目的层强高岭石化成因[J]. 矿物学报，37(1)：40-48.

刘家铎，林双幸，2003. 伊犁盆地南缘侏罗系沉积微相及铀控矿条件研究[J]. 矿物岩石，23(1)：31-36.

刘静，李永军，王小刚，等，2006. 西天山阿吾拉勒一带伊什基里克组火山岩地球化学特征及构造环境[J]. 新疆地质，24(2)：105-108.

刘陶勇, 毛永明, 2006. 新疆伊犁盆地南缘水西沟群沉积体系演化与赋铀性研究[J]. 新疆地质, 24(1): 64-66.

刘武生, 贾立城, 2011. 伊犁盆地沉积建造特征及其与砂岩型铀矿的关系[J]. 世界核地质科学, 28(1): 1-5.

刘章月, 秦明宽, 刘红旭, 等, 2015. 新疆蒙其古尔铀矿床高岭石氢氧同位素组成及其指示意义[J]. 铀矿地质, 31(S1): 225-231.

刘志坚, 1959. 论烧变岩的特征、成因及地下火燃烧的规律性[J]. 地质论评, (5): 209-211, 243.

龙灵利, 高俊, 钱青, 等, 2008. 西天山伊犁地区石炭纪火山岩地球化学特征及构造环境[J]. 岩石学报, 24(4): 699-710.

龙晓平, 黄宗莹, 2017. 中亚造山带内微陆块的起源——以中国天山造山带研究为例[J]. 矿物岩石地球化学通报, 36(5): 771-785.

鲁静, 杨敏芳, 邵龙义, 等, 2016. 陆相盆地古气候变化与环境演化, 聚煤作用[J]. 煤炭学报, 41(7): 1788-1797.

闵茂中, 彭新建, 王果, 等, 2006. 我国西北地区层间氧化带砂岩型铀矿床中铀的赋存形式[J]. 铀矿地质, 22(4): 193-201.

潘明臣, 于海峰, 梁有为, 等, 2011. 新疆吾拉斯台一带下二叠统乌郎组火山岩地球化学特征[J]. 地质与资源, 20(6): 452-457.

潘澄雨, 刘红旭, 陈正乐, 等, 2015. 伊犁盆地南缘沉积-构造演化与砂岩型铀矿化的关系——来自磷灰石裂变径迹的证据[J]. 铀矿地质, 31(S1): 206-212.

彭新建, 闵茂中, 王金平, 等, 2003. 层间氧化带砂岩型铀矿床的铁物相特征及其地球化学意义——以伊犁盆地 511 铀矿床和吐哈盆地十红滩铀矿床为例[J]. 地质学报, 77(1): 120-125.

彭云彪, 焦养泉, 陈安平, 2019. 内蒙古中西部中生代产铀盆地理论技术创新与重大找矿突破[M]. 武汉: 中国地质大学出版社.

秦明宽, 王正邦, 赵瑞全, 1998. 伊犁盆地 512 铀矿床粘土矿物特征与铀成矿作用[J]. 地球科学, 23(5): 508-512.

秦明宽, 赵瑞全, 王正邦, 1999. 伊犁盆地可地浸砂岩铀矿床层间氧化带的分带性及后生蚀变[J]. 地球学报, 20(S1): 644-650.

任国玉, 姜大膀, 燕青, 2021. 古气候演化特征、驱动与反馈及对现代气候变化研究的启示意义[J]. 第四纪研究, 41(3): 824-841.

荣辉, 焦养泉, 吴立群, 等, 2016. 松辽盆地南部钱家店铀矿床后生蚀变作用及其对铀成矿的约束[J]. 地球科学, 41(1): 153-166.

商晓旭, 2019. 木里盆地早中侏罗世煤的沉积特征及古环境意义[D]. 北京: 中国矿业大学(北京).

时志强, 王毅, 金鑫, 等, 2014. 塔里木盆地志留系热液碎屑岩储层: 证据、矿物组合及油气地质意义[J]. 石油与天然气地质, 35(6): 903-913.

时志强, 杨小康, 王艳艳, 等, 2016. 含煤盆地表生热液铀成矿理论及证据: 以伊犁盆地南缘及鄂尔多斯盆地东北部侏罗系为例[J]. 成都理工大学学报(自然科学版), 43(6): 703-718.

舒良树, 郭召杰, 朱文斌, 等, 2004. 天山地区碰撞后构造与盆山演化[J]. 高校地质学报, 10(3): 393-404.

宋昊, 倪师军, 侯明才, 等, 2016. 新疆伊犁盆地砂岩型铀矿床层间氧化带中粘土矿物特征及与铀矿化关系研究[J]. 地质学报, 90(12): 3352-3366.

宋志瑞, 肖晓林, 罗春林, 等, 2005. 新疆伊宁盆地尼勒克地区二叠纪地层研究新进展[J]. 新疆地质, 23(4): 334-338.

谭聪, 袁选俊, 于炳松, 等, 2019. 鄂尔多斯盆地南缘上二叠统——中下三叠统地球化学特征及其古气候、古环境指示意义[J]. 现代地质, 33(3): 615-628.

田馨, 向芳, 罗来, 等, 2009. 陆相特殊沉积的研究方法及气候意义[J]. 地学前缘, 16(5): 71-78.

王保群, 2002. 伊犁盆地南缘可地浸砂岩型铀矿的重大突破[J]. 新疆地质, 20(2): 106-109.

王成善, 孙枢, 2009. "深时"(Deep Time)研究与沉积学[J]. 沉积学报, 27(5): 792-810.

王德富, 庞攀, 杨博, 2014. 浅析伊犁盆地砂岩型铀矿的成矿背景[J]. 四川建材, 40(6): 232-234.

王果, 华仁民, 秦立峰, 2000. 乌库尔其地区层间铀成矿过程中的流体作用研究[J]. 矿床地质, 19(4): 340-349.

王军堂, 王成渭, 冯世荣, 2008. 伊犁盆地盆-山构造演化及流体演化与砂岩型铀矿成矿的关系[J]. 铀矿地质, 24(1): 38-42.

王永文, 2015. 新疆伊犁盆地南缘侏罗纪沉积构造特征及原型盆地性质[D]. 北京: 中国地质大学(北京).

王玉山, 1986. 烧变岩及其特征[J]. 新疆地质科技, (2): 30-31.

吴柏林，刘池阳，张复新，等，2006. 东胜砂岩型铀矿后生蚀变地球化学性质及其成矿意义[J]. 地质学报，80(5)：740-747.

吴柏林，刘池洋，王建强，2007. 层间氧化带砂岩型铀矿流体地质作用的基本特点[J]. 中国科学：地球科学，37(S1)：157-165.

吴世敏，马瑞士，卢华复，等，1996. 新疆西天山古生代构造演化[J]. 桂林工学院学报，16(2)：95-101.

夏毓亮，林锦荣，刘汉彬，等，2003. 中国北方主要产铀盆地砂岩型铀矿成矿年代学研究[J]. 铀矿地质，19(3)：129-136.

熊绍云，余朝丰，李玉文，等，2011. 伊犁盆地下石炭统阿克沙克组沉积特征及演化[J]. 石油学报，32(5)：797-805.

修晓茜，刘红旭，张玉燕，等，2015. 新疆蒙其古尔铀矿床成矿流体研究[J]. 矿床地质，34(3)：488-496.

薛春纪，池国祥，薛伟，2010. 鄂尔多斯盆地砂岩型铀成矿中两种流体系统相互作用——地球化学证据和流体动力学模拟[J]. 矿床地质，29(1)：134-142.

杨宗让，弓小平，刘建朝，等，2011. 西天山增生弧盆构造体系中的成矿系统[J]. 西北大学学报(自然科学版)，41(3)：486-490.

于海峰，王福君，潘明臣，等，2011. 西天山造山带区域构造演化及其大陆动力学解析[J]. 西北地质，44(2)：25-40.

翟如一，2020. 昌都地区达孜剖面粘土矿物组合和微量元素特征与沉积-成岩环境研究[D]. 青海：中国科学院大学(中国科学院青海盐湖研究所).

张国伟，李三忠，刘俊霞，等，1999. 新疆伊犁盆地的构造特征与形成演化[J]. 地学前缘，6(4)：203-214.

张泓，沈光隆，何宗莲，1999. 华北板块晚古生代古气候变化对聚煤作用的控制[J]. 地质学报，(2)：131-139.

张金带，李子颖，徐高中，等，2015. 我国铀矿勘查的重大进展和突破——进入新世纪以来新发现和探明的铀矿床实例[M]. 北京：地质出版社.

张天继，李永军，王晓刚，等，2006. 西天山伊什基里克山一带东图津河组的确立[J]. 新疆地质，24(1)：13-15，99.

张万仁，朱文戈，王世新，2006. 西天山科克苏河一带中新元古代碳酸盐岩沉积环境[J]. 甘肃地质，15(1)：25-28.

张晓，李晓翠，秦明宽，等，2013. 蒙其古尔铀矿床砂岩中黏土矿物特征及其与铀矿化的关系[J]. 铀矿地质，29(2)：78-85.

张映宁，李胜祥，王果，等，2006. 新疆伊犁盆地南缘层间氧化带砂岩型铀矿床中稀土元素地球化学特征[J]. 地球化学，35(2)：211-218.

张渝，胡社荣，彭纪超，等，2016. 中国北方煤层自燃产物分类及宏观模型[J]. 煤炭学报，41(7)：1798-1805.

赵俊峰，刘池洋，马艳萍，等，2005. 煤层自燃与围岩烧变研究进展[M]. 北京：科学出版社.

赵振华，2016. 矿物微量元素组成用于火成岩构造背景判别[J]. 大地构造与成矿学，40(5)：986-995.

赵子超，宋昊，陈友良，等，2021. 法国洛德夫盆地砂岩型铀矿床成因分析[J]. 世界核地质科学，38(2)：188-197.

朱西养，2005. 层间氧化带砂岩型铀矿元素地球化学特征——以吐哈伊犁盆地铀矿床为例[D]. 成都：成都理工大学.

朱永峰，张立飞，古丽冰，等，2005. 西天山石炭纪火山岩 SHRIMP 年代学及其微量元素地球化学研究[J]. 科学通报，50(18)：2004-2014.

朱永峰，周晶，郭璇，2006. 西天山石炭纪火山岩岩石学及 Sr-Nd 同位素地球化学研究[J]. 岩石学报，22(5)：1341-1350.

朱志新，李锦轶，董连慧，等，2011. 新疆西天山古生代侵入岩的地质特征及构造意义[J]. 地学前缘，18(2)：170-179.

邹思远，厉子龙，任钟元，等，2013. 塔里木柯坪地区二叠系沉积岩碎屑锆石 U-Pb 定年和 Hf 同位素特征及其对塔里木块体地质演化的限定[J]. 岩石学报，29(10)：3369-3388.

左国朝，张作衡，王志良，等，2008. 新疆西天山地区构造单元划分、地层系统及其构造演化[J]. 地质论评，54(6)：748-767.

Alexeiev D V，Ryazantsev A V，Kröner A，et al.，2011. Geochemical data and zircon ages for rocks in a high-pressure belt of Chu-Yili mountains，southern Kazakhstan：Implications for the earliest stages of accretion in Kazakhstan and the Tianshan[J]. Journal of Asian Earth Sciences，42(5)：805-820.

Alexeiev D V，Biske Y S，Wang B，et al.，2015. Tectono-Stratigraphic framework and Palaeozoic evolution of the Chinese South Tianshan[J]. Geotectonics，49：93-122.

An F，Zhu Y F，Wei S N，et al.，2017. The zircon U-Pb and Hf isotope constraints on the basement nature and Paleozoic evolution in northern margin of Yili block，NW China[J]. Gondwana Research，43：41-54.

Andersen T，Laajoki K，Saeed A，2004. Age，provenance and tectonostratigraphic status of the Mesoproterozoic Blefjell quartzite，Telemark sector，southern Norway[J]. Precambrian Research，135(3)：217-244.

Andersen T，Griffin W L，Sylvester A G，2007. Sveconorwegian crustal underplating in southwestern Fennoscandia：LAM-ICPMS U-Pb and Lu-Hf isotope evidence from granites and gneisses in Telemark，southern Norway[J]. Lithos，93(3-4)：273-287.

Ashraf A R，Sun Y，Sun G，et al.，2010. Triassic and jurassic palaeoclimate development in the Junggar basin，Xinjiang，northwest China a review and additional lithological data[J]. Palaeobiodiversity and Palaeoenvironments，90(3)：187-201.

Andersen T，Andersson U B，Graham S，et al.，2009. Granitic magmatism by melting of juvenile continental crust：New constraints on the source of Palaeoproterozoic granitoids in Fennoscandia from Hf isotopes in zircon[J]. Journal of the Geological Society，166(2)：233-247.

Asiedu D K，Suzuki S，Shibata T，2000. Provenance of sandstones from the lower Cretaceous Sasayama Group，inner zone of southwest Japan [J]. Sedimentary Geology，131(1-2)：9-24.

Bach W，Irber W，1998. Rare earth element mobility in the oceanic lower sheeted dyke complex：Evidence from geochemical data and leaching experiments[J]. Chemical Geology，151(1-4)：309-326.

Barovich K M，Patchett P J，1992. Behavior of isotopic systematics during deformation and metamorphism：A Hf，Nd and Sr isotopic study of mylonitized granite[J]. Contributions to Mineralogy and Petrology，109(3)：386-393.

Basu A，Young S，Suttner L，1975. Re-evaluation of the use of undulatory extinction and crystallinity in detrital quartz for provenance interpretation[J]. Journal of Sedimentary Petrology，45(4)：873-882.

Batchelor R A，Bowden P，1985. Petrogenetic interpretation of granitoid rock series using multicationic parameters[J]. Chemical Geology，48(1-4)：43-55.

Bentor Y K，Kastuer M，Periman L，et al.，1981. Combustion metamorphism of bituminous sediments and the fonnation of melts of granitie and sedimentary composition[J]. Geochimica et Cosmochimica Acta，45(11)：2229-2251，2253-2255.

Bhatia M R，1985. Rare earth element geochemistry of Australian Paleozoic graywackes and mudrocks：Provenance and tectonic control[J]. Sedimentary Geology，45(1-2)：97-113.

Bhatia M R，Crook K A W，1986. Trace element characteristics of graywackes and tectonic setting discrimination of sedimentary basins[J]. Contributions to Mineralogy and Petrology，92(2)：181-193.

Bickford M E，McLelland J M，Mueller P A，et al.，2010. Hf isotopic compositions in zircons from Adirondack AMCG suites：Implications for the petrogenesis of anorthosites，gabbros，and granitic members of the suite[J]. The Canadian Mineralogist，48：751-761.

Bingen B，Nordgulen ∅，Sigmond E M O，et al.，2003. Relations between 1.19-1.13 Ga continental magmatism，sedimentation and metamorphism，Sveconorwegian province，S Norway[J]. Precambrian Research，124(2-4)：215-241.

Bird A，Cutts K，Strachan R，et al.，2018. First evidence of Renlandian (c. 950-940Ma) orogeny in mainland Scotland：Implications for the status of the moine supergroup and circum-north Atlantic correlations[J]. Precambrian Research，305：283-294.

Blair T C，McPherson J G，1994. Alluvial fans and their natural distinction from rivers based on morphology，hydraulic processes，sedimentary processes，and facies assemblages[J]. Journal of Sedimentary Research，64(3)：450-489.

Bogaerts M，Scaillet B，Liégeois J，et al.，2003. Petrology and geochemistry of the Lyngdal granodiorite (southern Norway) and the role of fractional crystallisation in the genesis of Proterozoic ferro-potassic A-type granites[J]. Precambrian Research，124(2-4)：

149-184.

Bougeault C，Pellenard P，Deconinck J，et al.，2017. Climatic and palaeoceanographic changes during the Pliensbachian（Early Jurassic）inferred from clay mineralogy and stable isotope（C-O）geochemistry（NW Europe）[J]. Global and Planetary Change，149：139-152.

Bozkaya O，Yalcin H，Kozlu H，2011. Clay mineralogy of the Paleozoic-Lower Mesozoic sedimentary sequence from the northern part of the Arabian Platform，Hazro（Diyarbakr，Southeast Anatolia）[J]. Geologica Carpathica，62（6）：489-500.

Brookins D G，1976. Position of uraninite and/or coffinite accumulations to the hematite-pyrite interface in sandstone-type deposits[J]. Economic Geology，71（5）：944-948.

Brown M，2007. Crustal melting and melt extraction，ascent and emplacement in orogens：Mechanisms and consequences[J]. Journal of the Geological Society，164（4）：709-730.

Cai Z H，Xu Z Q，Yu S Y，et al.，2018. Neoarchean magmatism and implications for crustal growth and evolution of the Kuluketage region，northeastern Tarim craton[J]. Precambrian Research，304：156-170.

Cao X F，Lü X B，Liu S T，et al.，2011. LA-ICP-MS zircon dating，geochemistry，petrogenesis and tectonic implications of the Dapingliang Neoproterozoic granites at Kuluketage block，NW China[J]. Precambrian Research，186（1-4）：205-219.

Cao Y C，Wang B，Jahn B，et al.，2017. Late Paleozoic arc magmatism in the southern Yili block（NW China）：Insights to the geodynamic evolution of the Balkhash-Yili continental margin，Central Asian Orogenic Belt[J]. Lithos，278-281：111-125.

Cawood P A，Pisarevsky S A，2017. Laurentia-Baltica-Amazonia relations during Rodinia assembly[J]. Precambrian Research，292：386-397.

Cawood P A，Nemchin A A，Strachan R A，et al.，2004. Laurentian provenance and an intracratonic tectonic setting for the Moine Supergroup，Scotland，constrained by detrital zircons from the Loch Eil and Glen Urquhart successions[J]. Journal of the Geological Society，161（5）：861-874.

Cawood P A，Nemchin A A，Strachan R A，2007. Provenance record of Laurentian passive-margin strata in the northern Caledonides：Implications for paleodrainage and paleogeography[J]. Geological Society of America Bulletin，119（7-8）：993-1003.

Cawood P A，Kröner A，Collins W J，et al.，2009. Accretionary orogens through earth history[M]//Cawood P A，Kröner A. Earth accretionary systems in space and time. London：Geological Society of London.

Cawood P A，Strachan R A，Cutts K，et al.，2010. Neoproterozoic orogeny along the margin of Rodinia：Valhalla orogen，north Atlantic[J]. Geology，38（2）：99-102.

Cawood P A，Strachan R A，Merle R E，et al.，2015. Neoproterozoic to early Paleozoic extensional and compressional history of east laurentian margin sequences：The Moine Supergroup，Scottish Caledonides[J]. Geological Society of America Bulletin，127（3-4）：349-371.

Cawood P A，Strachan R A，Pisarevsky S A，et al.，2016. Linking collisional and accretionary orogens during Rodinia assembly and breakup：Implications for models of supercontinent cycles[J]. Earth and Planetary Science Letters，449：118-126.

Cawood P A，Zhao G C，Yao J L，et al.，2018. Reconstructing south China in Phanerozoic and Precambrian supercontinents[J]. Earth-Science Reviews，186：173-194.

Chappell B W，1999. Aluminium saturation in I- and S-type granites and the characterization of fractionated haplogranites[J]. Lithos，46（3）：535-551.

Chappell B W，White A J R，1992. I- and S-type granites in the Lachlan fold belt[J]. Earth and Environmental Science Transactions of the Royal Society of Edinburgh，83（1-2）：1-26.

Charvet J, Shu L S, Laurent-Charvet S B, et al., 2011. Palaeozoic tectonic evolution of the Tianshan belt, NW China[J]. Science China Earth Sciences, 54: 166-184.

Chen H J, Chen Y J, Ripley E M, et al., 2017. Isotope and trace element studies of the Xingdi IIMafic-ultramafic complex in the northern rim of the Tarim craton: Evidence for emplacement in a Neoproterozoic subduction zone[J]. Lithos, 278-281: 274-284.

Chen B, Wang Y Y, Franceschi M, et al., 2020. Petrography, mineralogy, and geochemistry of combustion metamorphic rocks in the northeastern Ordos basin, China: Implications for the origin of "White Sandstone"[J]. Minerals, 10(12): 1086.

Chi G X, Xue C J, 2014. Hydrodynamic regime as a major control on localization of uranium mineralization in sedimentary basins[J]. Sciences China: Earth Sciences, 57(12): 2928-2933.

Coint N, Slagstad T, Roberts N, et al., 2015. The Late Mesoproterozoic sirdal magmatic belt, SW Norway: Relationships between magmatism and metamorphism and implications for Sveconorwegian orogenesis[J]. Precambrian Research, 265: 57-77.

Cosca M A, Essene E J, Geissman J W, et al., 1989. Pyrometamorphic rocks associated with naturally burned coal beds, Powder River basin, Wyoming[J]. American Mineralogist, 74(1-2): 85-100.

Crawley R A, 1982. Sandstone uranium deposits in the U.S.A.[J]. Energy Exploration and Exploitation, 1(3): 203-243.

Cumberland S A, Douglas G, Grice K, et al., 2016. Uranium mobility in organic matter-rich sediments: A review of geological and geochemical processes[J]. Earth-Science Reviews, 159: 160-185.

Dahlkamp F J, 2009. Part I: Typology of uranium deposits[M]//Dahlkamp F J. Uranium deposits of the world. Berlin: Springer.

Dai S F, Yang J Y, Ward C R, et al., 2015. Geochemical and mineralogical evidence for a coal-hosted uranium deposit in the Yili basin, Xinjiang, northwestern China[J]. Ore Geology Reviews, 70: 1-30.

Dalziel I W D, 1991. Pacific margins of laurentia and East Antarctica-Australia as a conjugate rift pair: Evidence and implications for an eocambrian supercontinent[J]. Geology, 19(6): 598-601.

DeCelles P G, Ducea M N, Kapp P, et al., 2009. Cyclicity in cordilleran orogenic systems[J]. Nature Geoscience, 2(4): 251-257.

Deconinck J F, Hesselbo S P, Pellenard P, 2019. Climatic and sea-level control of Jurassic (Pliensbachian) clay mineral sedimentation in the Cardigan Bay basin, Llanbedr (Mochras Farm) borehole, Wales[J]. Sedimentology, 66(7): 2769-2783.

Degtyarev K E, Shatagin K N, Kotov A B, et al., 2008. Late Precambrian volcanoplutonic association of the Aktau-Dzhungar massif, central Kazakhstan: Structural position and age[J]. Doklady Earth Sciences, 421(2): 879-883.

Degtyarev K, Yakubchuk A, Tretyakov A, et al., 2017. Precambrian geology of the Kazakh uplands and Tien Shan: An overview[J]. Gondwana Research, 47: 44-75.

Deng S H, Zhao Y, Lu Y Z, et al., 2017. Plant fossils from the lower jurassic coal-bearing formation of central inner mongolia of China and their implications for palaeoclimate[J]. Palaeo World, 26(2): 279-316.

Dera G, Brigaud B, Monna F, et al., 2011. Climatic ups and downs in a disturbed Jurassic world[J]. Geology, 39(3): 215-218.

Dickinson W R, 1985. Interpreting provenance relations from detrital modes of sandstones[M]//Zuffa G G. Provenance of arenites. Dordrecht: Springer.

Dickinson W R, Beard L S, Brakenridge G R, et al., 1983. Provenance of north American Phanerozoic sandstones in relation to tectonic setting[J]. Geological Society of America Bulletin, 94(2): 222-235.

Dickinson W R, Gehrels G E, 2009. Use of U-Pb ages of detrital zircons to infer maximum depositional ages of strata: A test against a Colorado Plateau Mesozoic database[J]. Earth and Planetary Science Letters, 288(1-2): 115-125.

Dickinson W R, Suczek C A, 1979. Plate tectonics and sandstone composition[J]. American Association of Petroleum Geologists Bulletin, 63(12): 2164-2172.

Ding H F, Ma D S, Yao C Y, et al., 2009. Sedimentary environment of Ediacaran glaciogenic diamictite in Guozigou of Xinjiang, China[J]. Chinese Science Bulletin, 54(18): 3283-3294.

Ditchfield P W, 1997. High northern palaeolatitude jurassic-cretaceous palaeotemperature variation: New data from Kong Karls Land, Svalbard[J]. Palaeogeography, Palaeoclimatology, Palaeoecology, 130(1-4): 163-175.

Do Campo M, Bauluz B, Del Papa C, et al., 2018. Evidence of cyclic climatic changes recorded in clay mineral assemblages from a continental Paleocene-Eocene sequence, northwestern Argentina[J]. Sedimentary Geology, 368: 44-57.

Doe M F, Jones Ⅲ J V, Karlstrom K E, et al., 2013. Using detrital zircon ages and Hf isotopes to identify 1.48-1.45 Ga sedimentary basins and fingerprint sources of exotic 1.6-1.5 Ga grains in southwestern Laurentia[J]. Precambrian Research, 231: 409-421.

Eby G N, 1992. Chemical subdivision of the A-type granitoids: Petrogenetic and tectonic implications[J]. Geology, 20(7): 641-644.

Ersoy Y, HelvacI C, 2010. FC-AFC-FCA and mixing modeler: A Microsoft Excel(c) spreadsheet program for modeling geochemical differentiation of magma by crystal fractionation, crustal assimilation and mixing[J]. Computers and Geosciences, 36(3): 383-390.

Finch W I, 1967. Geology of epigenetic uranium deposits in sandstone in the United States[R]. Reston: United States Geological Survey.

Floyd P A, Shail R, Leveridge B E, et al., 1991. Geochemistry and provenance of Rhenohercynian synorogenic sandstones: Implications for tectonic environment discrimination[J]. Geological Society, London, Special Publication, 57: 173-188.

Folk R L, 1980. Petrology of sedimentary rocks[M]. Austin: Hemphills Publishing Company.

Foster D A, Goscombe B D, Newstead B, et al., 2015. U-Pb age and Lu-Hf isotopic data of detrital zircons from the Neoproterozoic damara sequence: Implications for Congo and Kalahari before Gondwana[J]. Gondwana Research, 28(1): 179-190.

Friend C R L, Strachan R A, Kinny P D, et al., 2003. Provenance of the Moine supergroup of NW Scotland: Evidence from geochronology of detrital and inherited zircons from (meta) sedimentary rocks, granites and migmatites[J]. Journal of the Geological Society, 160(2): 247-257.

Frost B R, Barnes C G, Collins W J, et al., 2001. A geochemical classification for granitic rocks[J]. Journal of Petrology, 42(11): 2033-2043.

Frost C D, Frost B R, 2011. On ferroan (A-type) granitoids: Their compositional variability and modes of origin[J]. Journal of Petrology, 52(1): 39-53.

Fu X M, Zhang S H, Li H Y, et al., 2015. New paleomagnetic results from the Huaibei Group and Neoproterozoic mafic sills in the north China craton and their paleogeographic implications[J]. Precambrian Research, 269: 90-106.

Funakawa S, Watanabe T, 2017. Influence of climatic factor on clay mineralogy in Humid Asia: Significance of vermiculitization of mica minerals under a udic soil moisture regime[M]. Tokyo: Springer.

Gao J, Long L L, Klemd R, et al., 2009. Tectonic evolution of the south Tianshan orogen and adjacent regions, NW China: Geochemical and age constraints of granitoid rocks[J]. International Journal of Earth Sciences, 98: 1221-1238.

Gao J, Wang X S, Klemd R, et al., 2015a. Record of assembly and breakup of Rodinia in the southwestern Altaids: Evidence from neoproterozoic magmatism in the Chinese Western Tianshan orogen[J]. Journal of Asian Earth Sciences, 113: 173-193.

Gao Y, Wang C S, Liu Z F, et al., 2015b. Diagenetic and paleoenvironmental controls on late cretaceous clay minerals in the Songliao basin, Northeast China[J]. Clays and Clay Minerals, 63(6): 469-484.

Gasser D, Andresen A, 2013. Caledonian terrane amalgamation of svalbard: Detrital zircon provenance of Mesoproterozoic to Carboniferous strata from Oscar Ⅱ Land, western Spitsbergen[J]. Geological Magazine, 150(6): 1103-1126.

Gavshin M V, Miroshnichenko L V, 2000. Uranium concentration in altered brown coals located under burnt rocks from the Kansk-Achinsk Basin, west Siberia[J]. The Journal of Geostandards and Geoanalysis, 24(2): 241-246.

Ge R F, Zhu W B, Zheng B H, et al., 2012. Early Pan-African magmatism in the Tarim craton: insights from zircon U-Pb-Lu-Hf isotope and geochemistry of granitoids in the Korla area, NW China[J]. Precambrian Research, 212-213: 117-138.

Ge R F, Zhu W B, Wu H L, et al., 2013. Timing and mechanisms of multiple episodes of migmatization in the Korla Complex, northern Tarim craton, NW China: Constraints from zircon U-Pb-Lu-IIf isotopes and implications for crustal growth[J]. Precambrian Research, 231: 136-156.

Ge R F, Zhu W B, Wilde S A, et al., 2014a. Archean Magmatism and crustal evolution in the northern Tarim craton: Insights from zircon U-Pb-Hf-O isotopes and geochemistry of ~2.7Ga orthogneiss and amphibolite in the Korla Complex[J]. Precambrian Research, 252: 145-165.

Ge R F, Zhu W B, Wilde S A, et al., 2014b. Neoproterozoic to paleozoic long-lived accretionary orogeny in the northern Tarim craton[J]. Tectonics, 33(3): 302-329.

Ge R F, Zhu W B, Wilde S A, 2016. Mid-Neoproterozoic (ca. 830-800Ma) metamorphic P-T paths link Tarim to the circum-Rodinia subduction-accretion system[J]. Tectonics, 35(6): 1465-1488.

Girty G H, Ridge D L, Knaack C, et al., 1996. Provenance and depositional setting of Paleozoic chert and argillite, Sierra Nevada, California[J]. Journal of Sedimentary Research, 66(1): 107-118.

Glorie S, De Grave J, Buslov M M, et al., 2011. Tectonic history of the Kyrgyz South Tien Shan (Atbashi-Inylchek) suture zone: The role of inherited structures during deformation-propagation[J/OL]. Tectonics, 30(6). https://agupubs.onlinelibrary.wiley.com/doi/abs/10.1029/2011TC002949.

Glorie S, Zhimulev F I, Buslov M M, et al., 2015. Formation of the Kokchetav subduction-collision zone (northern Kazakhstan): Insights from zircon U-Pb and Lu-Hf isotope systematics[J]. Gondwana Research, 27(1): 424-438.

Gou L L, Zhang L F, 2016. Geochronology and petrogenesis of granitoids and associated mafic enclaves from Xiate in Chinese Southwest Tianshan: Implications for early Paleozoic tectonic evolution[J]. Journal of Asian Earth Sciences, 115(1): 40-61.

Gou L L, Zhang L F, Tao R B, et al., 2012. A geochemical study of syn-subduction and post-collisional granitoids at Muzhaerte River in the Southwest Tianshan UHP belt, NW China[J]. Lithos, 136-139: 201-224.

Gou L L, Zhang L F, Lü Z, et al., 2015. Geochemistry and geochronology of S-type granites and their coeval MP/HT meta-sedimentary rocks in Chinese Southwest Tianshan and their tectonic implications[J]. Journal of Asian Earth Sciences, 107: 151-171.

Grapes R, Zhang K, Peng Z L, 2009. Paralava and clinker products of coal combustion, Yellow River, Shanxi Province, China[J]. Lithos, 113(3-4): 831-843.

Green T H, 1995. Significance of Nb/Ta as an indicator of geochemical processes in the crust-mantle system[J]. Chemical Geology, 120(3-4): 347-359.

Grimes C B, John B E, Kelemen P B, 2007. Trace element chemistry of zircon from oceanic crust: A method for distinguishing detrital zircon provenance[J]. Geology, 35(7): 643-646.

Hadlari T, Davis W J, Dewing K, 2014. A pericratonic model for the Pearya terrane as an extension of the Franklinian margin of Laurentia, Canadian Arctic[J]. Geological Society of America Bulletin, 126(1-2): 182-200.

Hall W S, Hitzman M W, Kuiper Y D, et al., 2018. Igneous and detrital zircon U-Pb and Lu-Hf geochronology of the late Meso-to Neoproterozoic northwest Botswana rift: Maximum depositional age and provenance of the Ghanzi Group, Kalahari copperbelt,

Botswana and Namibia[J]. Precambrian Research，318：133-155.

Han B F，Guo Z J，Zhang Z C，et al.，2010. Age，geochemistry，and tectonic implications of a late Paleozoic stitching pluton in the North Tian Shan suture zone，western China[J]. Geological Society of America Bulletin，122（3）：627-640.

Han B F，He G Q，Wang X C，et al.，2011. Late carboniferous collision between the Tarim and Kazakhstan-Yili terranes in the western segment of the south Tian Shan orogen，central Asia，and implications for the northern Xinjiang，western China[J]. Earth-Science Reviews，109（3-4）：74-93.

Han Y G，Zhao G C，Sun M，et al.，2015. Paleozoic accretionary orogenesis in the Paleo-Asian ocean：Insights from detrital zircons from Silurian to Carboniferous strata at the northwestern margin of the Tarim craton[J]. Tectonics，34（2）：334-351.

Han Y G，Zhao G C，Sun M，et al.，2016a. Late Paleozoic subduction and collision processes during the amalgamation of the Central Asian Orogenic Belt along the south Tianshan suture zone[J]. Lithos，246-247：1-12.

Han Y G，Zhao G C，Cawood P A，et al.，2016b. Tarim and north China cratons linked to northern Gondwana through switching accretionary tectonics and collisional orogenesis[J]. Geology，44（2）：95-98.

Han C M，Xiao W J，Su B X，et al.，2018. Ages and tectonic implications of the mafic-ultramafic-carbonatite intrusive rocks and associated Cu-Ni，Fe-P and apatite-vermiculite deposits from the Quruqtagh district，NW China[J]. Ore Geology Reviews，95：1106-1122.

Harshman E N，1972. Uranium rolls in the United States[J]. The Mountain Geologist，9（2-3）：135-141.

He Z Y，Zhang Z M，Zong K Q，et al.，2013. Paleoproterozoic crustal evolution of the Tarim craton：Constrained by zircon U-Pb and Hf isotopes of meta-igneous rocks from Korla and Dunhuang[J]. Journal of Asian Earth Sciences，78：54-70.

He J W，Zhu W B，Ge R F，et al.，2014a. Detrital zircon U-Pb ages and Hf isotopes of neoproterozoic strata in the Aksu area，northwestern Tarim craton：implications for supercontinent reconstruction and crustal evolution[J]. Precambrian Research，254：194-209.

He J W，Zhu W B，Ge R F，2014b. New age constraints on Neoproterozoic diamicites in Kuruktag，NW China and precambrian crustal evolution of the Tarim craton[J]. Precambrian Research，241：44-60.

He Z Y，Zhang Z M，Zong K Q，et al.，2014c. Zircon U-Pb and Hf isotopic studies of the Xingxingxia complex from eastern Tianshan（NW China）：Significance to the reconstruction and tectonics of the southern Central Asian Orogenic Belt[J]. Lithos，190-191：485-499.

He Z Y，Klemd R，Zhang Z M，et al.，2015a. Mesoproterozoic continental arc magmatism and crustal growth in the eastern Central Tianshan Arc Terrane of the southern Central Asian Orogenic Belt：Geochronological and geochemical evidence[J]. Lithos，236-237：74-89.

He J W，Zhu W B，Zheng B H，et al.，2015b. Neoproterozoic diamictite-bearing sedimentary rocks in the northern Yili block and their constraints on the Precambrian evolution of microcontinents in the Western Central Asian Orogenic Belt[J]. Tectonophysics，665：23-36.

He Z Y，Klemd R，Yan L L Y，et al.，2018a. Mesoproterozoic juvenile crust in microcontinents of the Central Asian Orogenic Belt：Evidence from oxygen and hafnium isotopes in zircon[J]. Scientific Reports，8：5054.

He Z Y，Klemd R，Yan L L，et al.，2018b. The origin and crustal evolution of microcontinents in the Beishan orogen of the southern Central Asian Orogenic Belt[J]. Earth-Science Reviews，185：1-14.

He Z Y，Wang B，Zhong L L，et al.，2018c. Crustal evolution of the central Tianshan block：Insights from zircon U-Pb isotopic and structural data from meta-sedimentary and meta-igneous rocks along the Wulasitai-Wulanmoren shear zone[J]. Precambrian

Research，314：111-128.

Heffern E L，Coates D A，2004. Geologic history of natural coal-bed fires，powder river basin，USA[J]. International Journal of Coal Geology，59(1-2)：25-47.

Heffern E L，Reiners P W，Naeser C W，et al.，2007. Geochronology of clinker and implications for evolution of the powder river basin landscape，Wyoming and Montana[M]//Stracher G B. Geology of coal fires：Case studies from around the world. Boulder：Geological Society of America.

Hegner E，Klemd R，Kröner A，et al.，2010. Mineral ages and PT conditions of late Paleozoic high-pressure eclogite and provenance of mélange sediments from Atbashi in the south Tianshan orogen of Kyrgyzstan[J]. American Journal of Science，310(9)：916-950.

Hermoso M，Pellenard P，2014. Continental weathering and climatic changes inferred from clay mineralogy and paired carbon isotopes across the early to middle Toarcian in the Paris basin[J]. Palaeogeography，Palaeoclimatology，Palaeoecology，399：385-393.

Hoffman P F，1991. Did the breakout of Laurentia turn Gondwanaland inside-out?[J]. Science，252(5011)：1409-1412.

Hoskin P W O，2005. Trace-element composition of hydrothermal zircon and the alteration of Hadean zircon from the Jack Hills，Australia[J]. Geochimica et Cosmochimica Acta，69(3)：637-648.

Hoskin P W O，Ireland T R，2000. Rare earth element chemistry of zircon and its use as a provenance indicator[J]. Geology，28(7)：627-630.

Hoskin P W O，Schaltegger U，2003. The Composition of zircon and igneous and metamorphic petrogenesis[J]. Reviews in Mineralogy and Geochemistry，53(1)：27-62.

Hower J C，Hood M M，Taggart R K，et al.，2017. Chemistry and petrology of paired feed coal and combustion ash from anthracite-burning stoker boilers[J]. Fuel，199：438-446.

Hu A Q，Jahn B M，Zhang G X，et al.，2000. Crustal evolution and Phanerozoic crustal growth in northern Xinjiang：Nd isotopic evidence. Part I. Isotopic characterization of basement rocks[J]. Tectonophysics，328(1-2)：15-51.

Huang B T，He Z Y，Zong K Q，et al.，2014a. Zircon U-Pb and Hf isotopic study of neoproterozoic granitic gneisses from the Alatage area，Xinjiang：Constraints on the precambrian crustal evolution in the central Tianshan block[J]. Chinese Science Bulletin，59：100-112.

Huang H，Zhang Z C，Santosh M，et al.，2014b. Geochronology，geochemistry and metallogenic implications of the Boziguo'er rare metal-bearing peralkaline granitic intrusion in south Tianshan，NW China[J]. Ore Geology Reviews，61：157-174.

Huang Z Y，Long X P，Kröner A，et al.，2015a. Neoproterozoic granitic gneisses in the Chinese central Tianshan block：Implications for tectonic affinity and Precambrian crustal evolution[J]. Precambrian Research，269：73-89.

Huang H，Zhang Z C，Santosh M，et al.，2015b. Petrogenesis of the early permian volcanic rocks in the Chinese south Tianshan：Implications for crustal growth in the Central Asian Orogenic Belt[J]. Lithos，228：23-42.

Huang B T，He Z Y，Zhang Z M，et al.，2015c. Early neoproterozoic granitic gneisses in the Chinese eastern Tianshan：Petrogenesis and tectonic implications[J]. Journal of Asian Earth Sciences，113：339-352.

Huang Z Y，Long X P，Yuan C，et al.，2016a. Detrital zircons from Neoproterozoic sedimentary rocks in the Yili block：Constraints on the affinity of microcontinents in the southern Central Asian Orogenic Belt[J]. Gondwana Research，37：39-52.

Huang H，Cawood P A，Hou M C，et al.，2016b. Silicic ash beds bracket Emeishan Large Igneous province to <1 m.y. at ~260 Ma[J]. Lithos，264：17-27.

Huang Z Y，Long X P，Wang X C，et al.，2017. Precambrian evolution of the Chinese central Tianshan block：Constraints on its tectonic affinity to the Tarim craton and responses to supercontinental cycles[J]. Precambrian Research，295：24-37.

Huang H，Cawood P A，Ni S J，et al.，2018. Provenance of late Paleozoic strata in the Yili basin：Implications for tectonic evolution of the South Tianshan Orogenic Belt[J]. Geological Society of America Bulletin，130(5-6)：952-974.

Huang H，Cawood P A，Hou M C，et al.，2019. Provenance of latest Mesoproterozoic to early Neoproterozoic (meta)-sedimentary rocks and implications for paleographic reconstruction of the Yili block[J]. Gondwana Research，72：120-138.

Huber B T，Macleod K G，Wing S L，1999. Warm climates in earth history[M]. Cambridge：Cambridge University Press.

Jian P，Kröner A，Jahn B M，et al.，2013. Zircon ages of metamorphic and magmatic rocks within peridotite-bearing mélanges：Crucial time constraints on early Carboniferous extensional tectonics in the Chinese Tianshan[J]. Lithos，172-173：243-266.

Jiang T，Gao J，Klemd R，et al.，2014. Paleozoic ophiolitic mélanges from the south Tianshan orogen，NW China：Geological，geochemical and geochronological implications for the geodynamic setting[J]. Tectonophysics，612-613：106-127.

Jin R S，Yu R A，Yang J，et al.，2019. Paleo-environmental constraints on uranium mineralization in the Ordos basin：Evidence from the color zoning of U-bearing rock series[J]. Ore Geology Reviews，104：175-189.

Jolivet M，Dominguez S，Charreau J，et al.，2010. Mesozoic and Cenozoic tectonic history of the central Chinese Tianshan：Reactivated tectonic structures and active deformation[J/OL]. Tectonics，29(6). https://agupubs.onlinelibrary.wiley.com/doi/abs/10.1029/2010TC002712.

Karlstrom K E，Åhäll K，Harlan S S，et al.，2001. Long-lived (1.8-1.0 Ga) convergent orogen in southern Laurentia，its extensions to Australia and Baltica，and implications for refining Rodinia[J]. Precambrian Research，111(1-4)：5-30.

Khudoley A，Chamberlain K，Ershova V，et al.，2015. Proterozoic supercontinental restorations：Constraints from provenance studies of Mesoproterozoic to Cambrian clastic rocks，eastern Siberian craton[J]. Precambrian Research，259：78-94.

Kirkland C L，Daly J S，Whitehouse M J，2006. Granitic magmatism of Grenvillian and late Neoproterozoic age in Finnmark，Arctic norway-constraining pre-Scandian deformation in the Kalak nappe complex[J]. Precambrian Research，145(1-2)：24-52.

Kirkland C L，Strachan R A，Prave A R，2008. Detrital zircon signature of the Moine Supergroup，Scotland：Contrasts and comparisons with other Neoproterozoic successions within the circum-North Atlantic region[J]. Precambrian Research，163(3-4)：332-350.

Kisch H J，Árkai P，Brime C，2004. On the Calibration of the Illite Kübler Index (Illite "Crystallinity")[J]. Schweizerische Mineralogische und Petrographische Mitteilungen，84：323 -331.

Klemd R，John T，Scherer E E，et al.，2011. Changes in dip of subducted slabs at depth：Petrological and geochronological evidence from HP-UHP rocks (Tianshan，NW-China)[J]. Earth and Planetary Science Letters，310(1-2)：9-20.

Konopelko D，Seltmann R，Apayarov F，et al.，2013. U-Pb-Hf zircon study of two mylonitic granite complexes in the Talas-Fergana fault zone，Kyrgyzstan，and Ar-Ar age of deformations along the fault[J]. Journal of Asian Earth Sciences，73：334-346.

Kovach V，Degtyarev K，Tretyakov A，et al.，2017. Sources and provenance of the Neoproterozoic placer deposits of the northern Kazakhstan：Implication for continental growth of the western Central Asian Orogenic Belt[J]. Gondwana Research，47：28-43.

Kröner A，Windley B F，Badarch G，et al.，2007. Accretionary growth and crust formation in the Central Asian Orogenic Belt and comparison with the Arabian-Nubian shield[M]//Hatcher Jr. R D，Carlson M P，McBride J H，et al. 4-D framework of continental crust. Boulder：Geological Society of America.

Kröner A，Alexeiev D V，Hegner E，et al.，2012. Zircon and muscovite ages，geochemistry，and Nd-Hf isotopes for the Aktyuz metamorphic terrane：Evidence for an early Ordovician collisional belt in the northern Tianshan of Kyrgyzstan[J]. Gondwana

Research，21：901-927.

Kröner A，Alexeiev D V，Rojas-Agramonte Y，et al.，2013. Mesoproterozoic（Grenville-age）terranes in the Kyrgyz north Tianshan：Zircon ages and Nd-Hf isotopic constraints on the origin and evolution of basement blocks in the southern Central Asian Orogen[J]. Gondwana Research，23（1）：272-295.

Kröner A，Alexeiev D V，Kovach V P，et al.，2017. Zircon ages，geochemistry and Nd isotopic systematics for the Palaeoproterozoic 2.3-1.8 Ga Kuilyu complex，east Kyrgyzstan—The oldest continental basement fragment in the Tianshan Orogenic Belt[J]. Journal of Asian Earth Sciences，135：122-135.

Kübler B. 1964. Les argiles，indicateurs de metamorphisme[J]. Revue de l'Institut Francais du Petrole，9：1093-1112

Kuenzer C，Stracher G B，2012. Geomorphology of coal seam fires[J]. Geomorphology，138（1）：209-222.

Lamminen J，2011. Provenance and correlation of sediments in Telemark，south Norway：Status of the lifjell group and implications for early sveconorwegian fault tectonics[J]. Norwegian Journal of Geology，91：57-75.

Lei R X，Wu C Z，Chi G X，et al.，2013. The neoproterozoic Hongliujing A-type granite in central Tianshan（NW China）：LA-ICP-MS zircon U-Pb geochronology，geochemistry，Nd-Hf isotope and tectonic significance[J]. Journal of Asian Earth Sciences，74：142-154.

Leslie A G，Nutman A P，2003. Evidence for Neoproterozoic orogenesis and early high temperature Scandian deformation events in the southern East Greenland Caledonides[J]. Geological Magazine，140（3）：309-333.

Levashova N M，Meert J G，Gibsher A S，et al.，2011. The origin of microcontinents in the Central Asian Orogenic Belt：Constraints from paleomagnetism and geochronology[J]. Precambrian Research，185（1-2）：37-54.

Li Z Y，Chen A P，Fang X H，et al.，2008a. Origin and superposition metallogenic model of the sandstone-type uranium deposit in the northeastern Ordos basin，China[J]. Acta Geologica Sinica，82（4）：745-749.

Li Z X，Bogdanova S V，Collins A S，et al.，2008b. Assembly，configuration，and break-up history of Rodinia：A synthesis[J]. Precambrian Research，160（1-2）：179-210.

Li Y J，Yang G X，Wang X G，et al.，2011. A reconstruction for the late Paleozoic tectonic evolution of the Tekes Daban Area，western Tianshan mountains：Evidence from unconformities[J]. Acta Geologica Sinica（English Edition），85（5）：1127-1136.

Li N B，Niu H C，Shan Q，et al.，2013. Zircon U-Pb geochronology and geochemistry of post-collisional granitic porphyry from Yuantoushan，Nileke，Xinjiang[J]. Acta Petrologica Sinica，29（10）：3402-3412.

Li Z，Qiu N S，Chang J，et al.，2015a. Precambrian evolution of the tarim block and its tectonic affinity to other major continental blocks in China：New clues from U-Pb geochronology and Lu-Hf isotopes of detrital zircons[J]. Precambrian Research，270：1-21.

Li D，He D F，Tang Y，et al.，2015b. Dynamic processes from plate subduction to intracontinental deformation：Insights from the tectono-sedimentary evolution of the Zhaosu-Tekesi depression in the southwestern Chinese Tianshan[J]. Journal of Asian Earth Sciences，113：728-747.

Li N B，Niu H C，Shan Q，et al.，2015c. Two episodes of late Paleozoic A-type magmatism in the Qunjisayi area，western Tianshan：petrogenesis and tectonic implications[J]. Journal of Asian Earth Sciences，113：238-253.

Li C，Xiao W J，Han C M，et al.，2015d. Late devonian-early permian accretionary orogenesis along the north Tianshan in the southern Central Asian Orogenic Belt[J]. International Geology Review，57（5-8）：1023-1050.

Liou J G，Ernst W G，Song S G，et al.，2009. Tectonics and HP-UHP metamorphism of northern Tibet-Preface[J]. Journal of Asian Earth Sciences，35（3-4）：191-198.

Liu S W, Guo Z J, Zhang Z C, et al., 2004. Nature of the Precambrian metamorphic blocks in the eastern segment of central Tianshan: Constraint from geochronology and Nd isotopic geochemistry[J]. Science in China Series D: Earth Sciences, 47(12): 1085-1094.

Liu Z F, Wang H, Hantoro W S, et al., 2012. Climatic and tectonic controls on chemical weathering in tropical southeast Asia (Malay Peninsula, Borneo, and Sumatra) [J]. Chemical Geology, 291: 1-12.

Liu H S, Wang B, Shu L S, et al., 2014a. Detrital zircon ages of Proterozoic meta-sedimentary rocks and Paleozoic sedimentary cover of the northern Yili block: Implications for the tectonics of microcontinents in the Central Asian Orogenic Belt[J]. Precambrian Research, 252: 209-222.

Liu D D, Guo Z J, Jolivet M, et al., 2014b. Petrology and geochemistry of early permian volcanic rocks in south Tianshan, NW China: Implications for the tectonic evolution and Phanerozoic continental growth[J]. International Journal of Earth Sciences, 103: 737-756.

Liu C H, Zhao G C, Liu F L, et al., 2017a. Detrital zircon U-Pb and Hf isotopic and whole-rock geochemical study of the Bayan obo group, northern margin of the north China craton: Implications for Rodinia reconstruction[J]. Precambrian Research, 303: 372-391.

Liu X C, Zhao Y, Chen H, et al., 2017b. New zircon U-Pb and Hf-Nd isotopic constraints on the timing of magmatism, sedimentation and metamorphism in the northern Prince Charles mountains, east Antarctica[J]. Precambrian Research, 299: 15-33.

Liu B, Han B F, Ren R, et al., 2017c. Petrogenesis and tectonic implications of the early Carboniferous to the late Permian Barleik plutons in the west Junggar (NW China)[J]. Lithos, 272-273: 232-248.

Long L L, Gao J, Klemd R, et al., 2011. Geochemical and geochronological studies of granitoid rocks from the western Tianshan orogen: Implications for continental growth in the southwestern Central Asian Orogenic Belt[J]. Lithos, 126(3-4): 321-340.

Lu J, Zhou K, Yang M F, et al., 2020. Terrestrial organic carbon isotopic composition ($\delta^{13}C_{org}$) and environmental perturbations linked to early Jurassic volcanism: Evidence from the Qinghai-Tibet Plateau of China[J]. Global and Planetary Change, 195: 103331.

Lu S N, Li H K, Zhang C L, et al., 2008. Geological and geochronological evidence for the Precambrian evolution of the Tarim craton and surrounding continental fragments[J]. Precambrian Research, 160(1-2): 94-107.

Lu Y Z, Zhu W B, Ge R F, et al., 2017. Neoproterozoic active continental margin in the northwestern Tarim craton: Clues from Neoproterozoic (meta) sedimentary rocks in the Wushi area, northwest China[J]. Precambrian Research, 298: 88-106.

Ma X X, Shu L S, Meert J G, 2015. Early Permian slab breakoff in the Chinese Tianshan belt inferred from the post-collisional granitoids[J]. Gondwana Research, 27(1): 228-243.

Ma Y J, Liu C Q, 2001. Sr isotope evolution during chemical weathering of granites[J]. Science in China Series D: Earth Sciences, 44(8): 726-734.

Malone S J, Mcclelland W C, von Gosen W, et al., 2017. The earliest Neoproterozoic magmatic record of the Pearya terrane, Canadian high Arctic: Implications for Caledonian terrane reconstructions[J]. Precambrian Research, 292: 323-349.

Maniar P D, Piccoli P M, 1989. Tectonic discrimination of granitoids[J]. Geological Society of America Bulletin, 101(5): 635-643.

Middlemost E A K, 1994. Naming materials in the magma/igneous rock system[J]. Earth-Science Reviews, 37(3-4): 215-224.

Min M Z, Chen J, Wang J P, et al., 2005. Mineral paragenesis and textures associated with sandstone-hosted roll-front uranium deposits, NW China[J]. Ore Geology Reviews, 26(1-2): 51-69.

Morales Cámera M M, Dahlquist J A, Basei M A S, et al., 2017. F-rich strongly peraluminous A-type magmatism in the pre-andean foreland sierras pampeanas, Argentina: Geochemical, geochronological, isotopic constraints and petrogenesis[J]. Lithos, 277:

210-227.

Morrissey L J, Payne J L, Hand M, et al., 2017. Linking the Windmill Islands, east Antarctica and the Albany-Fraser orogen: Insights from U-Pb zircon geochronology and Hf isotopes[J]. Precambrian Research, 293: 131-149.

Mulder J A, Karlstrom K E, Fletcher K, et al., 2017. The syn-orogenic sedimentary record of the Grenville Orogeny in southwest Laurentia[J]. Precambrian Research, 294: 33-52.

Mulder J A, Karlstrom K E, Halpin J A, et al., 2018. Rodinian devil in disguise: Correlation of 1.25-1.10 Ga strata between Tasmania and Grand Canyon[J]. Geology, 46(11): 991-994.

Nesbitt H W, Young G M, 1984. Prediction of some weathering trends of plutonic and volcanic rocks based on Thermodynamic and kinetic considerations[J]. Geochimica et Cosmochimica Acta, 48(7): 1523-1534.

Nesbitt H W, Young G M, 1989. Formation and diagenesis of weathering profiles[J]. The Journal of Geology, 97(2): 129-147.

Novikov I S, Sokol E V, Travin A V, et al., 2008. Signature of Cenozoic orogenic movements in combustion metamorphic rocks: Mineralogy and geochronology (example of the Salair-Kuznetsk basin transition)[J]. Russian Geology and Geophysics, 49(6): 378-396.

Patiño D A E, Johnston A D, 1991. Phase equilibria and melt productivity in the pelitic system: Implications for the origin of peraluminous granitoids and aluminous granulites[J]. Contributions to Mineralogy and Petrology, 107(2): 202-218.

Patiño D A E, Beard J S, 1996. Effects of P, $f(O_2)$ and Mg/Fe ratio on dehydration melting of model metagreywackes[J]. Journal of Petrology, 37(5): 999-1024.

Pearce J A, 1996. Sources and settings of granitic rocks[J]. Episodes, 19(4): 120-125.

Pearce J A, Harris N B W, Tindle A G, 1984. Trace element discrimination diagrams for the tectonic interpretation of granitic rocks[J]. Journal of Petrology, 25(4): 956-983.

Pearson B N, 2002. Sr isotope ratio as a monitor of recharge and aquifer communication, Paleocene Fort Union Formation and Eocene Wasatch Formation, Powder River basin, Wyoming and Montana[D]. Laramie: University of Wyoming.

Pedersen S, Andersen T, Konnerup-Madsen J, et al., 2009. Recurrent mesoproterozoic continental magmatism in south-central Norway[J]. International Journal of Earth Sciences, 98: 1151-1171.

Petersson A, Scherstén A, Andersson J, et al., 2015a. Zircon U-Pb and Hf-isotopes from the eastern part of the Sveconorwegian orogen, SW Sweden: Implications for the growth of Fennoscandia[J]. Geological Society, London, Special Publications, 389: 281-303.

Petersson A, Scherstén A, Andersson J, et al., 2015b. Zircon U-Pb, Hf and O isotope constraints on growth versus reworking of continental crust in the subsurface Grenville orogen, Ohio, USA[J]. Precambrian Research, 265: 313-327.

Petersson A, Scherstén A, Bingen B, et al., 2015c. Mesoproterozoic continental growth: U-Pb-Hf-O zircon record in the Idefjorden terrane, Sveconorwegian orogen[J]. Precambrian Research, 261: 75-95.

Pettersson C H, Pease V, Frei D, 2009. U-Pb zircon provenance of metasedimentary basement of the northwestern Terrane, Svalbard: implications for the Grenvillian-Sveconorwegian orogeny and development of Rodinia[J]. Precambrian Research, 175(1-4): 206-220.

Pilitsyna A V, Tretyakov A A, Degtyarev K E, et al., 2019. Early Palaeozoic metamorphism of Precambrian crust in the Zheltau terrane (Southern Kazakhstan; Central Asian Orogenic Belt): P-T paths, protoliths, zircon dating and tectonic implications[J]. Lithos, 324-325: 115-140.

Qian Q, Gao J, Klemd R, et al., 2009. Early Paleozoic tectonic evolution of the Chinese South Tianshan orogen: Constraints from

SHRIMP zircon U-Pb geochronology and geochemistry of basaltic and dioritic rocks from Xiate，NW China[J]. International Journal of Earth Sciences，98（3）：551-569.

Raigemborn M S，Gómez-Peral L E，Krause J M，et al.，2014. Controls on clay minerals assemblages in an early Paleogene nonmarine succession：Implications for the volcanic and paleoclimatic record of Extra-Andean Patagonia，Argentina[J]. Journal of South American Earth Sciences，52：1-23.

Rainbird R H，Rayner N M，Hadlari T，et al.，2017. Zircon provenance data record the lateral extent of pancontinental，early Neoproterozoic rivers and erosional unroofing history of the Grenville orogen[J]. Geological Society of America Bulletin，129（11-12）：1408-1423.

Rainbird R H，Stern R A，Khudoley A K，et al.，1998. U-Pb geochronology of Riphean sandstone and gabbro from southeast Siberia and its bearing on the Laurentia-Siberia connection[J]. Earth and Planetary Science Letters，164（3-4）：409-420.

Rainbird R，Cawood P，Gehrels G，2012. The great Grenvillian sedimentation episode：Record of supercontinent Rodinia's assembly[M]//Busby C，Pérez A A. Tectonics of sedimentary basins：Recent advances. New York：Wiley-Blackwell.

Rapp R P，Watson E B，1995. Dehydration melting of metabasalt at 8-32 kbar：Implications for continental growth and crust-mantle recycling[J]. Journal of Petrology，36（4）：891-931.

Rees S L，Robinson A L，Khlystov A，et al.，2004. Mass balance closure and the federal reference method for $PM_{2.5}$ in pittsburgh，pennsylvania[J]. Atmospheric Environment，38（20）：3305-3318.

Reiners P W，Riihimaki C A，Heffern E L，2011. Clinker geochronology，the first glacial maximum，and landscape evolution in the northern Rockies[J]. GSA Today，21（7）：4-9.

Ren R，Han B F，Ji J Q，et al.，2011. U-Pb age of detrital zircons from the Tekes River，Xinjiang，China，and implications for tectonomagmatic evolution of the South Tianshan orogen[J]. Gondwana Research，19（2）：460-470.

Riihimaki C A ，Reiners P W，Heffern E L，2009. Climate control on Quaternary coal fires and landscape evolution，Powder River basin，Wyoming and Montana[J]. Geology，37（3）：255-258.

Rojas-Agramonte Y，Kröner A，Alexeiev D V，et al.，2014. Detrital and igneous zircon ages for supracrustal rocks of the Kyrgyz Tianshan and palaeogeographic implications[J]. Gondwana Research，26（3-4）：957-974.

Rosholt J N，1959. Natural radioactive disequilibrium of the uranium series[R]. Washington，D.C.：U.S. Government Printing Office.

Roy D K，Roser B P，2013. Climatic control on the composition of Carboniferous-Permian Gondwana Sediments，Khalaspir basin，Bangladesh[J]. Gondwana Research，23（3）：1163-1171.

Royer D L，2006. CO_2-forced climate thresholds during the Phanerozoic[J]. Geochimicaet Cosmochimica Acta，70（23）：5665-5675.

Rubin B，1972. Uranium roll-front zonation of southern Powder River basin[J]. AAPG Bulletin，56（3）：650.

Ruffell A，Mckinley J M，Worden R H，2002. Comparison of clay mineral stratigraphy to other proxy palaeoclimate indicators in the Mesozoic of NW Europe[J]. Philosophical Transactions of the Royal Society A：Mathematical，Physical and Engineering Sciences，360（1793）：675-693.

Sames B，Wagreich M，Conrad C P，et al.，2020. Aquifer-Eustasy as the main driver of short-term sea-level Fluctuations during Cretaceous hothouse climate phases[J]. Geological Society，London，Special Publications，498：9-38.

Sellwood B W，Valdes P J，2006. Mesozoic climates：General circulation models and the rock record[J]. Sedimentary Geology，190（1-4）：269-287.

Sellwood B W，Valdes P J，2008. Jurassic climates[J]. Proceedings of the Geologists Association，119（1）：5-17.

Shi Z Q，Chen B，Wang Y Y，et al.，2020. A linkage between uranium mineralization and high diagenetic temperature caused by coal self-ignition in the southern Yili basin, northwestern China[J]. Ore Geology Reviews, 121: 103443.

Shu L S, Deng X L, Zhu W B, et al., 2011. Precambrian tectonic evolution of the Tarim block, NW China: New geochronological insights from the Quruqtagh domain[J]. Journal of Asian Earth Sciences, 42(5): 774-790.

Singer A, 1984. The paleoclimatic interpretation of clay minerals in sediments—A review[J]. Earth-Science Reviews, 21(4): 251-293.

Slagstad T, Roberts N M, Kulakov E, 2017. Linking orogenesis across a supercontinent: The Grenvillian and Sveconorwegian margins on Rodinia[J]. Gondwana Research, 44: 109-115.

Slagstad T, Roberts N M W, Marker M, et al., 2013. A non-collisional, accretionary Sveconorwegian orogen[J]. Terra Nova, 25(1): 30-37.

Smits R G, Collins W J, Hand M, et al., 2014. A proterozoic wilson cycle identified by Hf isotopes in central Australia: Implications for the assembly of Proterozoic Australia and Rodinia[J]. Geology, 42(3): 231-234.

Sokol E V, Volkova N I, 2007. Combustion metamorphic events resulting from natural coal fires[M]//Stracher G B. Geology of coal fires: Case studies from around the world. Boulder: Geological Society of America.

Solari L A, González-León C M, Ortega-Obregón C, et al., 2018. The Proterozoic of NW Mexico revisited: U-Pb geochronology and Hf isotopes of Sonoran rocks and their tectonic implications[J]. International Journal of Earth Sciences, 107: 845-861.

Soldner J, Oliot E, Schulmann K, et al., 2017. Metamorphic P-T-t-d evolution of (U)HP metabasites from the South Tianshan accretionary complex (NW China)—Implications for rock deformation during exhumation in a subduction channel[J]. Gondwana Research, 47: 161-187.

Song H, Ni S J, Chi G X, et al., 2019. Systematic variations of H-O-C isotopes in different alteration zones of sandstone-hosted uranium deposits in the southern Margin of the Yili basin (Xinjiang, China): A review and implications for the ore-forming mechanisms[J]. Ore Geology Reviews, 107: 615-628.

Spaggiari C V, Kirkland C L, Smithies R H, et al., 2015. Transformation of an Archean craton margin during Proterozoic basin formation and magmatism: The Albany-Fraser Orogen, western Australia[J]. Precambrian Research, 266: 440-466.

Spencer C J, Roberts N M W, Cawood P A, et al., 2014. Intermontane basins and bimodal volcanism at the onset of the Sveconorwegian orogeny, southern Norway[J]. Precambrian Research, 252: 107-118.

Spencer C J, Cawood P A, Hawkesworth C J, et al., 2015. Generation and preservation of continental crust in the Grenville orogeny[J]. Geoscience Frontiers, 6(3): 357-372.

Spencer C J, Kirkland C L, Prave A R, et al., 2019. Crustal reworking and orogenic styles inferred from zircon Hf isotopes: Proterozoic examples from the north Atlantic region[J]. Geoscience Frontiers, 10(2): 417-424.

Stern C R, Kilian R, 1996. Role of the subducted slab, mantle wedge and continental crust in the generation of adakites from the Andean Austral volcanic zone[J]. Contributions to Mineralogy and Petrology, 123(3): 263-281.

Strachan R A, Nutman A P, Friderichsen J D, 1995. SHRIMP U-Pb geochronology and metamorphic history of the Smallefjord sequence, NE Greenland Caledonides[J]. Journal of the Geological Society: 152: 779-784.

Stracher G B, Prakash A, Sokol E V, 2015. Coal and peat fires: A global perspective[M]. Amsterdam: Elsevier.

Su W, Gao J, Klemd R, et al., 2010. U-Pb zircon geochronology of Tianshan eclogites in NW China: Implication for the collision between the Yili and Tarim blocks of the southwestern altaids[J]. European Journal of Mineralogy, 22(4): 473-478.

Sun S S, McDonough W F, 1989. Chemical and isotopic systematics of oceanic basalts: Implications for mantle composition and processes[J]. Geological Society, London, Special Publications, 42: 313-345.

Sylvester P J, 1989. Post-collisional alkaline granites[J]. The Journal of Geology, 97(3): 261-280.

Tang G J, Wang Q, Wyman D A, et al., 2010. Geochronology and geochemistry of late Paleozoic magmatic rocks in the Lamasu-Dabate area, northwestern Tianshan (west China): Evidence for a tectonic transition from arc to post-collisional setting[J]. Lithos, 119(3-4): 393-411.

Tang Q Y, Zhang Z W, Li C S, et al., 2016. Neoproterozoic subduction-related basaltic magmatism in the northern margin of the Tarim craton: Implications for Rodinia reconstruction[J]. Precambrian Research, 286: 370-378.

Taylor S R, Mclennan S M, 1985. The continental crust: Its composition and evolution[J]. The Journal of Geology, 94(4): 57-72.

Them T R, Gill B C, Caruthers A H, et al., 2017. High-resolution carbon isotope records of the Toarcian oceanic anoxic event (early Jurassic) from north America and implications for the global drivers of the Toarcian carbon cycle[J]. Earth and Planetary Science Letters, 459: 118-126.

Thiry M, 2000. Palaeoclimatic interpretation of clay minerals in marine deposits: An outlook from the continental origin[J]. Earth-Science Reviews, 49(1): 201-221.

Torsvik T H, 2003. The Rodinia jigsaw puzzle[J]. Science, 300(5624): 1379-1381.

Tortosa A, Palomares M, Arribas J, 1991. Quartz grain types in Holocene deposits from the Spanish Central System: Some problems in provenance analysis[J]. Geological Society, London, Special Publications, 57(1): 47-54.

Tretyakov A A, Kotov A B, Degtyarev K E, et al., 2011. The middle Riphean volcanogenic complex of Kokchetav massif (northern Kazakhstan): Structural position and age substantiation[J]. Doklady Earth Sciences, 438: 739-743.

Tretyakov A A, Degtyarev K E, Shatagin K N, et al., 2015. Neoproterozic anorogenic rhyolite-granite volcanoplutonic association of the Aktau-Mointy sialic massif (central Kazakhstan): Age, source, and paleotectonic position[J]. Petrology, 23: 22-44.

Tretyakov A A, Degtyarev K E, Sal'nikova E B, et al., 2016. Paleoproterozoic anorogenic granitoids of the Zheltav sialic massif (southern Kazakhstan): Structural position and geochronology[J]. Doklady Earth Sciences, 466: 14-19.

Tucker N M, Payne J L, Clark C, et al., 2017. Proterozoic reworking of Archean (Yilgarn) basement in the Bunger Hills, East Antarctica[J]. Precambrian Research, 298: 16-38.

Turner H E, Huggett J M, 2019. Late Jurassic-early Cretaceous climate change record in clay minerals of the Norwegian-Greenland seaway[J]. Palaeogeography, Palaeoclimatology, Palaeoecology, 534: 109331.

Vander Auwera J, Bogaerts M, Liégeois J P, et al., 2003. Derivation of the 1.0-0.9 Ga ferro-potassic A-type granitoids of southern Norway by extreme differentiation from basic magmas[J]. Precambrian Research, 124(2-4): 107-148.

Vander Auwera J, Bolle O, Bingen B, et al., 2011. Sveconorwegian massif-type anorthosites and related granitoids result from post-collisional melting of a continental arc root[J]. Earth-Science Reviews, 107(3-4): 375-397.

Vielzeuf D, Holloway J R, 1988. Experimental determination of the fluid-absent melting relations in the pelitic system[J]. Contributions to Mineralogy and Petrology, 98(3): 257-276.

Walderhaug O, Rykkje J, 2000. Some examples of the effect of crystallographic orientation on the cathodoluminescence colors of quartz [J]. Journal of Sedimentary Research, 70(3): 545-548.

Wang J, Wang Y J, Liu Z C, et al., 1999. Cenozoic environmental evolution of the Qaidam Basin and its implications for the uplift of the Tibetan Plateau and the drying of central Asia [J]. Palaeogeography, Palaeoclimatology, Palaeoecology, 152(1-2): 37-47.

Wang B, Shu L S, Cluzel D, et al., 2007. Geochemical constraints on carboniferous volcanic rocks of the Yili block (Xinjiang, NW China): Implication for the tectonic evolution of western Tianshan[J]. Journal of Asian Earth Sciences, 29(1): 148-159.

Wang B, Cluzel D, Shu L S, et al., 2009. Evolution of calc-alkaline to alkaline magmatism through Carboniferous convergence to Permian transcurrent tectonics, western Chinese Tianshan[J]. International Journal of Earth Sciences, 98: 1275-1298.

Wang B, Shu L S, Faure M, et al., 2011. Paleozoic tectonics of the southern Chinese Tianshan: Insights from structural, chronological and geochemical studies of the Heiyingshan ophiolitic mélange (NW China) [J]. Tectonophysics, 497(1-4): 85-104.

Wang C, Liu L, Yang W Q, et al., 2013a. Provenance and ages of the Altyn complex in Altyn tagh: Implications for the early Neoproterozoic evolution of northwestern China[J]. Precambrian Research, 230: 193-208.

Wang C W, Hong H L, Li Z H, et al., 2013b. The Eocene-Oligocene climate transition in the Tarim basin, northwest China: Evidence from clay mineralogy[J]. Applied Clay Science, 74: 10-19.

Wang B, Shu L S, Liu H S, et al., 2014a. First evidence for ca. 780 Ma intra-plate magmatism and its implications for Neoproterozoic rifting of the north Yili block and tectonic origin of the continental blocks in SW of Central Asia[J]. Precambrian Research, 254: 258-272.

Wang B, Liu H S, Shu L S, et al., 2014b. Early Neoproterozoic crustal evolution in northern Yili block: Insights from migmatite, orthogneiss and leucogranite of the Wenquan metamorphic complex in the NW Chinese Tianshan[J]. Precambrian Research, 242: 58-81.

Wang X S, Gao J, Klemd R, et al., 2014c. Geochemistry and geochronology of the Precambrian high-grade metamorphic complex in the southern central Tianshan ophiolitic mélange, NW China[J]. Precambrian Research, 254: 129-148.

Wang Z M, Han C M, Xiao W J, et al., 2014d. The petrogenesis and tectonic implications of the granitoid gneisses from Xingxingxia in the eastern segment of central Tianshan[J]. Journal of Asian Earth Sciences, 88: 277-292.

Wang C, Liu L, Wang Y H, et al., 2015. Recognition and tectonic implications of an extensive neoproterozoic volcano-sedimentary rift basin along the southwestern margin of the Tarim craton, northwestern China[J]. Precambrian Research, 257: 65-82.

Wang W, Liu X C, Zhao Y, et al., 2016. U-Pb zircon ages and Hf isotopic compositions of metasedimentary rocks from the Grove Subglacial Highlands, east Antarctica: Constraints on the provenance of protoliths and timing of sedimentation and metamorphism[J]. Precambrian Research, 275: 135-150.

Wang X S, Gao J, Klemd R, et al., 2017. The central Tianshan block: A microcontinent with a Neoarchean-Paleoproterozoic basement in the southwestern Central Asian Orogenic Belt[J]. Precambrian Research, 295: 130-150.

Wang X D, Lv X B, Cao X F, et al., 2018. Palaeo-Mesoproterozoic magmatic and metamorphic events from the Kuluketage block, northeast Tarim craton: Geochronology, geochemistry and implications for evolution of Columbia[J]. Geological Journal, 53(1): 120-138.

Watt G R, Kinny P D, Friderichsen J D, 2000. U-Pb geochronology of Neoproterozoic and Caledonian tectonothermal events in the east Greenland Caledonides[J]. Journal of the Geological Society, 157(5): 1031-1048.

Whalen J B, Currie K L, Chappell B W, 1987. A-type granites: Geochemical characteristics, discrimination and petrogenesis[J]. Contributions to Mineralogy and Petrology, 95(4): 407-419.

Windley B F, Alexeiev D, Xiao W J, et al., 2007. Tectonic models for accretion of the Central Asian Orogenic Belt[J]. Journal of the Geological Society, 164(1): 31-47.

Wooden J L, Barth A P, Mueller P A, 2013. Crustal growth and tectonic evolution of the Mojave crustal province: Insights from hafnium isotope systematics in zircons[J]. Lithosphere, 5(1): 17-28.

Worden R H, Morad S, 2009. Clay minerals in sandstones: Controls on formation, distribution and evolution[M]//Worden R H, Morad S. Clay mineral cements in sandstones. New York: Wiley-Blackwell.

Wronkiewicz D J, Condie K C, 1987. Geochemistry of archean shales from the witwatersrand supergroup, south Africa: Source-Area weathering and provenance[J]. Geochimica et Cosmochimica Acta, 51(9): 2401-2416.

Wu C Z，Santosh M，Chen Y J，et al.，2014. Geochronology and geochemistry of early Mesoproterozoic meta-diabase sills from Quruqtagh in the northeastern Tarim craton：Implications for breakup of the Columbia supercontinent[J]. Precambrian Research，241：29-43.

Wu H R，Li Z，2013. Palaeogeographic and tectonic evolution of south Tianshan ocean：Re-examination of radiolarian cherts and stratigraphic record of southwestern Tianshan[J]. Journal of Palaeogeography，15：293-304.

Wu F Y，Liu X C，Ji W Q，et al.，2017. Highly fractionated granites：Recognition and research[J]. Science China Earth Sciences，60（7）：1201-1219.

Wu G H，Xiao Y，Bonin B，et al.，2018. Ca. 850Ma magmatic events in the Tarim craton：Age，geochemistry and implications for assembly of Rodinia supercontinent[J]. Precambrian Research，305：489-503.

Xia B，Zhang L F，Bader T，et al.，2015. Late Palaeozoic $^{40}Ar/^{39}Ar$ ages of the HP-LT metamorphic rocks from the Kekesu valley，Chinese southwestern Tianshan：New constraints on exhumation tectonics[J]. International Geology Review，58（4）：1-16.

Xia L Q，Xu X Y，Xia Z C，et al.，2004. Petrogenesis of Carboniferous rift-related volcanic rocks in the Tianshan，northwestern China[J]. Geological Society of America Bulletin，116（3-4）：419-433.

Xia L Q，Xia Z C，Xu X Y，et al.，2008. Relative contributions of crust and mantle to the generation of the Tianshan Carboniferous rift-related basic lavas，northwestern China[J]. Journal of Asian Earth Sciences，31（4-6）：357-378.

Xia L Q，Xu X Y，Li X M，et al.，2012. Reassessment of petrogenesis of Carboniferous-Early Permian rift-related volcanic rocks in the Chinese Tianshan and its neighboring areas[J]. Geoscience Frontiers，3（4）：445-471.

Xiao W J，Windley B F，Allen M B，et al.，2013. Paleozoic multiple accretionary and collisional tectonics of the Chinese Tianshan orogenic collage[J]. Gondwana Research，23（4）：1316-1341.

Xiong F H，Hou M C，Cawood P A，et al.，2019. Neoproterozoic I-type and highly fractionated A-type granites in the Yili block，Central Asian Orogenic Belt：Petrogenesis and tectonic implications[J]. Precambrian Research，328：235-249.

Xu X Y，Li X M，Ma Z P，et al.，2006. LA-ICPMS zircon U-Pb dating of gabbro from the Bayingou ophiolite in the northern Tianshan mountains[J]. Acta Geologica Sinica，80（8）：1168-1176.

Xu X Y，Wang H L，Li P，et al.，2013. Geochemistry and geochronology of Paleozoic intrusions in the Nalati（Narati）area in western Tianshan，Xinjiang，China：Implications for Paleozoic tectonic evolution[J]. Journal of Asian Earth Sciences，72：33-62.

Xu Y G，Wei X，Luo Z Y，et al.，2014. The early Permian Tarim large igneous Province：Main characteristics and a plume incubation model[J]. Lithos，204：20-35.

Xue C J，Chi G X，Xue W，2010. Interaction of two fluid systems in the formation of sandstone-hosted uranium deposits in the Ordos basin：Geochemical evidence and hydrodynamic modeling[J]. Journal of Geochemical Exploration，106（1-3）：226-235.

Yan W Q，Song H，Li Q，et al.，2019. Restriction of vertical variation of stratigraphic lithology on mineralization of sandstone-type uranium deposits：An example from the Yili basin，NW China[J]. Acta Geologica Sinica（English Edition），93（S2）：325-326.

Yang D Z，Xia B，Wu G G，2004. Development characteristics of interlayer oxidation zone type of sandstone uranium deposits in the southwestern Turfan-Hami basin[J]. Science in China Series D：Earth Sciences，47（5）：419-426.

Yang T N，Li J Y，Sun G H，et al.，2008. Mesoproterozoic continental arc type granite in the central Tianshan mountains：Zircon SHRIMP U-Pb dating and geochemical analyses[J]. Acta Geologica Sinica（English Edition），82（1）：117-125.

Yang J H，Cawood P A，Du Y S，et al.，2012. Large igneous province and magmatic arc sourced Permian-Triassic volcanogenic sediments in China[J]. Sedimentary Geology，261-262：120-131.

Yang W，Jolivet M，Dupont-Nivet G，et al.，2013a. Source to sink relations between the Tianshan and Junggar basin（northwest China） from late Palaeozoic to Quaternary: Evidence from detrital U-Pb zircon geochronology[J]. Basin Research, 25(2): 219-240.

Yang X, Zhang L F, Tian Z L, et al., 2013b. Petrology and U-Pb zircon dating of coesite-bearing metapelite from the Kebuerte valley, western Tianshan, China[J]. Journal of Asian Earth Sciences, 70-71: 295-307.

Yang H J, Wu G H, Kusky T M, et al., 2018. Paleoproterozoic assembly of the north and south Tarim terranes: New insights from deep seismic profiles and Precambrian granite cores[J]. Precambrian Research, 305: 151-165.

Yang J H, Cawood P A, Du Y S, 2015. Voluminous silicic eruptions during late Permian Emeishan igneous province and link to climate cooling[J]. Earth and Planetary Science Letter, 432: 166-175.

Ye H M, Li X H, Lan Z W, 2013. Geochemical and Sr-Nd-Hf-O-C isotopic constraints on the origin of the Neoproterozoic Qieganbulake ultramafic-carbonatite complex from the Tarim block, northwest China[J]. Lithos, 182-183: 150-164.

Ye X T, Zhang C L, Santosh M, et al., 2016. Growth and evolution of Precambrian continental crust in the southwestern Tarim terrane: New evidence from the ca. 1.4 Ga A-type granites and Paleoproterozoic intrusive complex[J]. Precambrian Research, 275: 18-34.

Yin L M, Yuan X L, 2007. Radiation of meso-neoproterozoic and early Cambrian protists inferred from the microfossil record of China[J]. Palaeogeography, Palaeoclimatology, Palaeoecology, 254(1-2): 350-361.

Yu X Q, Wang Z X, Zhou X, et al., 2016. Zircon U-Pb geochronology and Sr-Nd isotopes of volcanic rocks from the Dahalajunshan Formation: Implications for late devonian-middle Carboniferous tectonic evolution of the Chinese Western Tianshan[J]. International Journal of Earth Sciences, 105: 1637-1661.

Žáček V, Skala R, Dvořák Z, 2010. Rocks and minerals formed by fossil combustion pyrometamorphism in the Neogene brown coal most basin, Czech Republic[J]. Bulletin Mineralogicko-Petrologickeho Oddeleni Narodniho Muzea v Praze, 18(1): 1.

Zeng Y Y, Gao L, Zhao W Q, 2021. Paleoclimate evolution and aridification mechanism of the eastern Tethys during the Callovian–Oxfordian: Evidence from geochemical records of the Qiangtang basin, Tibetan Plateau[J]. Acta Geochimica, 40(2): 199-211.

Zhai M G, 2015. Precambrian geology of China[M]. Berlin: Springer.

Zhang C, Liu H X, 2019. A growing sandstone type uranium district in south Yili basin, NW China as a result of extension of Tienshan orogen: Evidences from geochronology and hydrology[J]. Gondwana Research, 76: 146-172.

Zhang S H, Li Z X, Wu H C, 2006. New Precambrian palaeomagnetic constraints on the position of the north China block in Rodinia[J]. Precambrian Research, 144(3-4): 213-238.

Zhang C L, Li X H, Li Z X, et al., 2007a. Neoproterozoic ultramafic-mafic-carbonatite complex and granitoids in Quruqtagh of northeastern Tarim block, western China: Geochronology, geochemistry and tectonic implications[J]. Precambrian Research, 152(3-4): 149-169.

Zhang C L, Li Z X, Li X H, et al., 2007b. An early Paleoproterozoic high-K intrusive complex in southwestern Tarim block, NW China: Age, geochemistry, and tectonic implications[J]. Gondwana Research, 12(1-2): 101-112.

Zhang C L, Li Z X, Li X H, et al., 2009. Neoproterozoic mafic dyke swarms at the northern margin of the Tarim block, NW China: Age, geochemistry, petrogenesis and tectonic implications[J]. Journal of Asian Earth Sciences, 35(2): 167-179.

Zhang C L, Xu Y G, Li Z X, et al., 2010. Diverse permian magmatism in the Tarim block, NW China: Genetically linked to the permian Tarim mantle plume? [J]. Lithos, 119(3-4): 537-552.

Zhang C L, Li H K, Santosh M, et al., 2012a. Precambrian evolution and cratonization of the Tarim block, NW China: Petrology, geochemistry, Nd-isotopes and U-Pb zircon geochronology from Archaean gabbro-TTG-potassic granite suite and Paleoproterozoic metamorphic belt[J]. Journal of Asian Earth Sciences, 47: 5-20.

Zhang C L, Zou H B, Wang H Y, et al., 2012b. Multiple phases of the Neoproterozoic igneous activity in Quruqtagh of the northeastern Tarim block，NW China：Interaction between plate subduction and Mantle plume？[J]. Precambrian Research，222-223：488-502.

Zhang Z C，Kang J L，Kusky T，et al.，2012c. Geochronology，geochemistry and petrogenesis of Neoproterozoic basalts from Sugetbrak，northwest Tarim block，China：Implications for the onset of Rodinia supercontinent breakup[J]. Precambrian Research，220-221：158-176.

Zhang S H，Zhao Y，Liu X C，et al.，2012d. U-Pb geochronology and geochemistry of the bedrocks and moraine sediments from the Windmill Islands：Implications for proterozoic evolution of east Antarctica[J]. Precambrian Research，206-207：52-71.

Zhang C L，Zou H B，Li H K，et al.，2013. Tectonic framework and evolution of the Tarim block in NW China[J]. Gondwana Research，23（4）：1306-1315.

Zhang X，Klemd R，Gao J，et al.，2015. Metallogenesis of the Zhibo and Chagangnuoer volcanic iron oxide deposits in the Awulale Iron metallogenic belt，western Tianshan orogen，China[J]. Journal of Asian Earth Sciences，113：151-172.

Zhao G C，Wang Y J，Huang B C，et al.，2018. Geological reconstructions of the east Asian blocks：From the breakup of Rodinia to the assembly of Pangea[J]. Earth-Science Reviews，186：262-286.

Zhao Z C，Song H，Li Q，et al.，2019. Influence of non-uranium minerals on in-situ leaching in Sandstone-type uranium deposits[J]. Acta Geologica Sinica (English Edition)，93（S2）：336-337.

Zhou J B，Wilde S A，Zhao G C，et al.，2018. Nature and assembly of microcontinental blocks within the Paleo-Asian ocean[J]. Earth-Science Reviews，186：76-93.

Zhu Y F，Guo X，Song B，et al.，2009. Petrology，Sr-Nd-Hf isotopic geochemistry and zircon chronology of the late Palaeozoic volcanic rocks in the southwestern Tianshan mountains，Xinjiang，NW China[J]. Journal of the Geological Society，166（6）：1085-1099.

Zhu W B，Zheng B H，Shu L S，et al.，2011. Neoproterozoic tectonic evolution of the Precambrian Aksu blueschist terrane，northwestern Tarim，China：Insights from LA-ICP-MS zircon U-Pb ages and geochemical data[J]. Precambrian Research，185（3-4）：215-230.

Zhu X Y，Wang B，Cluzel D，et al.，2019. Early Neoproterozoic gneissic granitoids in the southern Yili block（NW China）：Constraints on microcontinent provenance and assembly in the SW Cntral Asian Orogenic Belt[J]. Precambrian Research，325：111-131.

Zilberfarb A R，2014. Metamorphism of cretaceous standstones by natural coal-fires[D]. Claremont：Scripps College.

Zinkernagel U，1978. Cathodoluminescence of quartz and its application to sandstone petrology[M]. Stuttgart：Schweizerbart.

Zong K Q，Liu Y S，Zhang Z M，et al.，2013. The generation and evolution of Archean continental crust in the Dunhuang block，northeastern Tarim craton，northwestern China[J]. Precambrian Research，235：251-263.

Zong K Q，Klemd R，Yuan Y，et al.，2017. The assembly of Rodinia：The correlation of early Neoproterozoic（ca. 900Ma）high-grade metamorphism and continental arc formation in the southern Beishan orogen，southern Central Asian Orogenic Belt（CAOB）[J]. Precambrian Research，290：32-48.